ALLE ZEIT WACH
1842

A. W. Rechten

Fluidik

Grundlagen, Bauelemente, Schaltungen

Springer-Verlag
Berlin · Heidelberg · New York 1976

Dr.-Ing. Adolf Wilhelm Rechten
ehem. Wissenschaftlicher Mitarbeiter der Siemens AG, München

Mit 169 Abbildungen

ISBN-13:978-3-642-93043-0 e-ISBN-13:978-3-642-93042-3
DOI: 10.1007/978-3-642-93042-3

Library of Congress Cataloging in Publication Data. Rechten, A.W. 1908- Fluidik. Bibliography: p. Includes index. 1. Fluidic devices. I. Title. TJ853. R4 629.8'04'2 75-43734.

Softcover reprint of the hardcover 1st edition 1976

Vorwort

Das vorliegende Buch ist einer Technik gewidmet, deren eigentliche Anfänge noch keine 20 Jahre zurückliegen: der Fluidik. Es gliedert sich in die Themenkreise physikalische Grundlagen, fluidische Bauelemente und Schaltungen mit diesen Elementen. Die Abschnitte über die physikalischen Grundlagen erörtern Vorgänge aus der Strömungsmechanik, die für die Arbeitsweise der Fluidikelemente von Bedeutung sind. Von den Bauelementen werden die meisten bisher bekannt gewordenen Strömungselemente und mechanischen Fluidikelemente besprochen, unter ihnen besonders diejenigen, die bereits praktische Bedeutung gewonnen haben. Bei den Schaltungen werden elementare Verknüpfungen und fluidische Baugruppen sowie deren Verwendung in einigen Steuer- und Regelschaltungen diskutiert.

Es wurde in erster Linie Gewicht darauf gelegt, dem Leser eine Vorstellung von den oft verwickelten Vorgängen zu vermitteln, die sich in den Fluidikelementen abspielen. Auf eine mathematische Behandlung wurde dabei nach Möglichkeit verzichtet, denn es hat sich gezeigt, daß meist mehrere, gleichzeitig vorhandene physikalische Erscheinungen die Arbeitsweise dieser Elemente bestimmen. Eine korrekte rechnerische Behandlung des Gesamtproblems wird daher schwierig. Fortschritte in der Fluidik sind bisher auch meist mehr aus dem Verständnis der Vorgänge heraus als auf Grund ausführlicher Berechnungen erzielt worden.

Die Zahl der Veröffentlichungen und Patentanmeldungen auf dem Gebiet der Fluidik ist in den letzten Jahren praktisch unübersehbar geworden; das Schrifttumsverzeichnis beschränkt sich daher auf die wichtigsten Arbeiten. Es sind jedoch die Arbeiten aller im Text genannten Autoren aufgeführt.

Das Buch entstand im Zusammenhang mit Entwicklungsarbeiten auf dem Gebiet der Fluidik, die ich seit 1964 im Zentrallaboratorium der Siemens Aktiengesellschaft in München ausführte. Den Herren Dr. Panzerbieter, Queißer und Dr. Rau danke ich für die Unterstützung bei der Endgestaltung des Manuskriptes.

München, im Frühjahr 1976 **A. W. Rechten**

Inhaltsverzeichnis

Symbole, Bedeutungen und Einheiten

Symbol	Bedeutung	SI-Einheit
A	Fläche, Querschnitt	m^2
$C = lA/(nR_G T)$	Fluidische Kapazität für Gase	ms^2
$\mathrm{De} = \frac{1}{2}\mathrm{Re}\sqrt{\frac{d}{2r}}$	Dean-Zahl	1
$D_h = 4A/U$	Gleichwertiger (hydraulischer) Durchmesser	m
G	Verstärkung	1
J	Bessel-Funktion	1
$I = \varrho \int_{-\infty}^{+\infty} u^2\, dy$	Impuls des ebenen Strahles	$kg/m^3 \cdot m^3/s^2$
$K = \int_{-\infty}^{+\infty} u^2\, dy$	Kinematischer Impuls des ebenen Strahles	m^3/s^2
K_1, K_f	Quotienten aus Widerstandswerten (15.5 usw.)	1
$L = l/A$	Induktivität	m^{-1}
L'	Längenbezogene Induktivität	m^{-2}
L_e	Einlaufstrecke einer Leitung $L_e = 0{,}058\ \mathrm{Re} \cdot d$ für kreisförmigen Querschnitt $L_e = 0{,}08\ \mathrm{Re} \cdot D_h$ für rechteckigen Querschnitt	m
P	Leistung des ebenen Strahles	$W = kg\ m^2/s^3$
R_G	Spezifische Gaskonstante $R_G = 287\ m^2/s^2K$ für trockene Luft	m^2/s^2K
$R = 8\pi\nu l/(A^2)$	Fluidischer Widerstand	1/ms
$\mathrm{Re} = wl/\nu$	Reynolds-Zahl	1
Re_{kr}	Reynolds-Zahl beim Übergang laminar-turbulent in Leitungen	1
Re_l	Reynolds-Zahl bei angeströmter Platte	1
T	Thermodynamische Temperatur	K
U	Umfang einer rechteckigen Leitung	m
V	Volumen	m^3
$\dot{V}$	Volumenstrom, Fluß	m^3/s
Y	Admittanz	ms
Z	Impedanz	1/ms
a_r	Tiefen-Breiten-Verhältnis des rechteckigen Kanals	1
b	Kanalbreite beim rechteckigen Kanal	m
$c_a = \sqrt{nR_G T}$	Schallgeschwindigkeit in Gasen	m/s
d	Leitungsdurchmesser	m
f	Frequenz	1/s
m	Masse	kg
$\dot{m}$	Massenstrom	kg/s
n	Exponent in (4.10) für die turbulente Strömung	1
n	Polytropenexponent in (12.4) und (12.6)	1
p	Druck (Abweichung vom Umgebungsdruck)	$Pa = kg/ms^2$
Δp	Differenz zwischen zwei Druckwerten	$Pa = kg/ms^2$

Symbol	Bedeutung	SI-Einheit
p_∞	Druck im ungestörten Fluid	Pa = kg/ms²
r	Radius	m
s	Bildvariable bei der Laplace-Transformation	1/s
t	Kanaltiefe bei rechteckigen Kanälen	m
u	Komponente der Strömungsgeschwindigkeit in x-Richtung	m/s
v	Komponente der Strömungsgeschwindigkeit in y-Richtung	m/s
$\boldsymbol{w}$	Vektor der Strömungsgeschwindigkeit	m/s
x	Koordinate in Hauptrichtung der Strömung bei einem ebenen Strahl	m
y	Koordinate senkrecht zur Hauptströmungsrichtung	m
$\Gamma = \oint w \mathrm{d}l$	Zirkulation	m²/s
Θ	Winkel des abgelenkten Strahles zu seiner Ursprungsrichtung	rad
γ	Wellenausbreitungsmaß	1/m
δ	Dicke der Grenzschicht	m
η	Dynamische Zähigkeit	Pa s
η	Faktor in (5.6) bis (5.8) für Ausbreitung des turbulenten Strahles	1
ϑ	Celsiustemperatur	°C
$\varkappa \approx 1{,}4$	Verhältnis der spezifischen Wärmen c_p/c_v	1
λ	Widerstandszahl für Strömungen in Leitungen (4.6) bis (4.14)	1
λ	Mischzahl (charakterisiert Verluste in Wirbelkammern), (10.1)	1
$\nu = \eta/\varrho$	Kinematische Zähigkeit	m²/s
ξ	Faktor in (5.2) bis (5.4) für Ausbreitung des laminaren Strahles	1
ϱ	Dichte	kg/m³
ϱ_K	Radius des Krümmungskreises	m
$\sigma = 7{,}67$	Faktor in (5.6) bis (5.8) für Ausbreitung des turbulenten Strahles	1
$\sigma = 2{,}2$	Faktor in (7.5) für Ausbreitung des turbulenten Strahles	1
τ	Schubspannung in Fluiden	Pa
τ_1, τ_2	Quotient aus Widerstandswerten in (15.8)	1
φ	Winkel	rad
ω	Winkelgeschwindigkeit	rad/s
$\omega = 2\pi f$	Kreisfrequenz	1/s

Bezeichnungen, die nicht wiederholt in den Bildunterschriften erklärt sind

A	Ausgang	K	Keil	p_A	Ausgangsdruck
C	Kapazität	L	Induktivität	p_E	Eingangsdruck
E	Eingang	O	Ausgleichsöffnung	p_V	Versorgungsdruck
H	Haftwand	V	Versorgung		

1. Einleitung

Anfang 1960 machten die Diamond Ordnance Fuze Laboratories, Washington, erste Mitteilungen über Entwicklungsarbeiten an Schaltern und Verstärkern, die mit flüssigen oder gasförmigen Stoffen, d. h. Fluiden, betrieben wurden. Es wurde darauf hingewiesen, daß derartige Einrichtungen unempfindlich gegen klimatische Einflüsse, verschiedene mechanische Beanspruchungen und Strahlen sind. Die Erfinder Bowles, Horton und Warren dachten daher zunächst an Anwendungen in der Luft- und Raumfahrttechnik. Die ersten Mitteilungen über diese neuartigen Bauelemente erregten einiges Aufsehen in der Fachwelt, und es wurde vermutet, daß diese Elemente auch mit Vorteil für eine Reihe anderer technischer Aufgaben verwendet werden könnten. Seither sind die Eigenschaften dieser Elemente eingehend untersucht worden, so daß sich heute ein genaueres Bild darüber ergibt, wo es zweckmäßig ist, sie zu verwenden und wo nicht.

Etwa zur gleichen Zeit wie in den Vereinigten Staaten waren auch in einigen europäischen Ländern Entwicklungsarbeiten an mit Fluiden betriebenen Schaltern und Verstärkern aufgenommen worden. Im Gegensatz zu den amerikanischen Elementen, die ausschließlich mit Fluiden arbeiten, verwenden die in Europa entwickelten Elemente auch bewegliche mechanische Teile, wie Kolben, Kugeln, Membrane und Federn. Es sind verschiedentlich Vergleiche zwischen beiden Typen angestellt worden. Dabei hat sich ergeben, daß ihre Vor- und Nachteile auf unterschiedlichen Gebieten liegen, so daß ein direkter Vergleich nicht möglich ist. Je nach Art der praktisch vorliegenden Aufgabe ist es daher angebracht, sie mit Elementen der einen oder der anderen Gruppe oder aber mit Kombinationen von Elementen beider Gruppen zu lösen.

Die Tatsache, daß an mehreren Stellen gleichzeitig an ähnlichen Problemen mit z. T. verschiedenen Mitteln gearbeitet wurde, führte zunächst zu einer gewissen Verwirrung der Begriffe und Bezeichnungen für das Aufgabengebiet und die im einzelnen verwendeten Hilfsmittel. So tauchte sowohl in der amerikanischen als auch in der europäischen

Fachliteratur über dieses Gebiet eine Reihe nicht präzisierter neuer Begriffe auf. Im Rahmen der Normungsarbeiten des VDI/VDE und ausgehend von Vorarbeiten, die Tafel[1] ausführte, wird seit einigen Jahren in der Bundesrepublik versucht, die Zahl dieser Begriffe zu verringern, die zur Beschreibung der Vorgänge unumgänglich notwendigen neuartigen Begriffe aber möglichst genau zu definieren. Als Grundbegriff, der das gesamte Gebiet bezeichnen soll, ist der Begriff „Fluidik" eingeführt worden, der in den VDI/VDE-Richtlinien 3681, Blatt 1, Entwurf, folgendermaßen definiert ist:

„*Fluidik*" – Zweig der Wissenschaft und Technik, der sich mit der Signalerfassung und -verarbeitung mit Hilfe von Fluiden (flüssigen oder gasförmigen Medien) befaßt.

Dabei können in den Funktionsablauf außer Fluiden auch bewegte Teile (z. B. Kolben, Federn, Kugeln, Membrane) einbezogen sein (mechanische Fluidikelemente), solange dabei die Signaltechnik und nicht die Energietechnik entscheidendes Merkmal ist.

Weitere neue Bezeichnungen, die sich hauptsächlich auf die Bauelemente der Fluidik beziehen, sind in Abschnitt 2 zusammengestellt.

Neben den neuen Bezeichnungen wird in der Literatur auch eine Reihe neuer Bildzeichen für die Bauelemente der Fluidik verwendet, die dem nicht eingeweihten Leser das Verstehen erschweren. Auch hier hat inzwischen eine gewisse Bereinigung eingesetzt mit dem Bestreben, möglichst weitgehend auf bereits anderswo eingeführte Bildzeichen zurückzugreifen und neue Bildzeichen auf ein Mindestmaß zu beschränken. Die in den VDI/VDE-Richtlinien 3681, Blatt 3, Entwurf, empfohlenen Bildzeichen der Fluidik sind in Abschnitt 18 zusammengestellt.

Die Fluidik baut sich nicht auf einem erst vor kurzem entdeckten physikalischen Phänomen auf; sowohl bei den Elementen mit bewegten Teilen als auch bei denen ohne bewegte Teile beruht die Wirkungsweise auf bereits im grundsätzlichen bekannten physikalischen Vorgängen. Es liegen aber — und dies gilt vorwiegend für die Fluidik der Elemente ohne bewegte Teile — die Fragestellungen bei den bis dahin bekannten und behandelten praktischen Anwendungen der Strömungslehre häufig anders als in der Fluidik. Für dieses neue Gebiet werden zusätzliche Aussagen über besondere, verwickelte Strömungsvorgänge gefordert, die einer mathematischen Behandlung nur in beschränktem Umfange zugänglich sind. In den Abschnitten 4 bis 7 werden die für die Fluidik wesentlichen, derzeit vorliegenden Erkenntnisse auf diesem Gebiet behandelt.

Die Fluidik befaßt sich laut Definition mit der Erfassung und Verarbeitung von Signalen; sie ist damit ein Zweig der Informationsver-

[1] Technische Hochschule Aachen.

arbeitung. Die wesentlichen Begriffe dieses Gebietes haben auch in der Fluidik Gültigkeit; praktisch alle logischen Verknüpfungen der Informationsverarbeitung lassen sich mit Mitteln der Fluidik technisch realisieren. Logische Grundschaltungen mit fluidischen Elementen sind in Abschnitt 15 zusammengestellt.

Die Vorgänge der Fluidik verlaufen etwa im Verhältnis Schallgeschwindigkeit zu Lichtgeschwindigkeit, d. h. wie $1:10^6$, langsamer als in der Elektronik. Hierdurch beschränkt sich der Anwendungsbereich der Fluidik auf verhältnismäßig langsame Vorgänge. Die Arbeitsgeschwindigkeit fluidischer Bauelemente ist um so höher, je kleiner die Elemente sind; es ist zur Zeit noch nicht bekannt, wo entweder die Herstellmöglichkeiten der Elemente oder die Strömungsvorgänge in den Elementen der Verkleinerung eine Grenze setzen.

Ein wesentliches Merkmal der Fluidik ist darin zu sehen, daß Signale sehr verschiedener Natur aufgenommen und verarbeitet werden können. Die hierfür benötigten Aufnehmer sind meist sehr einfach gebaut; allerdings müssen sie häufig für die jeweils vorliegende Aufgabe besonders bemessen werden. Man kann dann nicht auf vorliegende Standardausführungen zurückgreifen. Eine Reihe verschiedenartiger Aufnehmer ist in Abschnitt 13 beschrieben.

Anders als bei den fluidischen Aufnehmern ist es bei den fluidischen Elementen jedoch möglich, zu bestimmten Einheitstypen für die einzelnen Verknüpfungen zu gelangen. Verfahren zur Herstellung fluidischer Bauelemente sowie von integrierten und teilintegrierten Baugruppen mit diesen Elementen sind in Abschnitt 17 beschrieben.

Die Fluidik bietet vor allem dann Vorteile, wenn schwierige Umweltbedingungen eine befriedigende Lösung mit herkömmlichen Mitteln nicht zulassen, wenn einfache fluidische Aufnehmer anstelle aufwendigerer optischer oder elektronischer Aufnehmer verwendet werden können, wenn das Betriebsmittel für die Fluidikelemente und Aufnehmer — d. h. ein Gas oder eine Flüssigkeit — ohnehin verfügbar ist, und schließlich, wenn das Gerät in einer bestimmten Mindeststückzahl hergestellt werden soll, so daß sich eine Integrierung der fluidischen Schaltung lohnt.

2. Begriffe der Fluidik

Begriffe der Fluidik wurden zuerst in den Vereinigten Staaten geprägt. Im Jahre 1965 veröffentlichte die NASA[1] eine Schrift mit dem Titel „Fluid Amplifier Symbols, Nomenclature and Specification“, die auch eine Terminologie der Fluidik mitsamt Definitionen enthält. Eine ähnliche Schrift unter dem Titel „Glossary of Terms for Fluidic Devices and Circuits“ wurde im Jahre 1967 von der NFPA[2] herausgegeben.

In der Bundesrepublik werden Normungsarbeiten auf dem Gebiet der Fluidik von der VDI/VDE-Gesellschaft für Meß- und Regelungstechnik durchgeführt. Sie erstrecken sich auf Fluidikelemente ohne bewegte Teile und solche mit bewegten Teilen und zielen vorläufig auf „die Festlegung und Definition von Bezeichnungen für Elemente und Aufnehmer sowie die Festlegung von Bildzeichen, Kennwerten und Meßverfahren für Elemente und Aufnehmer“.

Bereits vorhandene oder im Entstehen begriffene Normen auf anderen Gebieten der Technik, besonders auf den Gebieten der Informationsverarbeitung, der Hydraulik und Pneumatik sollen so weit wie möglich übernommen werden.

In der folgenden Übersicht ist eine Reihe von Bezeichnungen und Begriffen der Fluidik im Einklang mit den VDI/VDE-Richtlinien 3681, Blatt 1, Entwurf, zusammengestellt. Die auf dem Gebiet der Elemente ohne bewegte Teile vorliegende Literatur stammt zu einem großen Teil aus dem angelsächsischen Sprachbereich; die entsprechenden englischen Bezeichnungen sind vielfach ebenfalls aufgeführt.

Bezeichnungen der Fluidik

Fluidik: Deutsche Definition siehe Abschnitt 1.
In den Vereinigten Staaten sind zwei Bezeichnungen im Gebrauch:

Fluerics: umfaßt den Zweig der Fluidik, bei dem im Funktionsablauf nur Fluide, d. h. keine bewegten Teile zur Anwendung kommen.

---

[1] NASA: National Aeronautics and Space Administration.
[2] NFPA: The National Fluid Power Association.

Fluidics: schließt außer dem bereits mit dem Begriff Fluerics umfaßten Gebiet auch periphere Geräte wie Aufnehmer und Beschleunigungsmesser mit bewegten Teilen ein, jedoch nicht Elemente mit Membranen, Federn, Kolben und Kugeln.

Mechanische Fluidikelemente[1]: Fluidikelemente mit bewegten Teilen.

Strömungselemente: Fluidikelemente ohne bewegte Teile.

Zur Kennzeichnung des physikalischen Arbeitsprinzips bei den verschiedenen Strömungselementen werden folgende Grundbegriffe festgelegt:

Strömung: Bewegung eines Fluids (Fluid: strömender Stoff).

Strahl: nicht vollständig von festen Wänden umschlossene Strömung mit einer in die Richtung der Strömung weisenden Vorzugsrichtung.

Freistrahl: Strahl, der von höchstens zwei einander gegenüberliegenden zueinander parallelen Wänden begrenzt wird. (Sind derartige Begrenzungen vorhanden, so wird der Strahl als *ebener Strahl* bezeichnet).

Die amerikanische Literatur unterscheidet beim ebenen Freistrahl zwischen „*Bounded Jet*" (ebener Freistrahl) und „*Confined Jet*" (ebener Freistrahl, dessen Ausbreitung in der Ebene durch Seitenwände begrenzt ist).

Folgende Strömungselemente sind zur Zeit bekannt:

Strahlablenkelement: Strömungselement, bei dem die Richtung eines Freistrahls (des Versorgungsstrahls) durch mindestens einen anderen Strahl (den Steuerstrahl) beeinflußt werden kann; amerikanische Bezeichnung: „*Beam Deflection Amplifier*" oder „*Stream Deflection Amplifier*" (die angelsächsische Literatur verwendet für die Elemente in der Regel den Begriff „*Amplifier*", denn praktisch alle Elemente haben Verstärkereigenschaften). Die Bezeichnung „*Momentum Amplifier*" ist dann gebräuchlich, wenn für den Steuereffekt beim Strahlablenkelement in erster Linie das Moment des Steuerstrahls maßgebend ist.

Haftstrahlelement: Strahlelement, dessen Funktion auf dem selbsttätigen Haften eines Strahls (z. B. an einer Wand) beruht. Auch der Ausdruck „*Wandstrahlelement*" ist daher gebräuchlich (amerikanische Bezeichnung: „*Wall Attachment Amplifier*").

Turbulenzelement: Strahlelement, bei dem der Umschlag laminar-turbulent eines Strahls als Folge eines Steuereinflusses ausgenutzt wird (amerikanische Bezeichnung: „*Turbulence Amplifier*").

---

[1] Das Wort „*Element*" wird in der Bedeutung des Begriffs „Bauglied" oder „Glied" entsprechend DIN 19226 verwendet.

Wirbelkammerelement: Strömungselement, dessen Funktion durch eine zirkulierende Strömung in einer z. B. kreisförmigen Kammer bestimmt wird. Es wird unterschieden zwischen: *Wirbelkammerverstärker* (amerikanische Bezeichnung: „*Vortex Amplifier*"); *Wirbelkammerdiode* (amerikanische Bezeichnung: „*Vortex Diode*"); *Wirbelkammer-Winkelgeschwindigkeitsanzeiger* (amerikanische Bezeichung: „*Vortex Rate Sensor*"); *Wirbelkammer-Übertrager* (amerikanische Bezeichnung: „*Vortex Transformer*").

Gegenstrahlelement, auch als „*Prallstrahlelement*" bezeichnet: Strahlelement, bei dem zwei Freistrahlen axial aufeinander treffen, wobei die Lage des Staupunktes zur Bildung des Ausgangssignals ausgenutzt wird (amerikanische Bezeichnung: „*Impact Modulator*").

Induktionselement: Strahlablenkelement, bei dem der Versorgungsstrahl durch einen vom Steuerstrahl erzeugten Unterdruck abgelenkt wird. (amerikanische Bezeichnung: „*Induction Amplifier*").

Strahlablöseelement: Strömungselement, bei dem die Ablösung einer Strömung von einer konvexen Wand gesteuert wird (amerikanische Bezeichnung: „*Double Leg Elbow Amplifier*").

Fokussierelement: Strahlablenkelement in kreisförmiger Anordnung (amerikanische Bezeichnung: „*Focussed Jet Amplifier*").

Schneidentonelement: Strömungselement, bei dem die Entstehung von Strömungsschwankungen an Schneiden ausgenutzt wird. (amerikanische Bezeichnung: „*Edge Tone Amplifier*").

Für die Beschreibung von Aufbau und Eigenschaften der Strömungselemente haben sich in der angelsächsischen Fachliteratur einige besondere Bezeichnungen eingebürgert. Sie beziehen sich hauptsächlich auf das Haftstrahlelement, das in der Literatur am häufigsten behandelt wird. Folgende englische Ausdrücke sind bei der Beschreibung des Aufbaus dieser Elemente im Gebrauch:

Interaction Region: Bereich innerhalb eines Elements, in dem Strömungen aufeinander einwirken (deutsche Bezeichnungen: „*Beeinflussungszone, Schaltraum*").

Vent oder *Bleeder*: Verbindung von der „Interaction Region" zum Druckniveau der Umgebung des Elements (deutsche Bezeichnungen: „*Ausgleichsöffnung, Entlastungsöffnung*").

Splitter oder *Wedge*: Keil zwischen benachbarten Strömungswegen, meist zwischen den Ausgängen des Elements (deutsche Bezeichnungen: „*Keil, Splitter*").

Aspect Ratio: Tiefen-Breiten-Verhältnis eines rechteckigen Strömungsweges, meist der Austrittsöffnung eines Strahles.

Offset oder *Setback*: Kleinster Abstand einer Haftwand von der Mittenebene eines Strahles, vermindert um die halbe Breite der Austrittsöffnung des Strahls (deutsche Bezeichnung: „*Versetzung*").

Cusp: Ausnehmung in der Spitze des Keils zwischen den Ausgängen bei Haftstrahlelementen (deutsche Bezeichnungen: „*Ausnehmung, Ausrundung, Aussparung*").

Attachment Point: Ort auf der Wand eines Haftstrahlelements, an dem die verlängerte Mittellinie des abgelenkten Strahls die Haftwand trifft (deutsche Bezeichnungen: „*Anliegepunkt, Auftreffpunkt*").

Folgende englische Bezeichnungen sind bei der Beschreibung der Arbeitsweise von Fluidikelementen in Gebrauch:

Fan-in: Maximale Anzahl gleichartiger Eingänge, die ein Element haben kann, ohne daß die Signaleingabe auf den einzelnen Eingang durch die Anwesenheit der anderen Eingänge nachteilig beeinflußt wird.

Fan-out: Maximale Anzahl gleichartiger Elemente, die unter identischen Betriebsbedingungen vom Ausgang eines gleichartigen Elements geschaltet werden kann (deutsche Bezeichnung: „*Ausgangsfächerung*").

Pressure Gain: Druckverstärkung eines Fluidikelements mit blokkierten Ausgängen.

Flow Gain: Flußverstärkung eines Fluidikelements mit offenen Ausgängen.

Power Gain: Leistungsverstärkung eines Fluidikelements für den Fall, daß die Belastungswiderstände an die Ausgangswiderstände des Elements angepaßt sind.

Pressure Recovery: Verhältnis von Ausgangsdruck zum Versorgungsdruck eines Fluidikelements mit blockierten Ausgängen (deutsche Bezeichnung: „*Druckrückgewinn*"). In der amerikanischen Literatur wird mit „Pressure Recovery" manchmal das Verhältnis zum Geschwindigkeitsdruck (oder Staudruck) des Versorgungsstrahls an seiner Austrittsöffnung bezeichnet. Der nach dieser Definition ermittelte Wert für den Druckrückgewinn ist höher als der nach der ersten Definition gewonnene Wert.

Flow Recovery: Verhältnis von Ausgangsfluß zum Versorgungsfluß eines Fluidikelements mit offenen Ausgängen (deutsche Bezeichnung: „*Flußrückgewinn*").

Weitere bei der Beschreibung der Arbeitsweise von Fluidikelementen häufig benutzte Bezeichnungen haben die in der Informationsverarbeitung üblichen Bedeutungen.

3. Fluide, Begriffe und Definitionen

3.1. Allgemeines

Substanzen, die sich im flüssigen oder gasförmigen Zustand befinden, heißen Fluide. Gase, Gasgemische, Flüssigkeiten und Flüssigkeitsgemische sind Fluide. In der Fluidik ist in der Regel nur von nicht gemischten Flüssigkeiten oder Gasen die Rede.

3.2. Gasförmige Fluide

In einem Gas befinden sich alle Moleküle in ständiger Bewegung. Jedes einzelne Molekül bewegt sich mit einer bestimmten Geschwindigkeit in einer bestimmten Richtung. Nach Durchlaufen einer Wegstrecke — der freien Weglänge — stößt es mit einem anderen Molekül zusammen. Der Zusammenstoß ist elastisch; anschließend bewegen sich die beiden Moleküle in verschiedenen Richtungen weiter. Wirken keine äußeren Einflüsse auf das Gas ein, so ist die resultierende Geschwindigkeit sämtlicher Moleküle einer bestimmten Gasmenge in jedem Augenblick und für jede Richtung Null.

Wird eine dünne, ebene Platte in das Fluid gebracht, so trifft ein Teil der Moleküle auf jede Plattenseite und wird reflektiert. Ist die Platte hinreichend groß, so hat dies keine Bewegung der Platte zur Folge; denn die Summe der der Platte von beiden Seiten mitgeteilten Impulse ist Null. Sind an der einen Plattenseite weniger Moleküle vorhanden als an der anderen Seite, so ist die Summe der Impulse nicht Null, und auf die Platte wird ein einseitiger Druck (Kraft/Fläche) ausgeübt.

Befindet sich das Gas in einem allseitig geschlossenen Behälter, bei dem eine Wand als beweglicher Stempel ausgebildet ist, so kann das Volumen des Behälters verringert werden, ohne daß sich die Anzahl der Moleküle in dem Behälter ändert. Damit erhöht sich die Zahl der Moleküle, die in der Zeiteinheit auf ein Flächenelement der Innenwand des Behälters auftreffen; der Innendruck auf die Behälterwände steigt an. Die freie Weglänge der Einzelmoleküle im Behälter geht mit der Verringerung des Behältervolumens zurück. Die mittlere freie Weglänge beträgt ein Vielfaches des Volumens eines Einzelmoleküles;

Gase lassen sich also weitgehend komprimieren. Druckunterschiede innerhalb eines Bereiches im gasförmigen Fluid gleichen sich umgehend aus. Hierbei bewegen sich in der Zeiteinheit im Durchschnitt mehr Moleküle in Richtung des Druckgefälles als in umgekehrter Richtung. Dieser Ausgleichsvorgang wird als Strömung bezeichnet.

In der Fluidik wird in der Regel mit geringen Druckdifferenzen gearbeitet und die Geschwindigkeit der Strömung ist daher meist gering. An die Bauelemente der Fluidik ist ein Versorgungsbehälter angeschlossen; in diesem hat das Fluid eine konstante Druckdifferenz zur Umgebung. Dieser Behälter ist über einen oder mehrere Wege innerhalb des Fluidikelementes mit der Umgebung verbunden. Über diese Wege kann Fluid strömen. Bei niedrigen Druckdifferenzen und langsamen Strömungsgeschwindigkeiten ist das Fluid in den Strömungswegen im Vergleich zur Umgebung kaum komprimiert; in den Betrachtungen über die Strömungsvorgänge in der Fluidik werden Gase daher häufig als inkompressibel angesehen.

3.3. Flüssige (tropfbare) Fluide

Die mittlere Eigengeschwindigkeit der Moleküle eines Gases ist temperaturabhängig. Sinkt die Temperatur, so sinkt die Geschwindigkeit. Bei einer für das betreffende Gas charakteristischen Temperatur ist die Bewegung der einzelnen Moleküle praktisch abgeklungen. Die freie Weglänge ist damit auf Null abgesunken, und die Moleküle haben sich zu einem Verband zusammengefügt, der einen viel geringeren Raum einnimmt als das ursprüngliche Gas. Das Gas hat sich zu einer Flüssigkeit kondensiert. Innerhalb der Flüssigkeit können sich die Moleküle frei bewegen, jedoch sind zwischen ihnen Kräfte wirksam, die sie zu einem Verband mit gemeinsamer Oberfläche zusammenhalten. Da in Flüssigkeiten keine freien Weglängen vorhanden sind, kann der von einer bestimmten Anzahl Moleküle eingenommene Raum kaum durch äußere Einwirkungen verändert werden; eine Flüssigkeit ist praktisch inkompressibel.

In der Fluidik können somit Flüssigkeiten immer und Gase meistens als inkompressibel angesehen werden; eine Reihe von Aussagen läßt sich daher für beide Aggregatzustände gemeinsam machen.

3.4. Fluidströme

3.4.1. Fluidströme allgemein

In einer Strömung im freien Raum (Potentialströmung) bewegt sich das Fluid in Richtung des größten Druckgefälles. Benachbarte Elementarbereiche bewegen sich mit gleicher Geschwindigkeit; es treten daher keine Reibungen im Strom auf.

Sind feste Begrenzungen vorhanden, so legen diese den Strömungsweg fest; die Strömung wird geleitet (Leitungsstrom). In diesem Falle bewegen sich benachbarte Elementarbereiche nicht mit gleicher Geschwindigkeit. In unmittelbarer Nähe der festen Begrenzungen ist die Strömungsgeschwindigkeit Null; mit dem Abstand von den Begrenzungen steigt die Geschwindigkeit an. Das Anstiegsgesetz ist durch Form und Abmessungen der Begrenzung sowie durch die innere Reibung im Fluid bestimmt.

3.4.2. Reibung in Fluidströmen

Die innere Reibung oder Zähigkeit eines Fluids ist eine Materialkonstante. Bewegt sich in einem ruhenden, zähen Fluid eine ebene Platte parallel zu einer anderen ebenen Platte mit gleichmäßiger Geschwindigkeit, so setzt das Fluid der Bewegung einen gewissen Widerstand entgegen. Dieser Widerstand ist proportional der Plattengeschwindigkeit u und umgekehrt proportional dem gegenseitigen Abstand der Platten y. Für beliebig kleine Abstände ist die Reibungskraft

$$\tau = \eta \frac{\partial u}{\partial y}. \tag{3.1}$$

Der Proportionalitätsfaktor η zwischen der Reibungskraft τ und dem Geschwindigkeitsgefälle $\partial u/\partial y$ ist die Zähigkeit des Fluids.

3.5. Reynolds-Zahl

Bei beliebig gestalteten Begrenzungen wirken außer dem Druckgefälle und der Reibungskraft auch noch andere Kräfte auf einen Elementarbereich des strömenden Fluids ein. Beim Vergleich von zwei Fluidströmen, die zwischen geometrisch ähnlichen Begrenzungen verlaufen, erhebt sich die Frage, ob und unter welchen Bedingungen die Strömungen mechanisch ähnlich sind. Es hat sich gezeigt, daß dies der Fall ist, wenn die Kräfte, die in den zu vergleichenden Fällen auf geometrisch ähnliche Elementarbereiche der Fluide einwirken, zu allen Zeiten in einem konstanten Verhältnis zueinander stehen. Von diesen Kräften ist neben der Reibungskraft die Trägheitskraft die wichtigste; diese beiden werden daher bei der Betrachtung zugrunde gelegt.

Die Trägheitskraft für einen Elementarbereich des Fluids ist proportional

$$\varrho \frac{\mathrm{d}u}{\mathrm{d}t}. \tag{3.2}$$

(ϱ Dichte des Fluids). Ändert sich die Geschwindigkeit u mit dem Ort, so ist bei einer Bewegung des Teilchens in x-Richtung

$$\varrho \frac{\mathrm{d}u}{\mathrm{d}t} = \varrho \frac{\partial u}{\partial x} \frac{\mathrm{d}x}{\mathrm{d}t} = \varrho u \frac{\partial u}{\partial x}. \tag{3.3}$$

Die Resultierende der auf einen Elementarbereich des Fluids wirkenden Reibungskräfte bei Bewegung in x-Richtung ist

$$\frac{\partial \tau}{\partial y} = \eta \frac{\partial^2 u}{\partial y^2}. \tag{3.4}$$

Mechanische Ähnlichkeit besteht, wenn der Quotient aus Trägheitskraft und Reibungskraft

$$\frac{\varrho u \, \partial u / \partial x}{\eta \, \partial^2 u / \partial y^2} \tag{3.5}$$

an jedem geometrisch ähnlich gelegenen Ort für die zu vergleichenden Fluidströme gleich ist.

Die Geschwindigkeit des frei, d. h. ohne Begrenzung strömenden Fluids sei u_∞, ferner sei d eine charakteristische lineare Abmessung der Begrenzung (z. B. der Durchmesser bei einem Rohr mit kreisförmigem Querschnitt). Dann ist u proportional u_∞, $\partial u / \partial x$ proportional u_∞ / d und $\partial^2 u / \partial y^2$ proportional u_∞ / d^2. Damit ergibt sich für den Quotienten

$$\frac{\text{Trägheitskraft}}{\text{Reibungskraft}} = \frac{\varrho u \partial u / \partial x}{\eta \, \partial^2 u \partial y^2} = \frac{\varrho u_\infty^2 / d}{\eta u_\infty / d^2} = \frac{\varrho u_\infty d}{\eta} \tag{3.6}$$

(Reynoldssches Ähnlichkeitsgesetz). Dieser dimensionslose Quotient zweier Kräfte heißt Reynolds-Zahl (Abkürzung Re). Für den Quotienten aus der Dichte ϱ und der Zähigkeit η wird meist der Wert $\nu = \eta / \varrho$, die kinematische Zähigkeit, verwendet; die Reynolds-Zahl hat dann den Wert

$$Re = \frac{u_\infty d}{\nu}. \tag{3.7}$$

Von den drei Faktoren, die den Wert der Reynolds-Zahl bestimmen, charakterisiert die Strömungsgeschwindigkeit u den mechanischen Zustand des Fluids, die kinematische Zähigkeit ν seine physikalischen Eigenschaften und die lineare Abmessung d die Begrenzungen des Strömungsweges. Die Absolutwerte der Reynolds-Zahl sind je nach Art der Begrenzung verschieden; Vergleiche über die Strömungsverhältnisse sind nur bei geometrisch ähnlichen Begrenzungen möglich.

In der Fluidik spielt die Reynolds-Zahl eine wichtige Rolle, wenn es sich darum handelt, die Eigenschaften ähnlicher, aber verschieden großer Elemente unter verschiedenen Betriebsbedingungen oder für verschiedene Fluide miteinander zu vergleichen.

3.6. Laminare und turbulente Strömung

Für die Definition der Zähigkeit war vorausgesetzt worden, daß sich alle Elementarbereiche des Fluids unabhängig voneinander ausschließlich in Richtung des Druckgefälles bewegen. Die Strömung verläuft dann in Schichten und wird als laminare Strömung bezeichnet. Die Strömungsgeschwindigkeit in den einzelnen Schichten kann verschieden sein.

Strömungen sind in der Regel nur dann völlig laminar, wenn die Strömungsgeschwindigkeit niedrig ist. Mit steigender Geschwindigkeit beeinflußt die Reibung zwischen den Schichten in wachsendem Maße die Strömungsvorgänge. Elementarteile des Fluids wandern dann aus ihren Bahnen aus und dringen quer zu diesen in benachbarte Bahnen ein. Mit wachsender Strömungsgeschwindigkeit tritt dies immer häufiger auf. Die Strömung verwirbelt sich; sie wird turbulent.

Die Neigung zur Verwirbelung besteht in jeder Strömung, in der feste Begrenzungen vorhanden sind, oder auf deren Verlauf außer dem primären Druckgefälle noch andere äußere Einflüsse einwirken. Der turbulente Zustand ist häufiger in Strömungen anzutreffen als der laminare. Dies gilt auch im allgemeinen für die Strömungen in der Fluidik.

4. Allseitig geführter Fluidstrom

4.1. Allgemeines

Eine Leitung begrenzt einen Fluidstrom allseitig. Sie kann beliebig geformt sein; ihr Querschnitt kann sich längs des Leitungsweges ändern. Damit kann sich auch die mittlere Strömungsgeschwindigkeit längs des Weges ändern. Ist das Fluid inkompressibel, so bleibt die Masse des in der Zeiteinheit durch einen Querschnitt tretenden Fluids jedoch konstant.

4.2. Lange gerade Leitung mit konstantem kreisförmigen Querschnitt

Laminare Strömung. Bei niedriger Geschwindigkeit ist die Strömung laminar, d. h. ihre Elementarteilchen bewegen sich auf zur Leitungsachse konzentrischen Zylindern. Der Druck ist für jeden Querschnitt senkrecht zur Leitungsachse konstant. Die Strömungsgeschwindigkeit u steigt vom Wert Null an der Leitungswand auf ein Maximum in der Leitungsachse. Zwischen den einzelnen Strömungsschichten bestehen

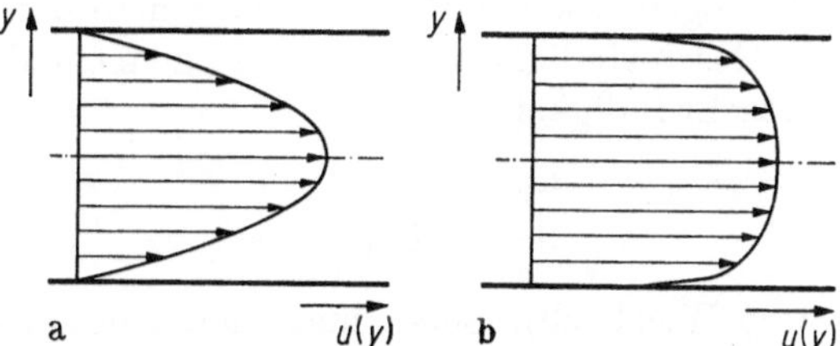

Bild 4.1. Geschwindigkeitsverteilung $u(y)$ einer Fluidströmung in einer langen geraden Leitung mit konstantem kreisförmigen Querschnitt. a) bei laminarer Strömung ($Re < 2300$); b) bei turbulenter Strömung ($Re > 2300$).

infolge der Zähigkeit des Fluids Schubspannungen; diese sind dem Geschwindigkeitsgradienten quer zur Strömungsrichtung proportional. Für die Geschwindigkeitsverteilung $u(y)$ über den Querschnitt der geraden Leitung mit dem Durchmesser d gilt das Hagen-Poiseuillesche Gesetz (Bild 4.1a)

$$u(y) = \frac{(d/2)^2 - y^2}{4\eta} \frac{\mathrm{d}p}{\mathrm{d}x} \tag{4.1}$$

($\mathrm{d}p/\mathrm{d}x$ ist die Änderung des Druckes längs des Strömungsweges x). Die Geschwindigkeitsverteilung der laminaren Strömung hat also die Form einer quadratischen Parabel mit dem Maximum $u_{\max}$ in der Achse. Es ist

$$u_{\max} = \frac{(d/2)^2}{4\eta} \frac{\mathrm{d}p}{\mathrm{d}x}.$$

Der Volumenstrom $\dot{V}$ ergibt sich als Inhalt des aus der Geschwindigkeitsverteilung über dem Radius gebildeten Rotationsparaboloids ($\dot{V}$ Grundfläche mal halbe Höhe bei Rotationsparaboloiden):

$$\dot{V} = \pi \frac{d^2}{4} \frac{1}{2} \frac{d^2}{16\eta} \frac{\mathrm{d}p}{\mathrm{d}x} = \pi \frac{d^4}{128\eta} \frac{\mathrm{d}p}{\mathrm{d}x}. \tag{4.2}$$

Die mittlere Strömungsgeschwindigkeit $\bar{u}$ ergibt sich aus

$$\dot{V} = \pi \frac{d^2}{4} \bar{u}$$

zu

$$\bar{u} = \frac{d^2}{32\eta} \frac{\mathrm{d}p}{\mathrm{d}x} = \frac{1}{2} u_{\max}. \tag{4.3}$$

Es ist üblich, das Druckgefälle $\mathrm{d}p/\mathrm{d}x$ mit der mittleren Durchflußgeschwindigkeit $\bar{u}$ mit Hilfe der dimensionslosen Widerstandszahl λ in Beziehung zu bringen. Nach Definition setzt man den Druckabfall proportional dem Geschwindigkeitsdruck, d. h. dem Quadrat der mittleren Durchflußgeschwindigkeit

$$\frac{\mathrm{d}p}{\mathrm{d}x} = \frac{\lambda}{d} \frac{\varrho}{\lambda} \bar{u}^2 \tag{4.4}$$

(Gesetz von Darcy-Weisbach). Setzt man den Ausdruck für $\mathrm{d}p/\mathrm{d}x$ nach (4.3) ein, so wird

$$\lambda = \frac{64\eta}{\varrho \bar{u} d} \tag{4.5}$$

oder

$$\lambda = \frac{64}{Re}. \tag{4.6}$$

Die theoretisch für die laminare Strömung gefundenen Gesetzmäßigkeiten lassen sich experimentell mit guter Genauigkeit bestätigen. Es hat sich gezeigt, daß Strömungen in geraden Leitungen mit kreisförmigem Querschnitt so lange laminar sind, als die Reynolds-Zahl einen bestimmten Wert nicht überschreitet. Nach Versuchen ist dieser Wert

$$Re_{\text{krit}} \approx 2300. \tag{4.7}$$

Turbulente Strömung. Für größere Werte der Reynolds-Zahl ist die Leitungsströmung turbulent. Turbulente Leitungsströmungen lassen sich mathematisch nicht exakt behandeln. Die Geschwindigkeit eines Elementarbereiches im Fluid besitzt zwar einen von der Zeit unabhängigen Mittelwert; diesem sind jedoch unregelmäßige Schwankungen in der Längs- und Querrichtung der Strömung überlagert.
Das Geschwindigkeitsprofil $u(y)$ der turbulenten Leitungsströmung läßt sich nach Nikuradse durch

$$\frac{u_y}{u_{\max}} = \left(1 - \frac{2y}{d}\right)^{\frac{1}{n}} \tag{4.8}$$

darstellen. Hier ist $u_{\max}$ die Geschwindigkeit in Leitungsmitte. Der Wert von $1/n$ ändert sich von $^1/_6$ bei $Re = 4 \cdot 10^3$ bis $^1/_{10}$ bei $Re = 3{,}2 \cdot 10^6$. Bild 4.1b zeigt das Geschwindigkeitsprofil der turbulenten Leitungsströmung. In ihr ist die Geschwindigkeitsverteilung über den Querschnitt gleichmäßiger als in der laminaren Strömung.

Die mittlere Geschwindigkeit $\bar{u}$ der turbulenten Leitungsströmung ergibt sich aus

$$\bar{u} = \frac{\dot{V}}{A} = \frac{8}{d^2}\int_0^{d/2} u_y\, y\, \mathrm{d}y \tag{4.9}$$

und

$$\bar{u} = u_{\max} \cdot \frac{8}{d^2}\int_0^{d/2} \left(1 - \frac{2y}{d}\right)^{\frac{1}{n}} y\, \mathrm{d}y \tag{4.10}$$

zu

$$\bar{u} = u_{\max} \frac{2n^2}{(1+n)(2n+1)}. \tag{4.11}$$

Für $n = 7$ ist

$$u = u_{\max} \cdot 0{,}82 \tag{4.12}$$

für die turbulente Strömung (zum Vergleich: $u = u_{\max} \cdot 0{,}5$ für die laminare Strömung).

Für die Widerstandszahl λ der turbulenten Strömung gilt das empirisch gewonnene Blasiussche Widerstandsgesetz

$$\lambda = 0{,}3164 \left(\frac{\bar{u}\, d}{\nu}\right)^{-\frac{1}{4}} = 0{,}3164\, (Re)^{-\frac{1}{4}}. \tag{4.13}$$

Es stimmt bis $Re \approx 10^5$ gut mit den experimentell gefundenen Werten überein; für noch höhere Werte der Reynolds-Zahl werden höhere Widerstandswerte gemessen, als das Gesetz angibt. Bild 4.2 gibt die Widerstandszahl der Rohrströmung in Abhängigkeit von der Reynolds-Zahl wieder. Bemerkenswert ist der Verlauf der Kurve im Übergangsgebiet laminar-turbulent.

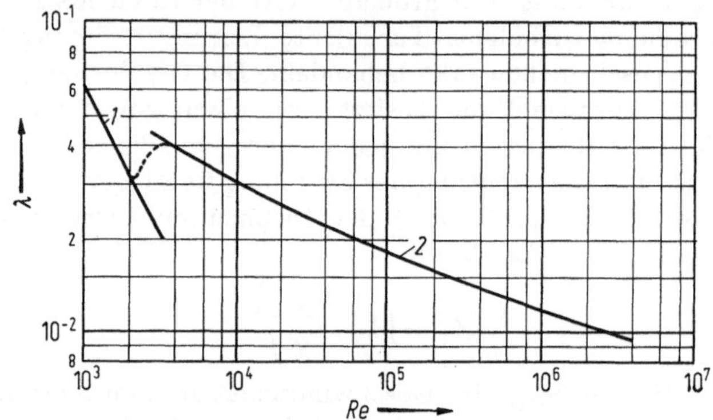

Bild 4.2. Widerstandszahl λ einer Leitung in Abhängigkeit von der Reynolds-Zahl. *1* laminarer Bereich, *2* turbulenter Bereich.

Das Druckgefälle in der laminaren Strömung ist nach (4.3) der mittleren Geschwindigkeit proportional. Das Druckgefälle in der turbulenten Strömung ist

$$\frac{\mathrm{d}p}{\mathrm{d}x} = \lambda \frac{1}{d} \frac{\varrho}{2} \overline{u}^2 = 0{,}3164 \left(\frac{\overline{u}d}{\nu}\right)^{-\frac{1}{4}} \frac{1}{d} \frac{\varrho}{2} \overline{u}^2 = 0{,}3164 \left(\frac{d}{\nu}\right)^{-\frac{1}{4}} \frac{1}{d} \frac{\varrho}{2} \overline{u}^{+7/4}, \tag{4.14}$$

d. h. es ist angenähert dem Quadrat der mittleren Geschwindigkeit proportional.

4.2.1. Einfluß der Wandrauhigkeit auf die Leitungseigenschaften

Die für Strömungen angegebenen Gesetzmäßigkeiten gelten für Leitungen mit vollkommen glatten Innenwänden. Diese sind in Wirklichkeit jedoch mehr oder weniger rauh. (Die Rauhigkeit der Oberflächen kann verschiedene Formen annehmen; sie läßt sich nur dann einigermaßen beschreiben, wenn die Unregelmäßigkeiten gleichmäßig dicht über die Oberfläche verteilt sind. In diesem Fall gilt als Maß das Verhältnis der Höhe der Rauhigkeit k zum Halbmesser des Rohres $d/2$, d. h. $2k/d$). Versuche haben ergeben, daß im Bereich der laminaren Strömung eine Wandrauhigkeit den Strömungswiderstand nicht vergrößert und keinen Einfluß auf die Ausbildung der Strömung hat. Im Bereich der turbulenten Strömung beeinflußt die Wandrauhigkeit den Strömungswiderstand; dieser ist also im letzten Falle von der Reynolds-Zahl und der Wandrauhigkeit abhängig $(\lambda = f(Re, 2k/d))$. Mit zunehmender Rauhigkeit überwiegt der Rauhigkeitseinfluß den von der Reynolds-Zahl herrührenden Anteil. Bild 4.3 veranschaulicht die Zusammenhänge.

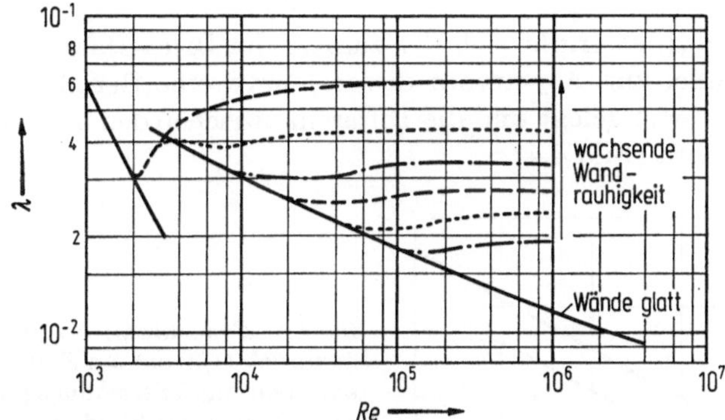

Bild 4.3. Widerstandszahl λ einer Leitung bei verschiedenen Wandrauhigkeiten (nach Nikuradse).

In der Fluidik werden in der Regel Leitungen mit glatten Innenwänden verwendet; in der Mehrzahl der Fälle können daher die hierfür geltenden Werte zugrundegelegt werden.

4.2.2. Leitungseinlauf

Die Beziehungen für den Widerstand von Leitungen mit kreisförmiger Umrandung gelten nur für lange Leitungen. In diesen ist die Strömung voll ausgebildet, und die Geschwindigkeitsverteilung über den Querschnitt ist an jedem Ort gleich. Am Eingang gibt es jedoch ein Übergangsgebiet, das Einlaufgebiet, in dem das Geschwindigkeitsprofil der Strömung an der Eintrittsstelle allmählich in das Profil der voll ausgebildeten laminaren oder turbulenten Strömung übergeht. Diese Umformung des Geschwindigkeitsprofils ist mit Verlusten verbunden. Der Druckabfall je Längeneinheit ist demzufolge im Einlaufgebiet zunächst beträchtlich höher als im Gebiet der voll ausgebildeten Strömung und sinkt erst allmählich auf deren Wert ab. Die Länge des Einlaufweges L_e, d. h. die Strecke vom Leitungseingang bis zu dem Ort, an dem das Strömungsprofil der Leitung voll ausgebildet ist, hat nach Langhaar bei laminaren Strömungen den Wert

$$L_e = K\, Re \cdot d = K\bar{u}d^2/\nu\,, \tag{4.15}$$

wobei $K = 0{,}058$ ist. Goldstein gibt für die Konstante K den Wert 0,072 an. Für turbulente Strömungen wird als Konstante der Wert 0,035 angegeben. Die Einlauflänge ändert sich demnach mit der Strömungsgeschwindigkeit und mit dem Quadrat des Durchmessers. Mißt man den Druckabfall Δp längs der Einlaufstrecke für eine konstante mittlere Strömungsgeschwindigkeit $\bar{u}$ und stellt den Quotienten

$$\frac{\Delta p}{\bar{u}^2/2} = f\left(\frac{x}{d\ Re}\right) \tag{4.16}$$

graphisch dar, so ergibt sich der zusätzliche Druckabfall am Einlauf, wenn parallel zur Asymptote dieser Kurve eine Gerade durch den Ordinatenwert 1 gelegt und die Differenz zwischen den beiden Geraden bestimmt wird (Bild 4.4).

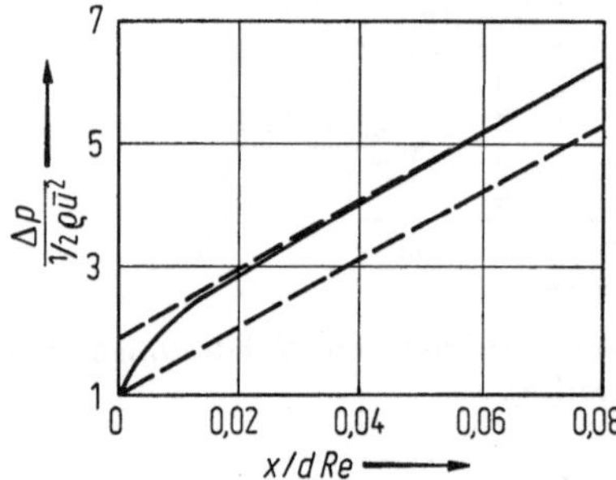

Bild 4.4. Druckabfall Δp geteilt durch Staudruck $(1/2)\,\varrho\bar{u}^2$ am Einlauf einer geraden Leitung. $\bar{u}$ Strömungsgeschwindigkeit, ϱ Dichte des Fluids, d Durchmesser der Leitung, x Länge der Leitung vom Eingang her gemessen.

Aus (4.15) ergibt sich, daß der Wert für die Einlauflänge für z. B. die Reynolds-Zahl 2000 etwa 70 Leitungsdurchmesser für turbulente Strömungen und etwa 120 bis 140 Leitungsdurchmesser für laminare Strömungen beträgt. Auf kurzen Verbindungen, wie sie in der Fluidik üblich sind, können demnach die Einlaufverluste eine maßgebliche Rolle spielen.

4.2.3. Leitungskrümmungen

Leitungen in der Fluidik sind häufig gekrümmt; die Krümmungen haben zusätzliche Verluste zur Folge. Sie rühren davon her, daß Zentri-

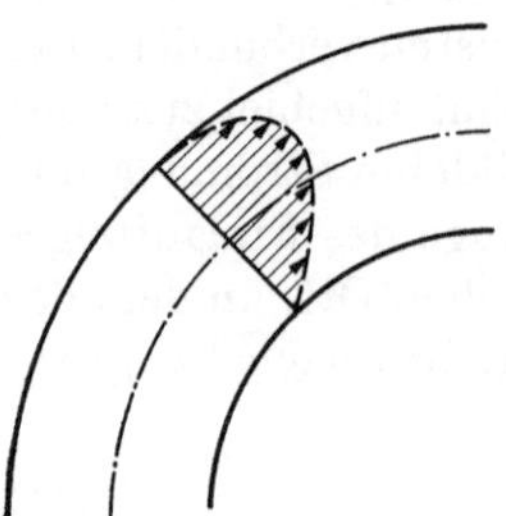

Bild 4.5. Geschwindigkeitsprofil der laminaren Strömung in einer gekrümmten Leitung.

fugalkräfte auf die elementaren Fluidbereiche einwirken, wenn diese sich auf gekrümmten Bahnen bewegen. Die Zentrifugalkräfte sind bestrebt, die Teilchen vom Krümmungsmittelpunkt fort abzulenken. Sie sind proportional u^2/r (r Bahnradius). Da u in einer Leitung den höchsten Wert längs der Leitungsachse hat, wirken sich die Zentrifugalkräfte am meisten auf die Strömung in der Umgebung der Leitungsachse aus. Das Geschwindigkeitsprofil eines gekrümmten Leiters ist deshalb unsymmetrisch zur Leitungsmitte in Richtung auf größere Krümmungsradien verzerrt (Bild 4.5). Gekrümmte Leitungen haben höhere Widerstände als gerade Leitungen; die Leitungsverluste wachsen mit der Krümmung. Ein maßgeblicher Parameter ist die Dean-Zahl $De = {}^1/_2\, Re \sqrt{d/2r}$. Hierbei ist $d/2$ der Leitungsradius und r der Krümmungsradius.

Für eine laminare Strömung in gekrümmten Leitungen ist die Widerstandszahl nach Prandtl

$$\lambda = \lambda_0 \cdot 0{,}37 \cdot De^{0{,}36} \tag{4.17}$$

(λ_0 Widerstandszahl des geraden Leiters). Zahlenbeispiel: $Re = 1000$, $d/2 = 1{,}5$ mm, $r = 10$ mm. Dann ist $\lambda = 2{,}4\lambda_0$. Die Widerstandserhöhung durch die Krümmung kann also prozentual beträchtlich sein.

Für eine turbulente Strömung in gekrümmten Leitern ist die Widerstandszahl nach White

$$\lambda = \lambda_0 \left[1 + 0{,}075 \cdot Re^{\frac{1}{4}} \cdot \left(\frac{d}{2r}\right)^{\frac{1}{2}}\right]. \tag{4.18}$$

Zahlenbeispiel: $Re = 3000$, $d/2 = 1{,}5$ mm, $r = 10$ mm. Dann ist $\lambda = 1{,}21\,\lambda_0$. Die Widerstandserhöhung durch die Krümmung ist demnach für laminare Strömungen in der Regel größer als für turbulente Strömungen.

Die in gekrümmten Leitungen auftretende Zentrifugalkraft hat ferner zur Folge, daß sich quer zur Hauptströmungsrichtung eine Sekundärströmung ausbildet. Das Fluid strömt von der Leitungsmitte — dem Ort der größten Zentrifugalkraft — zum Ort mit der minimalen Krümmung. Dort teilt es sich in zwei gleiche Ströme auf, die längs der Innenwand der Leitung zum Ort der maximalen Krümmung abströmen. Dort vereinigen sie sich wieder zu einem gemeinsamen Strom zur Leitungsmitte hin. Es ist nicht bekannt, in welcher Weise die Sekundärströmung zu den Leitungsverlusten beiträgt.

In der Fluidik ist mit Leitungsstücken begrenzter Länge mit konstanter oder veränderlicher Krümmung zu rechnen; diese werden immer wieder durch gerade Leitungsstücke unterbrochen. Das Geschwindigkeitsprofil der Strömung ändert sich also dauernd, so daß es schwierig ist, genaue Werte für den Gesamtwiderstand eines Leitungszuges anzugeben. Eine Leitung, die auf dem Wege von A nach B um einen bestimmten Winkel umgelenkt werden soll, kann auf verschiedene Weise verlegt werden (Bild 4.6). Bei einer Krümmung mit kleinem Radius (Bild 4.6a) ist der Anteil der gekrümmten Leitung an der Gesamt-

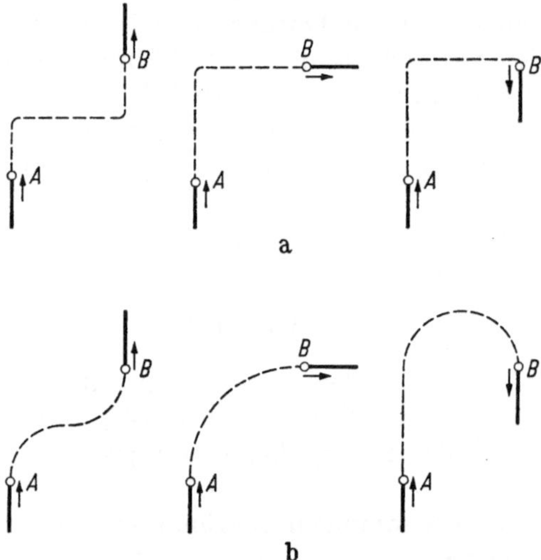

Bild 4.6. Verbindung zweier Punkte A und B mittels Leitungen verschiedener Krümmung. a) kleiner Krümmungsradius; b) großer Krümmungsradius.

strecke klein, dafür ist der spezifische Widerstand der gekrümmten Leitung groß. Bei der Krümmung mit großem Radius (Bild 4.6b) liegen die Verhältnisse umgekehrt. Im laminaren Fall macht sich vorwiegend die Krümmung, im turbulenten Fall vorwiegend die Leitungslänge im Widerstandswert bemerkbar. Eine überschlägige Rechnung ergibt, daß für eine laminare Strömung die Leitung nach Bild 4.6a und für eine turbulente Strömung die Leitung nach Bild 4.6b den niedrigeren Widerstand hat.

4.3. Leitung mit kontantem rechteckigen Querschnitt

Die bisherigen Ausführungen bezogen sich auf Leitungen mit kreisförmigem Querschnitt, gelten also für Schläuche und Rohre, wie sie in der Fluidik benutzt werden, um Einzelelemente miteinander zu verbinden. In den Elementen selbst und bei Verbindungen in integrierten Schaltungen haben die Leitungen jedoch in der Regel rechteckige

Querschnitte. Es erhebt sich die Frage, ob die für Leitungen mit kreisförmigen Querschnitten gemachten Aussagen auch für solche mit rechteckigen Querschnitten gelten, bzw. in welcher Weise sie für diese modifiziert werden müssen.

Versuche haben gezeigt, daß der Fluß in rechteckigen Leitungen im wesentlichen den gleichen Gesetzen folgt wie in solchen mit kreisförmigem Querschnitt. Die Strömungsgeschwindigkeit steigt vom Wert Null an der Oberfläche auf ein Maximum in der Mitte an; eine Einlaufstrecke ist ebenfalls vorhanden. Sparrow, Hixon and Shavit untersuchten die Ausbildung des Geschwindigkeitsprofils bei laminaren Flüssen am Eingang gerader, rechteckiger Leitungen. Sie maßen die Geschwindigkeitsverteilung für verschiedene Abstände vom Eingang für die Tiefen-Breiten-Verhältnisse 5:1 und 2:1. Dabei stellten sie fest, daß in laminaren Strömungen die Geschwindigkeitsprofile in der Breite und der Tiefe des Leitungsquerschnittes nach einer Einlaufstrecke von

$$L_e > 0{,}08\, Re \cdot D_h \tag{4.19}$$

voll entwickelt waren ($D_h = 4A/U$ ist der hydraulische Durchmesser, $A = ab$ ist der Querschnitt und $U = 2\,(a + b)$ der Umfang der rechteckigen Leitung mit der Breite b und der Tiefe a). Die Werte für a und b lagen bei den Messungen im Bereich von 15,9 mm bis 76,2 mm. Versuche an Leitungen mit wesentlich kleineren Querschnitten (Kantenabmessungen 0,1 mm bis 1 mm) bestätigten diese für den laminaren Bereich geltenden Aussagen. Über die Ausbildung des Geschwindigkeitsprofils bei turbulenter Strömung in rechteckigen Leitungen liegen keine Untersuchungsergebnisse vor.

Schiller und Nikuradse untersuchten die Abhängigkeit der Widerstandszahl einer Leitung von ihrer Querschnittsform. Danach ergab sich: Nimmt man den hydraulischen Durchmesser De als Bezugsgröße so stimmen die Beziehungen $De = f(Re)$ für verschiedene Querschnittsformen im turbulenten Bereich gut mit denen für die entsprechende zylindrische Leitung überein; im laminaren Bereich ergeben sich geringe unregelmäßige Abweichungen. Bei allen Leitungen mit n-eckigem Querschnitt sind Sekundärströmungen quer zur Hauptströmungsrichtung vorhanden. Hierbei strömt das Fluid von der Mitte zu den

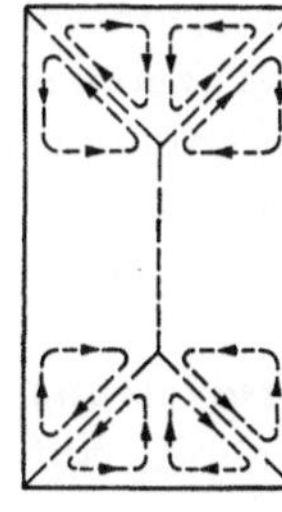

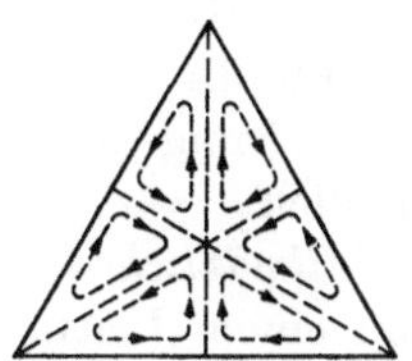

Bild 4.7. Sekundärströmungen in langen geraden Leitungen mit nicht kreisförmigen Querschnitten.

Ecken, teilt sich dort auf, strömt längs der Seiten zu den Seitenmitten und von dort wieder zur Mitte zurück (Bild 4.7). In Krümmungen überlagert sich dieser Sekundärströmung noch die durch die Zentrifugalkraft hervorgerufene Sekundärströmung.

4.4. Leitung mit Querschnittsänderungen

Leitungserweiterungen. Erweitert sich eine Leitung plötzlich um einen bestimmten Betrag, so treten an den Erweiterungsstellen Wirbel und damit Verluste auf. Sie sind für eine Leitung mit kreisförmigem Querschnitt proportional $(1 - A_1/A_2)$, wobei A_1 und A_2 die Querschnitte vor und nach der Erweiterung sind. Erst nach einer Weglänge $L = 4d_2$ ist die Verwirbelung nahezu abgeklungen, und die Fluidströmung füllt den erweiterten Querschnitt gleichmäßig aus (d_2 Leitungsdurchmesser nach der Erweiterung). Das Produkt aus mittlerer Strömungsgeschwindigkeit und Querschnitt bleibt für eine inkompressible Strömung bei Querschnittsänderungen konstant.

Leitungsverengungen. Verengt sich eine Leitung für eine Strömung plötzlich um einen bestimmten Betrag, so löst sie sich am Beginn der Verengung von der Leitungswand ab, und es tritt eine Einschnürung auf (Bild 4.8). Nach einer bestimmten Weglänge hört die Einschnürung auf, und die Strömung füllt den engeren Leitungsquerschnitt voll aus. Längs der Einschnürungsstrecke ist die Strömungsgeschwindigkeit

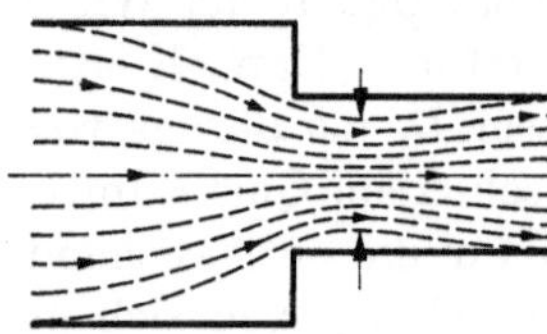

Bild 4.8. Einschnürung der Strömung bei plötzlichen Leitungsverengungen.

größer als im anschließenden Strömungsweg in der verengten Leitung. Die Einschnürung hat zusätzliche Verluste zur Folge; diese sind proportional $(1 - A_2/A_0)$, d. h., sie wachsen mit dem Grad der Verengung. Werden die Kanten an der Verengungsstelle verrundet, so verringert sich die Kontraktion der Strömung mit zunehmender Verrundung. In der Fluidik versucht man, abrupte Erweiterungen und Verengungen der Leitungsquerschnitte zu vermeiden; dies ist jedoch nicht immer möglich.

Allmähliche Querschnittsänderungen. Die Verluste beim Übergang von einem Leitungsquerschnitt auf einen anderen lassen sich durch allmähliche Querschnittsänderungen im Übergangsbereich verringern. Wird der Querschnitt allmählich erweitert (Diffusor), so löst sich die Strömung nicht von den Wänden ab, und die Wirbelbildung mit den damit verknüpften Verlusten wird verringert bzw. vermieden. Je größer der Öffnungswinkel der Erweiterung, um so größer ist die Gefahr von Verlusten durch Wirbelbildung. Je kleiner der Öffnungswinkel, um so länger ist die Erweiterungsstrecke und um so größer sind damit aber auch die Leitungsverluste auf dieser Strecke. Als günstigster Kompromißwert für den Öffnungswinkel hat sich bei Leitungen mit kreisförmigem Querschnitt ein Erweiterungswinkel von $(6\cdots8)\,\pi/180$ rad ergeben (Winkel zwischen den Leitungswänden der Erweiterung gemessen). Für die günstigsten Erweiterungswinkel rechteckiger Querschnitte sind keine Untersuchungsergebnisse bekannt; es ist zu vermuten, daß hier ähnliche Beziehungen gelten wie bei Leitungen mit kreisförmigen Querschnitten.

Wird ein Leitungsquerschnitt allmählich verengt, so tritt keine Einschnürung auf; durch den allmählichen Übergang werden auch hier die Verluste im Vergleich zu einer plötzlichen Verengung verringert. In der Fluidik spielen Leitungsverengungen bei den Einlaufstrecken für Düsen eine wichtige Rolle. Hierbei soll ein Übergang mit geringen Verlusten zwischen einem Behälter und einer Leitungsstrecke mit konstantem Querschnitt vorhanden sein. Behälter und Leitung haben in der Regel die gleiche Tiefe; die Übergangsstrecke verengt sich also nur in einer Dimension. Eine mögliche Form der Begrenzungslinie im Übergangsgebiet stellt z. B. die aus der Mechanik bekannte Biegelinie

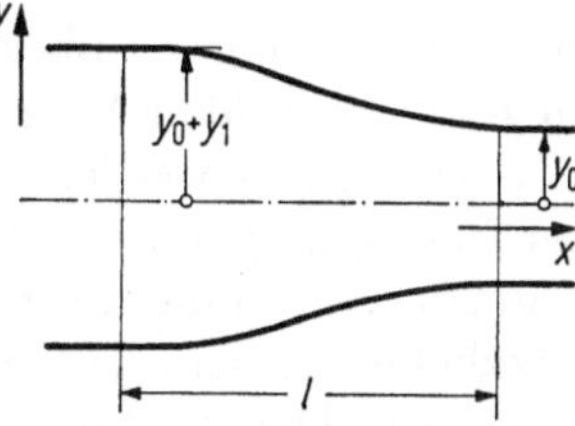

Bild 4.9. Allmähliche Querschnittsverringerung einer Leitung in Form einer Biegelinie des eingespannten, gleichmäßig belasteten Trägers. l Länge der Übergangsstrecke.

des einseitig eingespannten, gleichmäßig belasteten Trägers dar, bei dem die Einspannpunkte in der Höhe um einen bestimmten Betrag gegeneinander verschoben sind (Bild 4.9). Die Verschiebung entspricht dabei dem Betrag der Verengung. Die Gleichung dieser Linie lautet

$$y = y_0 + y_1\left(1 - \frac{3x^2}{b^2} + \frac{2x^3}{b^3}\right), \qquad 0 \leqq x \leqq b\,. \tag{4.20}$$

Für $x = 0$ ist $y = y_0 + y_1$; für $x = b$ ist $y = y_0$.

Der Krümmungsradius ϱ_K ist

$$\varrho_{\mathrm{K}} = \frac{(1 + y'^2)^{\frac{3}{2}}}{y''} = \frac{\left[1 + y_1^2\left(\frac{6x}{b^2}\right)^2\left(\frac{x}{b} - 1\right)^2\right]^{\frac{3}{2}}}{y_1 \frac{6}{b^2}\left(\frac{2x}{b} - 1\right)}. \tag{4.21}$$

Je größer die Krümmungsradien längs der Verengungskurve, um so allmählicher ist der Übergang von einem Querschnitt auf den anderen. Der Krümmungsradius der Biegelinie hat seinen Kleinstwert am Anfang und Ende der Kurve. Der Wert ist

$$|\varrho_{\mathrm{K}}| = \frac{b^2}{6y_1} \quad \text{für } x = 0 \text{ und } x = b\,. \tag{4.22}$$

Übergänge von rechteckigen auf kreisförmige Querschnitte und umgekehrt. Dieser Fall kommt in der Fluidik vor, wenn Elemente — deren Kanäle rechteckige Querschnitte haben — über Schläuche miteinander verbunden werden. Untersuchungen über die günstigste Ausführung derartiger Übergänge sind nicht bekannt geworden; es erscheint zweckmäßig, an derartigen Stellen nach Möglichkeit gleiche Querschnitte in den Leitungen und Übergängen vorzusehen.

4.5. Leitungsverzweigungen und Leitungszusammenführungen

In Fluidikschaltungen treten häufig Verzweigungen und Zusammenführungen von Leitungen auf. So werden z. B. am Eingang von Elementen Leitungen zusammengeführt, die Signale von verschiedenen Quellen zum Eingang übermitteln. Ferner werden die Ausgangssignale von Elementen über Verzweigungen auf verschiedene Empfänger verteilt. Schließlich werden die aktiven Elemente in Schaltungen meist über Verzweigungen von einer gemeinsamen Versorgung gespeist.

Bei der Zusammenführung und Verzweigung von Strömungen treten zusätzliche Verluste dadurch auf, daß sich die Geschwindigkeitsprofile in den abgehenden Leitungen neu ausbilden müssen. Die Vorgänge bei der Zusammenführung und Verzweigung hängen von der Form und Größe der einzelnen Leitungsquerschnitte, dem Winkel zwischen den einzelnen Leitungen, sowie von den Druckdifferenzen zwischen den einzelnen Zuführungen ab. Sie sind daher bedeutend verwickelter als bei elektrischen Kreisen. Außer der Kirchhoffschen Regel, daß die Masse des zuströmenden Fluids gleich derjenigen ist, die im gleichen Zeitabschnitt abströmt, lassen sich keine allgemeinen Aussagen machen. In der Fluidik ist das Verhalten von Strömungen bei Zusammenführungen und Verzweigungen von wesentlicher Bedeutung für die

Arbeitsweise der Elemente. An diesen Stellen wird jedesmal in mindestens einer Leitung die Strömungsrichtung geändert, da zumindest eine Leitung gekrümmt sein muß. Dadurch entstehen Änderungen des Geschwindigkeitsprofils durch Zentrifugalkräfte und damit Verluste.

In der fluidischen Schaltkreistechnik tritt häufig der Fall auf, daß an eine gerade, strömungsführende Leitung seitlich eine andere, nur zeitweilig oder überhaupt nicht strömungsführende Leitung angeschlosren ist (Bild 4.10). Ist die nicht strömungsführende Leitung am andesen Ende offen, so fließt in der Anordung nach Bild 4.10a (spitzer

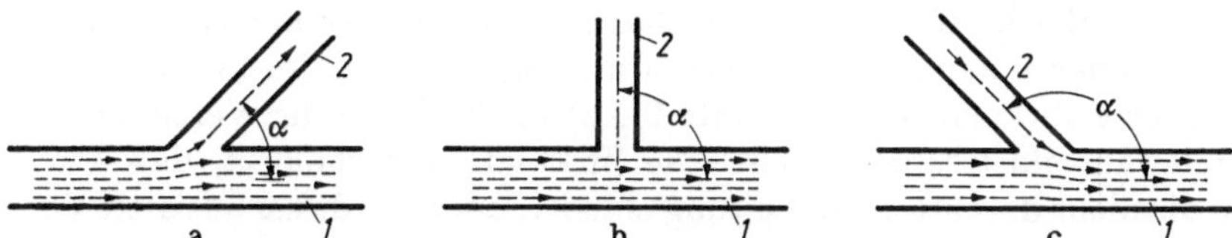

Bild 4.10. Strömungsverläufe beim Anschluß einer nicht strömungsführenden Leitung *2* an eine strömungsführende Leitung *1*. Winkel zwischen den Leitungen: a) α spitzer Winkel, Fluid strömt von *1* nach *2*; b) $\alpha \approx \pi/2$ rad, keine Strömung zwischen *1* und *2*; c) $\alpha > \pi/2$ rad, Fluid strömt von *2* nach *1*.

Winkel zwischen abfließender Strömung und Stichleitung) ein Teil des Fluids in die Stichleitung ab. Je spitzer der Winkel, um so größer ist der abfließende Anteil. In der Anordung nach Bild 4.10c (spitzer Winkel zwischen Richtung der ankommenden Strömung und Stichleitung) führt die Strömung aus der Stichleitung Fluid mit sich fort (Mitführeffekt: siehe Abschnitt 5). Bei einem Winkel von etwa $\pi/2$ rad zwischen strömungsführender Leitung und Stichleitung (Bild 4.10b) strömt weder Fluid in die Stichleitung ab noch aus dieser ein. Diese Aussagen gelten für offene Stichleitungen, z. B. für die Ausgleichsöffnungen in Fluidikelementen (Abschnitt 9.4.2). Mit zunehmender Länge der Stichleitung erhöht sich ihr Widerstand; damit verringert sich die Menge des in der Stichleitung strömenden Fluids. Ferner verringert sie sich, wenn die Stichleitung mit einem Widerstand abgeschlossen ist, oder wenn an ihrem Ende ein Überdruck vorhanden ist.

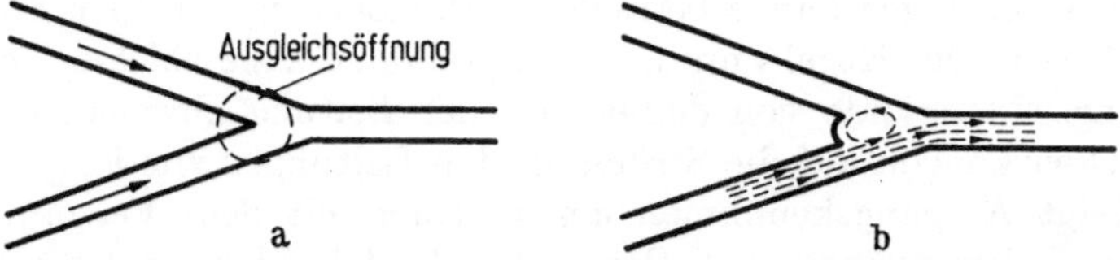

Bild 4.11. Entkopplung von zwei zeitweilig strömungsführenden Leitungen. a) Entkopplung mittels Ausgleichsöffnung zur Umgebung; b) Entkopplung mittels Zirkulation an der Vereinigungsstelle.

Ein anderer in der Fluidik häufiger vorkommender Fall ist in Bild 4.11 dargestellt. Hier sind zwei Leitungen mit gleichen Querschnitten zusammengeführt; beide können einzeln oder gleichzeitig Strömungen führen. Es ist erwünscht, daß die Strömung in der einen Zuleitung möglichst wenig durch die Anwesenheit der anderen — nicht strömungsführenden — Zuleitung beeinflußt wird. Ferner sollen beide Zuleitungen symmetrisch zur Abströmleitung angeordnet sein so daß für beide Zuleitungen die Strömungen gleiche Abflußbedingungen haben. In diesem Falle lassen sich die Zuleitungen durch zwei Maßnahmen entkoppeln. Einmal kann am Ort der Zusammenführung eine Ausgleichsöffnung zur Umgebung vorgesehen werden (Bild 4.11a). Zum anderen kann die Zusammenführung so ausgebildet werden, daß sich eine Zirkulation (Abschnitt 9.4.2) im Fluid an der Vereinigungsstelle ausbildet (Bild 4.11b). Die Zirkulation verhindert, daß Fluid in die nicht durchströmte Leitung eintritt, oder aus dieser austritt. Versuche haben gezeigt, daß bei einer Zusammenführung auch die Art der Leitungsdurchdringung — d. h. scharfkantig oder abgerundet — eine Rolle spielt. Maßgebend für die Aufteilung des Flusses bei Verzweigungen ist auch das Verhältnis der Widerstände der abgehenden Leitungen; diese hängen ab von den Leitungsquerschnitten, den Leitungslängen und den Leitungsabschlüssen.

Mehrfachverzweigungen, wie sie z. B. an den Ausgängen von Fluidikelementen auftreten können, bieten zusätzliche Probleme. Von diesen Ausgängen soll der Strom auf eine möglichst große Anzahl gleichartiger Elementeeingänge aufgeteilt werden. Die Verluste bei der Aufteilung sollen gering sein, ferner sollen die einzelnen Teilströme annähernd gleich sein. Eine gleichmäßige Aufteilung wird noch zusätzlich dadurch erschwert, daß in der Regel Elemente und Verbindungen in einer Ebene angeordnet sind. Völlig befriedigende Lösungen für Mehrfachverbindungen wurden bisher noch nicht angegeben.

4.6. Anpassung bei Leitungen

In den vorhergehenden Abschnitten wurden stationäre Vorgänge auf Leitungen beliebiger Länge betrachtet. Die Leitungen in der Fluidik sind jedoch in der Regel kurz und mit Gebilden abgeschlossen, deren Strömungswiderstände von denjenigen der Leitung abweichen. Dies hat Rückwirkungen auf die Ströme in den Leitungen zur Folge. Bild 4.12a zeigt Ausgangskennlinien der Leitung mit dem Versorgungsdruck am Leitungseingang als Parameter. Bild 4.12b zeigt das hieraus ermittelte Produkt Druckabfall am Abschlußwiderstand mal Fluß durch den Abschlußwiderstand. Bei einem bestimmten Abschluß-

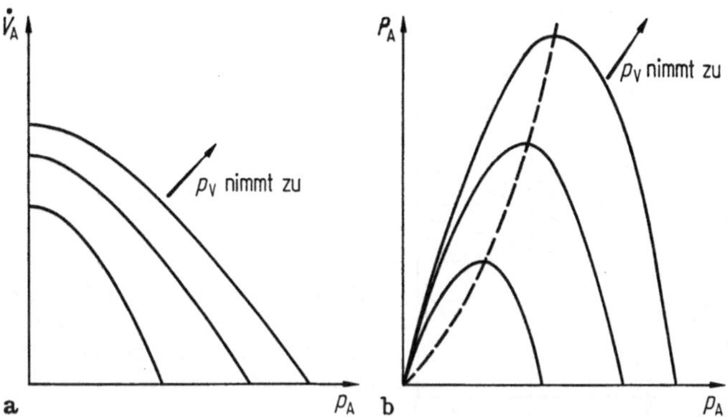

Bild 4.12. Ausgangskennlinien einer Leitung mit Abschlußwiderstand. a) Fluß $\dot{V}_A$ und Druckabfall p_A im Abschlußwiderstand; b) Leistungsverbrauch P_A und Druckabfall p_A im Abschlußwiderstand in Abhängigkeit vom Abschlußwiderstand. Versorgungsdruck p_V am Leitungseingang als Parameter.

widerstand hat dieses Produkt — d. h. die im Abschlußwiderstand umgesetzte Leistung — ein Maximum. Der Abschlußwiderstand ist dann an die Leitung angepaßt. Die in Bild 4.12b gestrichelt eingetragene Linie verbindet die Punkte der höchsten Leistungsabgabe an den Abschlußwiderstand für die verschiedenen Versorgungsdrücke. Wie ersichtlich, ist diese Kurve keine Gerade, d. h., der Abschlußwiderstand für optimale Anpassung ist bei fluidischen Leitungen nicht konstant, sondern vom Versorgungsdruck abhängig. Dies ist darauf zurückzuführen, daß die Strömung mit wachsendem Versorgungsdruck allmählich vom laminaren in den turbulenten Zustand übergeht. Dabei ändert sich der Leitungswiderstand und damit auch der optimale Abschlußwiderstand.

Als Abschlußwiderstand kann eine Blende mit einem kreisförmigen Loch in der Mitte dienen. Je größer der Fluß ist, für den angepaßt werden soll, um so größer muß das Loch in der Blende und je niedriger damit der Abschlußwiderstand sein. Die Löcher in den Blenden haben in der praktischen Ausführung meist abgerundete Kanten, um die Einschnürung der Strömung durch die Blende zu verringern. In Bild 4.13 sind für Blenden mit verschieden großen Löchern Verläufe der Flüsse in Abhängigkeit vom Druckabfall an den Blenden dargestellt, die von Schädel angegeben wurden. Diese Kurven haben einen ähnlichen Verlauf wie entsprechende bei Leitungen gemessene Kurven. Aus diesen Kurven läßt sich für die verschiedenen Blendengrößen der maximale Leistungsdurchsatz in Abhängigkeit vom Druckabfall an den Blenden ermitteln. Für einen bestimmten Fluß in der Leitung kann hieraus die zugehörige Lochgröße der Blende angegeben werden. Das Fluid strömt

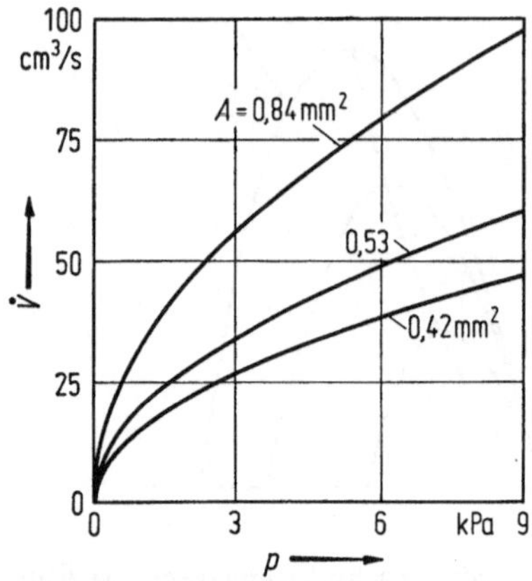

Bild 4.13. Blenden. Fluß $\dot{V}$ durch Blende in Abhängigkeit vom Druckabfall p an der Blende. Blendenfläche A als Parameter (nach Schädel).

in der Blende stets mit einer höheren Geschwindigkeit als in der Leitung. Die Geschwindigkeit in der Blende kann jedoch die Schallgeschwindigkeit nie überschreiten; aus diesem Grunde muß in der Leitung selbst die Geschwindigkeit immer niedriger als die Schallgeschwindigkeit sein.

4.7. Zeitlich veränderliche Vorgänge auf Leitungen

Nicht stationäre Vorgänge auf fluidischen Leitungen sind wesentlich verwickelter als die entsprechenden Vorgänge in der Elektrotechnik. Gleichwohl ist es möglich, in Anlehnung an die Betrachtungsweise der Elektrotechnik eine gewisse Systematik in die nicht stationären Vorgänge auf fluidischen Leitungen zu bringen.

Ansatzpunkte für eine Theorie der Strömungsvorgänge auf Leitungen boten die Ersatzschaltbilder für elektromechanische Gebilde. Bei diesen wird angenommen, daß das Verhalten einer Reihe mechanischer Gebilde bei Bewegungen vorwiegend durch je eine einzige mechanische Größe — Masse, Steife oder Reibung — charakterisiert werden kann. Diese Größen können in Ersatzschaltbildern ähnlich behandelt werden wie Induktivität, Kapazität und Widerstand in elektrischen Schaltungen. Mit einigen Einschränkungen und unter Beachtung gewisser Rechenregeln lassen sich mit Hilfe derartiger Ersatzschaltbilder Gesetzmäßigkeiten über das Frequenzverhalten und die Ein- und Ausschwingvorgänge bei einer Reihe mechanischer bzw. elektromechanischer Vorrichtungen ableiten. Analog zu elektrischen Leitungen mit räumlich verteilten Kapazitäten, Induktivitäten und Widerständen können auch fluidische Leitungen als Gebilde mit räumlich verteilten Massen, Steifen und Reibungen behandelt werden.

Es bestehen jedoch einige grundsätzliche Unterschiede sowohl gegenüber elektrischen Leitungen als auch gegenüber mechanischen Gebilden mit konzentrierten mechanischen Größen. Diese ergeben sich einmal daraus, daß die Reibungsverluste auf fluidischen Leitungen um mehrere Zehnerpotenzen höher sind als die Widerstandswerte entsprechender elektrischer Leitungen und zum anderen aus der Tatsache, daß — anders als in der Elektrotechnik — die Vorgänge auf fluidischen Leitungen häufig nichtlinear sind. Untersuchungen zu der Frage der Übertragung fluidischer Signale auf Leitungen sind in Deutschland von Kohl und Schädel angestellt worden.

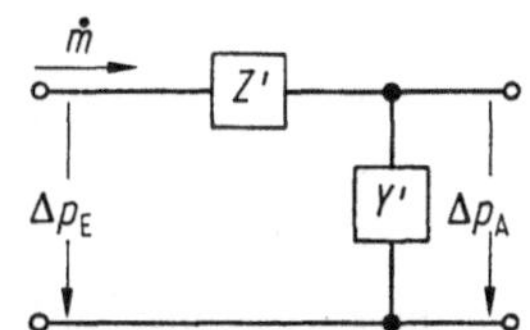

Bild 4.14. Ersatzschaltbild für ein Teilstück einer langen Fluidikleitung. $\dot{m}$ Massenstrom, Δp_E Differenz Eingangsdruck-Umgebungsdruck, Δp_A Differenz Ausgangsdruck-Umgebungsdruck, Z' Reihenimpedanz, Y' Paralleladmittanz des Leitungsstückes.

Betrachtet werden zunächst Vorgänge auf einer Fluidleitung mit konstantem kreisförmigen Querschnitt. Die Druckamplitude der zeitlich veränderlichen Vorgänge wird als klein im Verhältnis zum Umgebungsdruck vorausgesetzt. Die Beziehungen zwischen den zeitlich veränderlichen Anteilen der Drücke und Flüsse sind dann linear. Ferner wird vorausgesetzt, daß kein Wärmeaustausch mit den Begrenzungen der Strömungswege stattfindet und daß bei periodischen Vorgängen die Wellenlänge groß im Verhältnis zum Leitungsdurchmesser ist. Mit diesen Voraussetzungen läßt sich für Fluidleitungen ein Ersatzschaltbild aufstellen, das demjenigen der elektrischen Freidrahtleitung entspricht (Bild 4.14). An die Stelle der Spannung tritt ein Druck Δp, an die Stelle des Stromes ein Massefluß $\dot{m}$. Für die auf die Längeneinheit der Leitung bezogene Reihenimpedanz Z'[1] und Paralleladmittanz Y'[1] ergeben sich dann

$$Z' = \mathrm{j}\omega L' \left[1 - J\left(\frac{\omega}{\omega_\nu}\right)\right]^{-1}, \tag{4.23}$$

$$Y' = \mathrm{j}\omega C' \left[1 + (\varkappa - 1)\, J\left(\frac{\omega}{\omega_T}\right)\right]. \tag{4.24}$$

Hierin bedeuten mit A als Leitungsquerschnitt

$L' = 1/A$ die längenbezogene Induktivität der Leitung, (4.25)

$C' = A/c_a^2$ die längenbezogene Kapazität der Leitung (4.26)

[1] Mit den aus der Elektrotechnik entliehenen Begriffen ist jeweils der analoge fluidische Ausdruck gemeint.

(die Werte beziehen sich auf die Längeneinheit der Leitung, siehe Abschnitt 12.3) $\varkappa = c_p/c_v$ und c_a die Schallgeschwindigkeit. Ferner ist

$$J\left(\frac{\omega}{\omega_{\nu,T}}\right) = \frac{2J_1(Z_{\nu,T})}{Z_{\nu,T}J_0(Z_{\nu,T})} = \frac{2J_1(\sqrt{8j^3\,\omega/\omega_{\nu,T}})}{\sqrt{8j^3\omega/\omega_{\nu,T}}\cdot J_0(\sqrt{8j^3\,\omega/\omega_{\nu,T}})} \tag{4.27}$$

mit $J_0(Z_{\nu,T})$ als Bessel-Funktion 0. Ordnung, $J_1(Z_{\nu,T})$ als Bessel-Funktion 1. Ordnung, $\omega_\nu = 8\pi\nu/A$ und $\omega_T = 8\pi\nu_T/A = 8\pi\nu/(A\cdot 0{,}0708)$; (0,0708 Prandtlsche Zahl).

Für den Wellenwiderstand Z_0 und das Wellenausbreitungsmaß γ ergeben sich aus den allgemeinen Beziehungen

$$Z_0 = \sqrt{\frac{Z'}{Y'}}, \tag{4.28}$$

$$\gamma = \sqrt{Z'Y'} \tag{4.29}$$

für eine fluidische Leitung mit kreisförmigem Querschnitt die Werte

$$Z_0 = \frac{c_A}{A}\left[\left(1 - J\left(\frac{\omega}{\omega_\nu}\right)\right)\left\{1 + (\varkappa - 1)\,J\left(\frac{\omega}{\omega_T}\right)\right\}\right]^{-\frac{1}{2}}. \tag{4.30}$$

$$\gamma = \frac{j\omega}{c_A}\left[\frac{1 + (\varkappa - 1)\,J(\omega/\omega_T)}{1 - J(\omega/\omega_\nu)}\right]^{+\frac{1}{2}}. \tag{4.31}$$

Die entsprechenden Werte für eine unter gleichen Bedingungen betriebene fluidische Leitung mit rechteckigem Querschnitt sind von Schädel berechnet worden. Danach haben die Reihenimpedanz Z' und die Paralleladmittanz Y' einer fluidischen Leitung mit rechteckigem Querschnitt die Werte

$$Z' = j\omega L'\left[4\pi a_r \frac{\omega}{\omega_\nu}\cdot S\left(\frac{\omega}{\omega_\nu}\right)\right]^{-1}. \tag{4.32}$$

$$Y' = jwC'\left[\varkappa - j(\varkappa - 1)\frac{\omega}{\omega_T}\cdot 4\pi a_r S\left(\frac{\omega}{\omega_T}\right)\right]. \tag{4.33}$$

Hierin bedeuten $a_r = t/b$ das Tiefen-Breiten-Verhältnis der Leitungsquerschnitte, $A = tb$ den Leitungsquerschnitt. Ferner ist

$$S\left(\frac{\omega}{\omega_{\nu,T}}\right) = \sum_{i=1}^{\infty}\frac{1 - \dfrac{\tan h(1/a_r\sqrt{\alpha_i^2 + j2\pi a_r\,\omega/\omega_{\nu,T}})}{1/a_r\sqrt{\alpha_i^2 + j2\pi a_r\,\omega/\omega_{\nu,T}}}}{\alpha_i^2(\alpha_i^2 + j2\pi a_r\omega/\omega_{\nu,T})}, \tag{4.34}$$

$$\alpha_i = \frac{2i - 1}{2}\pi. \tag{4.35}$$

Für den Wellenwiderstand Z_0 und das Wellenausbreitungsmaß γ einer fluidischen Leitung mit rechteckigem Querschnitt ergeben sich damit die Werte

$$Z_0 = \frac{c_A}{A}\left[\mathrm{j}4\pi a_r \frac{\omega}{\omega_v} S\left(\frac{\omega}{\omega_v}\right)\left(\varkappa - \mathrm{j}4\pi a_r \frac{\omega}{\omega_T}(\varkappa - 1)\, S\left(\frac{\omega}{\omega_T}\right)\right)\right]^{-\frac{1}{2}}. \quad (4.36)$$

$$\gamma = \frac{\omega}{c_A}\left[\frac{\mathrm{j}\varkappa + 4\pi a_r \omega/\omega_T\,(\varkappa - 1)\, S(\omega/\omega_T)}{4\pi a_r\, \omega/\omega_v\, S(\omega/\omega_v)}\right]^{+\frac{1}{2}}. \quad (4.37)$$

Die Leitungsgleichungen der Elektrotechnik lassen sich sinngemäß auf Fluidikleitungen übertragen. Für beliebig abgeschlossene Fluidikleitungen gilt Bild 4.15

$$\Delta p_1 = \Delta p_2 \cosh \gamma l + \dot{m}_2 Z_0 \sinh \gamma l\,, \quad (4.38)$$

$$\dot{m}_1 = \dot{m}_2 \cosh \gamma l + \frac{\Delta p_2}{Z_0} \cdot \sinh \gamma l\,. \quad (4.39)$$

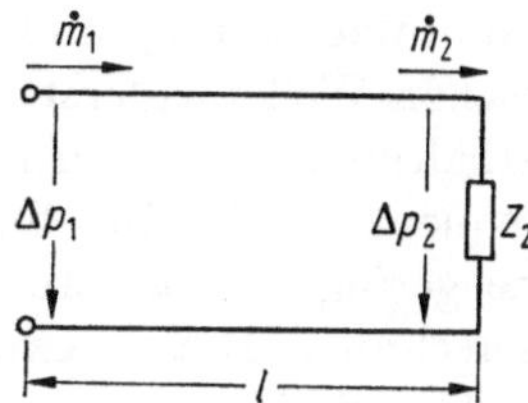

Bild 4.15. Fluidikleitung mit beliebigem Abschlußwiderstand Z_2. $\dot{m}_1$ Massenstrom am Eingang, $\dot{m}_2$ Massenstrom am Ausgang der Leitung, l Länge der Leitung.

Setzt man

$$Z_2 = \frac{\Delta p_2}{\dot{m}_2}\,, \quad (4.40)$$

so ist

$$\frac{\Delta p_2}{\Delta p_1} = \frac{1}{\cosh \gamma l + \dfrac{Z_0}{Z_2} \sinh \gamma l}\,. \quad (4.41)$$

Der Eingangswiderstand der leerlaufenden Leitung (Ausgang blockiert) ist

$$W_{1\infty} = \frac{Z_0}{\tanh \gamma l}\,. \quad (4.42)$$

Der Eingangswiderstand der kurzgeschlossenen Leitung ist

$$W_{10} = Z_0 \tanh \gamma l\,. \quad (4.43)$$

Die theoretischen Ergebnisse konnten von Schädel an Leitungen mit kreisförmiger Umrandung (Fläche 3 mm², Wandmaterial Messing) und

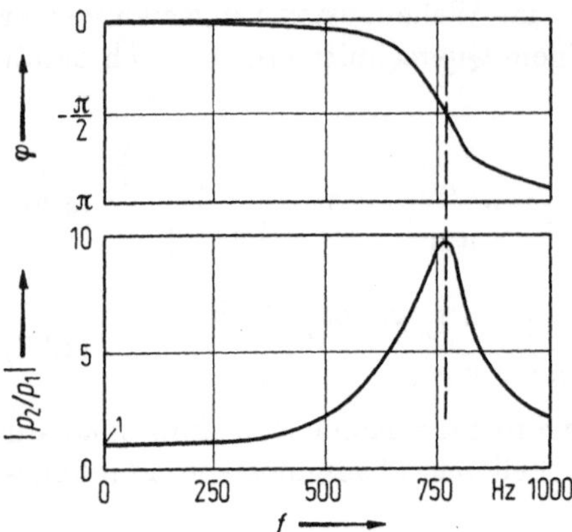

Bild 4.16. Druckübertragung einer runden Leitung in Abhängigkeit von der Frequenz (nach Schädel). Länge der Leitung 100 mm, Fläche der Leitung 3,20 mm², p_1 Eingangsdruck und p_2 Ausgangsdruck der Leitung, φ Phasenwinkel.

an Leitungen mit rechteckigem Querschnitt (Fläche 3 mm², Tiefen-Breiten-Verhältnis 3, Wandmaterial Acryl) experimentell bestätigt werden. Die Messungen wurden an Leitungen durchgeführt, die am Ende offen waren, und an solchen, die am Ende mit Leitungen vom gleichen Wellenwiderstand abgeschlossen waren. Gemessen wurde das Verhältnis Ausgangsdruck zu Eingangsdruck in Abhängigkeit von der Frequenz (Bild 4.16). Leitungen mit rechteckigem Querschnitt zeigten eine geringere Resonanzüberhöhung als Leitungen mit kreisförmigem Querschnitt. Dieses experimentell ermittelte Verhalten stimmt mit der Theorie überein.

Die Aussagen über das frequenzabhängige Verhalten fluidischer Leitungen gelten nur, wenn die Amplitude des Wechseldruckes klein gegenüber dem Umgebungsdruck und die Strömung laminar ist. Diese Voraussetzungen sind jedoch in der Fluidik in der Regel nicht erfüllt; die Werte der fluidischen Kapazitäten, Induktivitäten und Widerstände können daher nicht als konstant angesehen werden. Es ist daher auch nicht möglich, Ein- und Ausschaltvorgänge auf fluidischen Leitungen und in konzentrierten fluidischen Bauelementen exakt in der Weise zu behandeln, wie dies in der Elektronik geschieht.

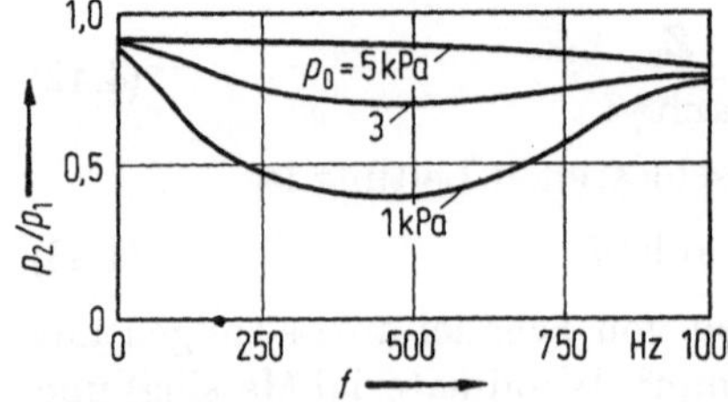

Bild 4.17. Leitung mit Lochblende abgeschlossen. Wechselfluß einem Gleichfluß überlagert, p_0 Gleichdruck, p_1 Eingangsdruck, p_2 Ausgangsdruck, Fläche der Leitung 3,20 mm², Fläche der Blendenöffnung 0,84 mm², Länge der Leitung 150 mm.

Im Abschnitt 4.6 war erläutert worden, daß eine fluidische Leitung für Gleichfluß an den Umgebungsdruck angepaßt werden kann, wenn am Ausgang der Leitung eine Querschnittsverengung, z. B. in Form einer Blende, vorgesehen wird. Dabei gehört zu einem bestimmten Gleichfluß ein bestimmter Lochdurchmesser der Blende. Schädel fand, daß in diesem Fall auch für einen Wechselfluß beliebiger Frequenz Anpassung vorhanden ist, vorausgesetzt wiederum, daß die Wechselfluß-amplitude klein gegenüber dem Wert des Gleichflusses ist (Bild 4.17).

5. Allseitig freier Fluidstrom (Fluidstrahl)

5.1. Allgemeines

Tritt ein allseitig geführter Fluidstrom aus einer Öffnung in eine Umgebung aus, in der er nicht mehr durch feste Umgrenzungen in seiner Bewegung beeinflußt wird, so entsteht ein Fluidstrahl. Das in dieser Umgebung bereits vorhandene Fluid kann verschieden vom Fluid des Strahles sein; in der Fluidik ist allerdings in der Regel das Strahlfluid gleich dem Umgebungsfluid.

Der freie Fluidstrahl pflanzt sich nach anderen Gesetzen fort als der allseitig geführte Fluidstrom. Nach dem Austritt in die freie Umgebung verbreitet er sich allmählich; dabei nimmt die Strömungsgeschwindigkeit ab. Gleichzeitig führt der Strahl aus der Umgebung Fluid mit sich fort. Dieser für die Fluidik überaus wichtige Mitführeffekt kommt dadurch zustande, daß die Moleküle des Strahles auf ihrem Wege mit Molekülen des Umgebungsfluides zusammenstoßen und diesen eine Impulskomponente in Richtung des Strahles mitteilen, so daß sie sich in Strahlrichtung bewegen. Damit entsteht im Fluid in der engeren Umgebung des Strahles eine Verarmung an Molekülen, und aus der weiteren Umgebung strömen andere Moleküle zum Ausgleich in dieses Gebiet ein. Es bildet sich somit eine resultierende Strömung in Richtung auf den Strahl aus.

Der Mitführeffekt ist der Strahlgeschwindigkeit proportional. In der Nähe der Austrittsöffnung ist er am größten, mit wachsendem Abstand von der Austrittsöffnung und abnehmender Strahlgeschwindigkeit verringert er sich allmählich. Außerdem hängt dieser Effekt von der Masse des Strahlfluids ab. Der Impuls I des Strahls bleibt aber erhalten, d. h. es ist:

$$I = \int_0^{2\pi} \int_0^{\infty} \varrho u r \, \mathrm{d}y \, \mathrm{d}r = \text{konst} \tag{5.1}$$

Hierbei ist ϱu die Masse eines Elementarbereichs im Strahlfluid, die in der Zeiteinheit durch die Fläche $r \, \mathrm{d}\varphi \, \mathrm{d}r$ tritt, die im Abstand r vor der Austrittsöffnung angeordnet ist.

Die Geschwindigkeit u ist in der Mittenebene beim ebenen Strahl am größten und nähert sich mit wachsendem Abstand von dieser Ebene dem Wert Null.

Strahlen können laminar oder turbulent sein. Die Strahlform ist bedingt durch die Form der Austrittsöffnung. Der ebene Strahl tritt im Idealfall aus einem langen, schmalen Schlitz. Die Strömungsart des Strahles ist — entsprechend den Strömungen in Leitern — durch die kinematische Zähigkeit ν, die Strömungsgeschwindigkeit u und ferner durch eine charakteristische lineare Größe bestimmt. Diese Größe ist beim ebenen Strahl die Strahlbreite.

Laminare Strahlen gehen in einem gewissen Abstand von der Austrittsöffnung in den turbulenten Zustand über. Für eine gegebene Austrittsöffnung verringert sich der Abstand des Umschlagortes laminar-turbulent von der Austrittsöffnung mit wachsender Strömungsgeschwindigkeit. Andere Strahlen, die auf den Strahl treffen, können diesen vom laminaren in den turbulenten Zustand überführen. Dies ist umso leichter möglich, je größer die Strömungsgeschwindigkeit des Strahles ist, und je weiter der Auftreffort des anderen Strahles von der Austrittsöffnung entfernt ist. (Beispiel: Der Rauch aus einem Schornstein ist zunächst meist ein laminarer Strahl; dieser wird jedoch in einem gewissen Abstand oberhalb des Schornsteins turbulent).

5.2. Ebener laminarer Strahl

Für den laminaren Strahl, der aus einem schmalen, tiefen Schlitz austritt, haben Schlichting und Bickling die Änderung der Strahlgeschwindigkeit in Strahlrichtung und quer zu dieser Richtung berechnet. Danach ist die Geschwindigkeit u in Strahlrichtung

$$u = 0{,}4543\left(\frac{K^2}{\nu x}\right)^{1/3}(1 - \tanh^2 \xi) \tag{5.2}$$

und die Geschwindigkeit v quer zur Strahlrichtung

$$v = 0{,}5503\left(\frac{K\nu}{x^2}\right)^{1/3}[2\xi(1 - \tanh^2 \xi) - \tanh \xi]\,. \tag{5.3}$$

Hierbei ist

$$\xi = 0{,}2752\left(\frac{K}{\nu^2}\right)^{1/3}\cdot\frac{y}{x^{2/3}}\,, \tag{5.4}$$

und

$$K = \frac{I}{\varrho} = \int_{-\infty}^{+\infty} u^2\,\mathrm{d}y\,.$$

Der Volumenstrom durch eine Ebene im Abstand x von der Ebene der Austrittsöffnung ist

$$\dot{V}_L = 3{,}3019\,(K\nu x)^{1/3}\,. \tag{5.5}$$

Der Volumenstrom nimmt demnach beim laminaren Strahl mit der dritten Wurzel der Entfernung von der Austrittsebene zu, da zusätzlich Fluid aus der Umgebung mitgerissen wird. Die Menge des je Zentimeter Strahllänge mitgerissenen Fluids verringert sich mit dem Abstand von der Austrittsöffnung.

5.3. Ebener turbulenter Strahl

Beim ebenen turbulenten Strahl ergeben sich nach Reichardt und Görtler für die Geschwindigkeit in Strahlrichtung

$$u = \frac{\sqrt{3}}{2}\sqrt{\frac{K\sigma}{x}}\,(1 - \tanh^2\eta)\,. \tag{5.6}$$

und für die Geschwindigkeit quer zur Strahlrichtung

$$v = \frac{\sqrt{3}}{4}\sqrt{\frac{K}{x\sigma}}\,[2\eta(1 - \tanh^2\eta) - \tan\eta]\,. \tag{5.7}$$

Hierbei ist $\eta = \sigma y/x$ und $K = I/\varrho$. Die Konstante σ ist ein Erfahrungswert, der von Reichardt experimentell zu 7,67 ermittelt wurde. Der Volumenstrom ist

$$\dot{V}_T = \sqrt{3}\sqrt{\frac{Kx}{\sigma}} = \sqrt{3}\sqrt{\frac{I}{\varrho}\,\frac{x}{\sigma}} = 1{,}73\left(\frac{Kx}{\sigma}\right)^{1/2}. \tag{5.8}$$

Er nimmt danach mit der Quadratwurzel aus der Entfernung von der Austrittsöffnung zu. Die je Zentimeter Strahllänge mitgerissene Fluidmenge verringert sich mit dem Abstand von der Austrittsöffnung. Die vom ebenen turbulenten Strahl mitgerissene Fluidmenge ist im Verhältnis $\sqrt{x}/\sqrt[3]{x} = \sqrt[6]{x}$ größer als beim ebenen laminaren Strahl.

In Bild 5.1 sind Geschwindigkeitsverteilungen u für den laminaren und den turbulenten Strahl angegeben. Kurve *1* entspricht Abständen von der Austrittsöffnung des Strahles, bei denen laminarer und turbulenter Strahl gleiche Halbwertsbreiten haben. Dies ist bei ξ bzw. $\eta = 0{,}88$ der Fall. Die Kurven *2* und *3* geben die Geschwindigkeitsverteilungen für die jeweils fünffachen Abstände von der Austrittsöffnung wieder. Danach hat sich bei diesen Abständen im laminaren Strahl die Mittengeschwindigkeit u_0 weniger verringert und die Verteilungskurve weniger verbreitert als im turbulenten Strahl.

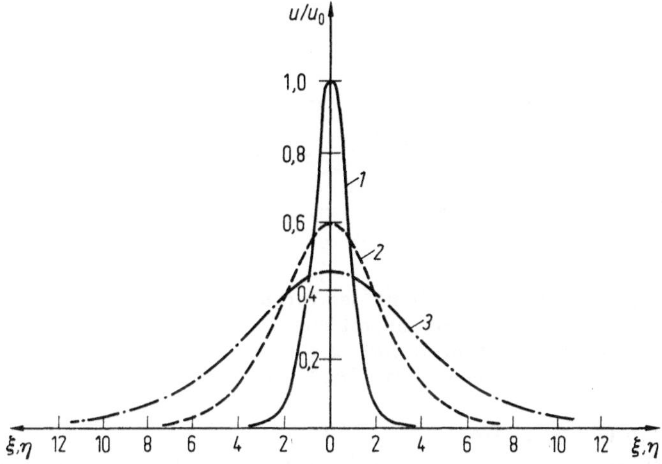

Bild 5.1. Geschwindigkeitsverteilung u des ebenen laminaren und des ebenen turbulenten Strahles über den Strahlquerschnitt. u_0 Geschwindigkeit in der Mittenebene des Strahles, *1* Verteilung für den Abstand, bei dem die Halbwertsbreite für beide Strahlarten gleich ist, *2* Verteilung beim laminaren und *3* Verteilung beim turbulenten Strahl bei den im Vergleich zu *1* fünffachen Abständen von der Austrittsöffnung.

Die Werte für die Geschwindigkeit v quer zur Strahlrichtung sind im betrachteten Bereich klein im Vergleich zur Geschwindigkeit u in Strahlrichtung.

Die angegebenen Gesetzmäßigkeiten gelten für sehr enge Austrittsöffnungen. In der Fluidik handelt es sich aber in der Regel um ebene Strahlen, die aus Öffnungen endlicher Breite austreten. Ferner ist die Tiefe der Austrittsöffnung nicht beliebig groß; sie beträgt meist nur ein Mehrfaches der Öffnungsbreite. Die Ausbreitung des Strahles in Richtung der Tiefe ist durch ebene, zueinander parallele Flächen begrenzt. Dies hat zur Folge, daß bei den praktisch vorkommenden ebenen turbulenten Strahlen die Gesetzmäßigkeiten für das Geschwindigkeitsprofil erst in einem Abstand von 4 bis 6 Düsenbreiten von der Austrittsöffnung gelten. Innerhalb dieses Abstandsbereiches ist die Strömungsgeschwindigkeit längs der Mittenebene des Strahles gleich der Austrittsgeschwindigkeit. Experimentelle Untersuchungen haben gezeigt, daß sich das Geschwindigkeitsprofil des ebenen turbulenten Strahles für endliche Breiten der Austrittsöffnung mit guter Annäherung durch die Gaußsche Fehlerverteilungskurve darstellen läßt. Hierbei wird auch die Geschwindigkeitsverteilung in der Übergangszone vor der Austrittsöffnung mit in den mathematischen Ansatz einbezogen (Bild 5.2).

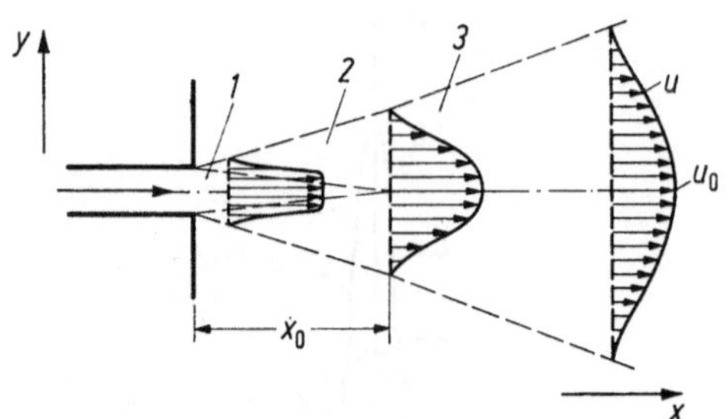

Bild 5.2. Geschwindigkeitsverteilung des turbulenten ebenen Strahles bei endlicher Düsenbreite. *1* Bereich der ungestörten Düsenströmung, *2* Bereich, in dem der turbulente Strahl noch nicht voll ausgebildet ist, *3* Bereich des voll ausgebildeten Strahles, *b* Düsenbreite.

Für die Übergangszone ($x < x_0$) gilt:
Innerhalb des Kerns (Gebiet *1* in Bild 5.2) ist die Strömungsgeschwindigkeit u_0 gleich der Strömungsgeschwindigkeit in der Austrittsöffnung. Außerhalb des Kerns (Gebiet *2* in Bild 5.2) ist die Strömungsgeschwindigkeit:

$$u = u_0 \, e^{-\frac{\left(y + \sqrt{\pi}\, C_1 (x/2) - (b/2)\right)^2}{2 (C_1 x)^2}}, \tag{5.9}$$

wobei $C_1 = b/x_0\sqrt{\pi}$. Für Abstände $x > x_0$ (Gebiet *3* in Bild 5.2), d. h. im Bereich des voll ausgebildeten ebenen turbulenten Strahles ist

$$u = u_0 \sqrt{\frac{1}{\sqrt{\pi} C_1} \frac{b}{x}} \, e^{-\frac{1}{2C_1^2}\frac{y^2}{x^2}}. \tag{5.10}$$

Für $y = 0$, d. h. längs der Mittenebene des Strahles, ergibt sich dann für $x > x_0$

$$u = u_0 \sqrt{\frac{1}{\sqrt{\pi} C_1} \frac{b}{x}} = u_0 \sqrt{\frac{x_0}{x}}, \tag{5.11}$$

d. h. hier nimmt die Geschwindigkeit mit $\sqrt{1/x}$ ab, der gleichen Gesetzmäßigkeit also, wie sie Reichardt und Görtler für den idealen turbulenten Strahl angegeben haben.

5.4. Strahlleistung

Die Bernoullische Gleichung besagt, daß in einer Strömung der Energieinhalt aus kinetischer und potentieller Energie konstant ist:

$$\frac{\varrho^2}{2} \overline{u}^2 + \Delta p = \text{konst}\,. \tag{5.12}$$

Nimmt man an, daß in der Austrittsöffnung die Strahlenergie im wesentlichen kinetisch ist, so ist die Strahlleistung P gleich dem Produkt aus kinetischer Energie $(\varrho/2)\overline{u}^2$ und dem Volumenstrom $\dot{V}$ des Fluids. Es ist demnach

$$P = \frac{\varrho}{2}\overline{u}^2\dot{V} = \frac{\varrho}{2}\overline{u}^2 bt\overline{u} = \frac{\varrho}{2}\overline{u}^3 bt \tag{5.13}$$

(b Düsenbreite und t Düsentiefe). Mit $a_r = t/b$ wird

$$P = \frac{\varrho}{2}\overline{u}^3 b^2 a_r\,. \tag{5.14}$$

Führt man die auf die Düsenbreite bezogene Reynolds-Zahl Re ein, so ist

$$P = \frac{\varrho}{2}\overline{u}\,Re^2\,\nu^2 a_r\,, \tag{5.15}$$

$$P = \frac{\eta^3}{2\varrho^2}\,Re^3\,a_r\,\frac{1}{b}\,. \tag{5.16}$$

Bei einem Vergleich zwischen Strahlen verschiedener Abmessungen ist die Reynolds-Zahl von Bedeutung (Abschnitt 3.5). Auf die Arbeitsweise von Fluidikelementen hat das Tiefen-Breiten-Verhältnis der Austrittsöffnung Einfluß (Abschnitte 8.3.1 und 9.2). Verringert man die Abmessungen der Austrittsöffnung, hält aber die Werte des Tiefen-Breiten-Verhältnisses und der Reynolds-Zahl konstant, so steigen die aufzubringende Strahlleistung und die Strömungsgeschwindigkeit umgekehrt proportional mit der abnehmenden Düsenbreite an.

5.5. Anlaufstrecke eines Strahles

Wird der Leistungsverbrauch eines Strahles nicht auf die Verhältnisse an der Austrittsöffnung sondern auf diejenigen im Versorgungsbehälter bezogen, so muß zu der aufzubringenden Leistung noch der Verlust in der Leitung vom Versorgungsbehälter zu der Austrittsöffnung hinzugerechnet werden. Es ist erwünscht, daß diese Verluste möglichst gering sind. Dies würde eine kurze Leitung bedeuten. Andererseits ist bei Fluidikelementen erwünscht, daß die Strömung in der Austrittsöffnung ein definiertes Geschwindigkeitsprofil hat, denn von diesem Profil sind die Form des Strahles und damit die Eigenschaften des Fluidikelements mitbedingt. Damit sich in der Zuleitung aber ein bestimmtes Profil ausbilden kann, muß die Verbindungsleitung eine bestimmte

Mindestlänge mit einem konstanten Querschnitt haben (Abschnitt 4.2.2). Versuche haben gezeigt, daß bei Düsen mit rechteckigem Querschnitt die Länge der Zuleitung mindestens gleich dem fünffachen der Öffnungsbreite sein muß, damit die Austrittsströmung hinreichend ausgeglichen ist. Ein gleichmäßiges Strömungsprofil kann ferner dadurch erreicht werden, daß im Versorgungsbehälter Leitstücke angebracht werden, die den Einlauf der Strömung in geeigneter Weise führen. Diese Lösung ist jedoch aufwendig und bei kleinen Fluidikelementen praktisch nicht durchführbar.

6. Teilweise geführter Fluidstrom

6.1. Grenzschicht

Der teilweise geführte Strom ist für die Fluidik von besonderer Bedeutung, denn sein Verhalten unter dem Einfluß von fluidischen Steuersignalen macht ihn für eine Reihe fluidischer Steueraufgaben gut geeignet. In der Literatur wird der Fall behandelt, daß eine Potential strömung eine dünne ebene, parallel zur Strömungsrichtung angeordnete Platte umströmt (Bild 6.1). Hierbei bildet sich, beginnend an der Vorderkante, eine Grenzschicht zwischen Platte und ungestörter Strömung aus. Diese Grenzschicht verbreitert sich mit wachsendem Abstand von der Vorderkante. Der Übergang zwischen Grenzschicht

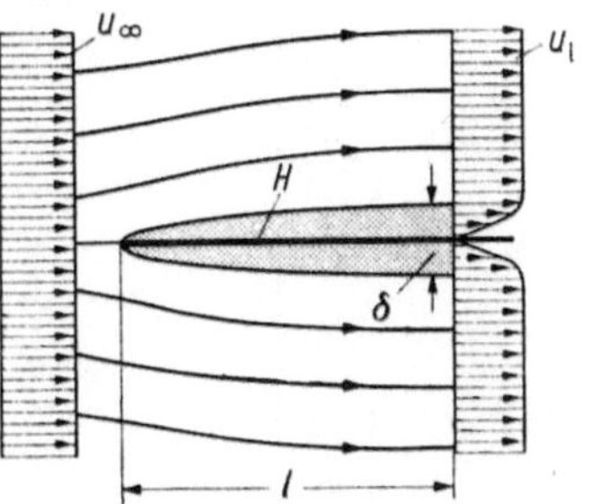

Bild 6.1. Grenzschichtausbildung längs einer ebenen Platte in einer Potentialströmung, H Platte, δ Dicke der Grenzschicht, u_∞ Geschwindigkeit der ungestörten Potentialströmung, u_l Geschwindigkeit der Strömung im Abstande l von der Vorderkante der Platte.

und ungestörter Potentialströmung ist asymptotisch; als Dicke der Grenzschicht wird der senkrechte Abstand von der Platte definiert, bei dem die Geschwindigkeit in der Grenzschicht um 1% unterhalb derjenigen der Potentialströmung liegt. Innerhalb der Grenzschicht nimmt die Geschwindigkeit zur festen Begrenzung hin ab; in unmittelbarer Nähe dieser Begrenzung ist sie Null. Nach Blasius hat die Grenzschicht bei niedrigen Reynolds-Zahlen eine Dicke

$$\delta = 5\sqrt{\frac{\nu l}{u_\infty}} = 5\,l\,\sqrt{\frac{1}{Re_l}}\,. \tag{6.1}$$

Hierbei ist l der Abstand von der Vorderkante, in Strömungsrichtung gerechnet. Re_l ist die Reynolds-Zahl $u_\infty l/\nu$, die in diesem Fall die Länge l als geometrische Bezugsgröße enthält. u_∞ ist die Geschwindigkeit der ungestörten Potentialströmung. Die Grenzschicht ist laminar für $Re_l < 5 \cdot 10^5$ bis $3 \cdot 10^6$. Für größere Werte der Reynolds-Zahl ist die Grenzschicht turbulent. Die Dicke δ der turbulenten Grenzschicht steigt nach dem Gesetz

$$\delta = 0{,}37\, l \frac{1}{\sqrt[5]{u_\infty l/\nu}} = 0{,}37 \frac{l}{\sqrt[5]{Re_l}}\,. \tag{6.2}$$

Die Grenzschichtdicke steigt demnach bei turbulenten Grenzschichten stärker mit der Reynolds-Zahl an als bei laminaren Grenzschichten (Bild 6.2). Da die Reynolds-Zahl mit dem Abstand von der Vorderkante der umströmten Platte wächst, ist die Grenzschicht zunächst laminar; in einem bestimmten Abstand von der Vorderkante geht sie in den turbulenten Zustand über. Der Reibungswiderstand der laminaren Grenzschicht steigt mit etwa der 1,5fachen Potenz der Strömungsgeschwindigkeit u_∞, derjenige der turbulenten Grenzschicht mit etwa der 1,85fachen Potenz von u_∞ an. Die Reibungsverluste in der turbulenten Grenzschicht sind demnach größer als diejenigen in der laminaren Grenzschicht.

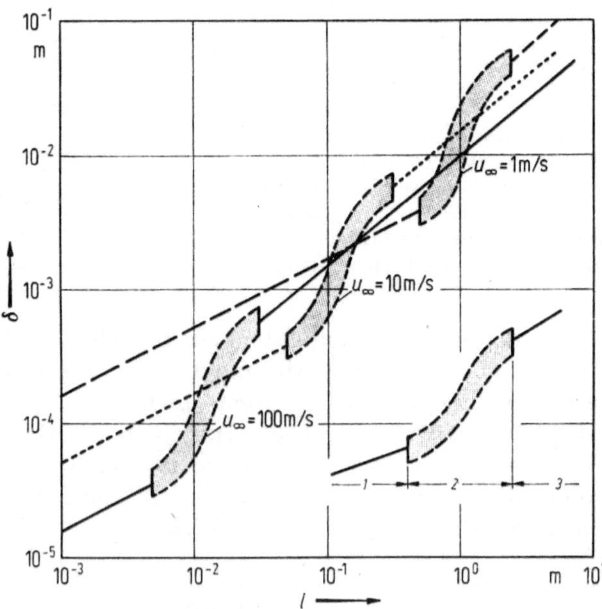

Bild 6.2. Dicke der Grenzschicht δ längs einer Platte in Abhängigkeit vom Abstande l von der Vorderkante der Platte. Bereich *1* Strömung laminar, Bereich *2* Übergang laminar-turbulent, Bereich *3* Strömung turbulent. Geschwindigkeit u_∞ der ungestörten Potentialströmung als Parameter.

Die Erfahrungen über die Ausbildung von Grenzschichten an Platten lassen sich nur in beschränktem Maße auf die in der Fluidik vorliegenden Verhältnisse übertragen. In der Fluidik handelt es sich nicht um Potentialströmungen sondern um Strahlen; die angeströmten Flächen haben nur geringe Ausdehnungen, sind nicht immer eben und vielfach unter einem gewissen Winkel zur Strömung geneigt. Die Aussagen über das Auftreten und den Einfluß von Grenzschichten auf die Arbeitsweise von Fluidikelementen können daher nur qualitativer Art sein.

6.2. Zweidimensionaler Strahl zwischen parallelen Ebenen, ebener Strahl

Wie bereits in Abschnitt 5.2 erläutert, tritt der ideale ebene Strahl aus einem in der Tiefe nicht begrenzten engen Schlitz aus. In der Fluidik ist der ebene Strahl jedoch durch zwei zueinander parallele Flächen begrenzt, deren gegenseitiger Abstand meist ein Mehrfaches der Breite der Austrittsöffnung beträgt. An diesen Flächen bilden sich Grenzschichten aus. Mit wachsendem Abstand von der Austrittsöffnung verengt sich damit das Geschwindigkeitsprofil in Richtung der Strahltiefe, wobei es sich gleichzeitig — wie in Abschnitt 5 beschrieben — in Richtung der Austrittsebene verbreitert. Dieser Effekt der Ausbreitung in der einen und Verengung in der anderen Ebene tritt beim turbulenten Strahl mehr in Erscheinung als beim laminaren Strahl. Die maximale Geschwindigkeit in der Mitte verringert sich mit der Ausbreitung des Strahls in der Ebene und erhöht sich gleichzeitig mit der Verengung des Strahls senkrecht zur Ausbreitungsebene.

In der Fluidik wird die Anordnung des ebenen Strahles zwischen parallelen Begrenzungsflächen bei mehreren Elementetypen praktisch angewendet.

6.3. Coanda-Effekt

Eine Anordnung, bei der zusätzlich feste Begrenzungen in der Ausbreitungsebene des Strahles vorhanden sind, ist für die Fluidik von besonderer Wichtigkeit und hat zu verschiedenen Elementen mit Speichereigenschaften geführt. Hierbei tritt eine wichtige Eigenschaft des Strahles in Erscheinung: das Vermögen, bei bestimmten Betriebsbedingungen und einer geeigneten Form der Begrenzung an dieser Begrenzung zu haften. Dieses Haften wird in der Fluidikliteratur als Coanda-Effekt bezeichnet, nach dem Rumänen Coanda, der in den dreißiger Jahren dieses Jahrhunderts in Frankreich Untersuchungen an haftenden Strahlen anstellte. Kadosch weist aber darauf hin, daß dieser Effekt bereits im Jahre 1800 von Young beschrieben wurde, und es ist anzunehmen, daß er bereits vor dieser Zeit beobachtet worden ist.

Der Coanda-Effekt beruht auf der Tatsache, daß ein freier Fluidstrahl aus seiner Umgebung Fluid mit sich fortreißt (Abschnitt 5). Die mitgeführte Fluidmenge ist um so größer, je größer die in der Zeiteinheit aus der Austrittsöffnung strömende Fluidmenge ist. Kann hierbei Fluid aus der weiteren Umgebung des Strahles nachströmen und die mitgerissene Fluidmenge ersetzen, so ändert sich der Druck in der unmittelbaren Umgebung des Strahles nicht, und dieser durchströmt die freie Umgebung in der von der Anlaufstrecke vorgegebenen Richtung. Sind in der Umgebung des Strahles innerhalb der Ausbreitungsebene feste Begrenzungen vorhanden, können diese das Nachströmen des Umgebungsfluids in Richtung auf den Strahl behindern. Es kann dann eine Verarmung an Fluid in Strahlnähe eintreten, so daß sich hier der Druck verringert. Sind die festen Begrenzungen symmetrisch zur Mittenebene des ebenen Strahles angeordnet, so sind auch die Bereiche mit vermindertem Druck symmetrisch zu dieser Mittenebene und heben sich in ihrem Einfluß auf den Strahl auf. Sind die festen Begrenzungen jedoch ungleichmäßig um den Strahl verteilt, so sind auch die Unterdrücke und deren Bereiche von unterschiedlicher Größe. Es kann dann eine Druckdifferenz zwischen einander gegenüberliegenden Strahlseiten auftreten; diese hat zur Folge, daß der Strahl aus seiner Ursprungsrichtung in Richtung des Bereiches mit dem geringeren Druck abgelenkt wird. Auf dieser Erscheinung beruht der Coanda-Effekt.

Für die Fluidik erlangte dieser Effekt erst rund ein Vierteljahrhundert nach den Untersuchungen von Coanda Bedeutung und zwar in erster Linie durch die Arbeiten von Bowles und Warren[1]. Über die Ergebnisse dieser Arbeiten wurde Anfang 1960 zum ersten Male berichtet. Es handelte sich hierbei um Bauelemente, in denen Fluidstrahlen durch eine Steuerung in bestimmte Richtungen abgelenkt werden. Diese Richtung behalten sie infolge des Coanda-Effektes auch dann noch bei, wenn die Steuereinwirkung (Abschnitt 7) nicht mehr vorhanden ist.

Für die Schaltaufgaben der Fluidik ist in erster Linie der ebene Strahl geeignet; die folgenden Ausführungen beziehen sich daher auf ebene Strahlen, deren Tiefe durch zwei zueinander parallele Wände begrenzt ist. In Bild 6.3 ist ein Strahl dargestellt, der sich in der Bildebene ausbreiten kann und in der Tiefe, d. h. senkrecht zur Bildebene, begrenzt ist. Im Bilde ist ferner eine zusätzliche feste Begren-

[1] Harry Diamond Laboratories, Washington.

zung B in der Ausbreitungsebene des Strahles angedeutet. Wird der Strahl durch einen äußeren Einfluß in Richtung auf diese feste Begrenzung so weit abgelenkt, daß er sie berührt, so entsteht ein abge-

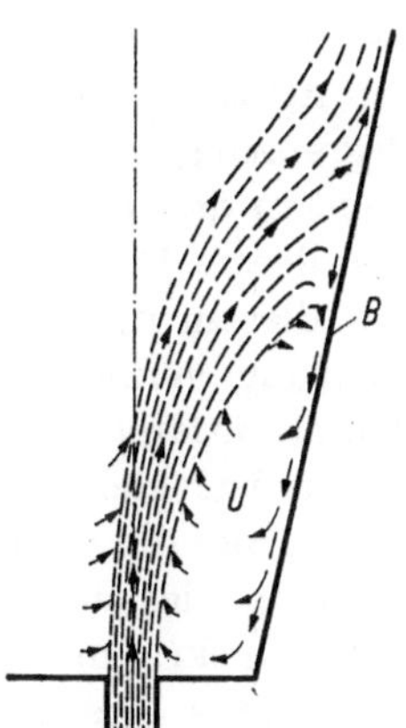

Bild 6.3. Coanda-Effekt. B Begrenzung, U abgeschlossener Unterdruckraum.

schlossener Raum U, der begrenzt ist durch den Strahl, die beiden parallelen Wände (Deckflächen) und die feste Begrenzung B. Der Strahl entzieht diesem Raum Fluid. Von außen kann kein Fluid nachströmen; es bildet sich daher in dem abgeschlossenen Raum ein Unterdruck gegenüber der freien Umgebung an der anderen Strahlseite aus. Quer zur Strahlrichtung ist also eine Druckdifferenz vorhanden, deren Betrag von den Strahlparametern sowie von der Art und Anordnung der Begrenzung abhängig ist. Diese Druckdifferenz hat eine ablenkende Wirkung auf den Strahl; sie kann so groß sein, daß sie den Strahl auch dann noch in seiner abgelenkten Stellung hält, wenn der äußere Einfluß nicht mehr vorhanden ist. Es besteht somit ein Speichereffekt. Man kann dem Zustand des haftenden Strahles einen bestimmten binären Wert zuordnen, z. B. 1. Dem nicht abgelenkten Strahl entspricht dann der Wert 0.

Diese beschriebene Ausführung des fluidischen Speichers ist nicht symmetrisch, d. h., die Eigenschaften des Strahles in seinen beiden Stellungen — abgelenkt und nicht abgelenkt — sind nicht gleich. Ein Speicherlement mit symmetrischem Aufbau erhält man, wenn man noch eine weitere feste Begrenzung in der Ausbreitungsebene des Strahles vorsieht. Die beiden Begrenzungen müssen dabei völlig gleich und vollkommen symmetrisch zur Mittenebene des Strahles angeordnet sein. Zwei entgegengesetzt gerichtete äußere Einwirkungen, die zu verschiedenen Zeitabschnitten vorhanden sein müssen, können den Strahl abwechselnd in die eine oder andere Haftlage steuern. Das Fluidikelement in dieser Ausführung ist in seinen Schalt- und Speichereigenschaften für beide Haftlagen völlig gleich, d. h., es ist bistabil.

Haften ist ein stabiler Zustand. Die Druckverringerung ist im gesamten abgekapselten Bereich nicht überall gleich. Maßgebend für das Haften ist das Integral über die gesamte Druckdifferenz, die von der Austrittsöffnung bis zum Auftreffort des Strahles auf die feste Begrenzung auf diesen einwirkt. In dem abgekapselten Raum ist das Fluid in dauernder Bewegung (Bild 6.3). Es strömt fortlaufend Fluid aus diesem Raum in Richtung auf den abgelenkten Strahl und wird von diesem mitgeführt. Am Auftreffpunkt des Strahles auf die Umgrenzung verzweigt sich der Strahl in zwei Teile. Der größere Teil strömt entlang der Begrenzung in der allgemeinen Strömungsrichtung weiter. Der kleinere Teil fließt zurück in den abgekapselten Raum und ersetzt hier die vom Strahl entzogene Fluidmenge. Der mittlere Unterdruck in diesem Raum bleibt konstant. Der Verlauf des Flusses im Unterdruckraum ist durch die Form der Umrandung mitbedingt.

Ist eine direkte Verbindung zwischen dem abgekapselten Raum und der Umgebung vorhanden, so strömt Fluid aus der Umgebung in den Raum ein. Hierdurch verändert sich der Strömungsverlauf in diesem Raum; gleichzeitig verringert sich der mittlere Unterdruck. Damit verringern sich auch die Druckdifferenz quer zum Strahl, deren ablenkende Wirkung auf den Strahl und die Stabilität der Haftlage des Strahles. Die Verbindung zur Umwelt hat einen Strömungswiderstand, der durch die Abmessungen der Verbindung festgelegt ist. Je kleiner dieser Widerstand ist, um so mehr Fluid dringt aus der Umgebung in den Unterdruckraum ein. Wird zusätzlich der Druck am äußeren Ende der Verbindung gegenüber dem Umgebungsdruck erhöht, so kann der Fall eintreten, daß der Unterdruck im abgekapselten Raum gänzlich aufgehoben wird und der Strahl sich von der Haftwand abhebt. Der Strahl kann also auf diese Weise umgesteuert werden (Abschnitt 7.3.2).

Das Haften des Strahles an der Begrenzung wird außer durch den Unterdruck im abgekapselten Raum noch durch den Druck an der freien Seite des Strahles bestimmt. Der Strahl führt auch an seiner freien Seite dauernd Fluid aus der Umgebung mit sich fort. So lange das Fluid hier ungehindert aus der weiteren Umgebung nachströmen kann, ändert sich der Druck an dieser Seite nicht, und die für die Strahlablenkung maßgebliche Druckdifferenz ist ausschließlich durch den Unterdruck im abgekapselten Raum bedingt. Sind jedoch an der freien Seite des Strahles Begrenzungen vorhanden, die das Nachströmen des Fluids aus der Umgebung behindern, so kann sich auch hier ein Unterdruck zur Umgebung ausbilden. Damit vermindert sich die für die Ablenkung des Strahles wirksame resultierende Druckdifferenz.

Bei bistabilen, symmetrisch aufgebauten Haftstrahlelementen mit Begrenzungen an beiden Seiten muß dieser Umstand berücksichtigt werden.

Beim nicht abgelenkten Strahl ist die Strömungslinie längs der Mittenebene die Linie mit der höchsten Strömungsgeschwindigkeit; das Geschwindigkeitsprofil des Strahles ist symmetrisch zur Mittenebene. Durch die Ablenkung wird das Geschwindigkeitsprofil unsymmetrisch (Bild 6.4). Über den Verlauf der Strömungslinie mit maximaler Geschwindigkeit beim abgelenkten Strahl von der Austrittsöffnung bis in die Nähe des Auftreffpunktes auf der Begrenzung sind Ansätze von Bourque gemacht worden. Er nahm zunächst einen parabelförmigen Verlauf an, mit dem Scheitel der Parabel in der Austrittsöffnung. Später gab er eine modifizierte Gleichung an von der Form

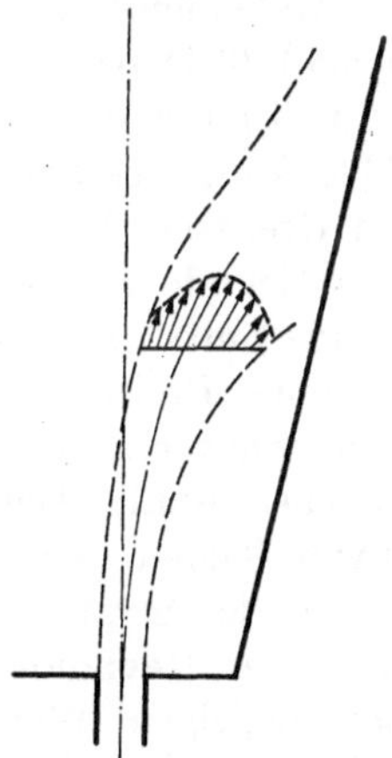

Bild 6.4. Richtcharakteristik des abgelenkten ebenen Strahles.

$$\frac{r}{b} = \frac{a}{b} \sin \frac{\pi}{2} \frac{\theta}{\theta_m}. \tag{6.3}$$

Hierin ist r der Radiusvektor des Strahlverlaufes längs der Linie, die den Strahl in zwei Teile teilt, den weiterfließenden Anteil und den in den abgekapselten Raum zurückfließdenden Anteil. Der Radiusvektor bildet dabei den Winkel θ mit der Ursprungsrichtung des Strahles beim Verlassen der Austrittsöffnung. Die Größe b gibt die Breite der Austrittsöffnung an. Die Größe θ_m gibt den maximal möglichen Wert der Strahlablenkung an, der experimentell zu 67° bestimmt wurde. Die Größe a ist eine Konstante, deren Wert von den Elementeabmessungen abhängt und zwischen Null und Unendlich schwanken kann.

Es erscheint fraglich, ob es sinnvoll ist, ein allgemeines Gesetz dieser Art anzugeben, denn je nach Form der Begrenzung kann der

Verlauf der ablenkenden Druckdifferenz längs des Strahlweges verschieden sein. Eine aus Meßergebnissen bei einem Element gewonnene mathematische Annäherung des Verlaufes der Linie maximaler Geschwindigkeit hat die Form

$$y = Ax^2 + Bx^3 . \quad (6.4)$$

Mit geeignet gewählten Konstanten A und B lassen sich mit dieser Beziehung wahrscheinlich alle praktisch vorkommenden Verläufe der Linie maximaler Geschwindigkeit erfassen.

An beiden Deckflächen bilden sich Grenzschichten aus, deren Dicke gemäß (6.1) bzw. (6.2) mit dem Abstand des Strahles von der Austrittsöffnung wächst. Das Fluid in diesen Grenzschichten ist an der Ablenkung des Strahles nur in geringem Maße beteiligt. Die Dicke der Grenzschicht hängt nicht von der Tiefe des Strahles ab; aus diesem Grunde ist der in die Ablenkvorgänge einbezogene Anteil des Fluids um so größer, je größer die Tiefe des Strahles im Verhältnis zu seiner Breite ist. Je größer dieses Verhältnis ist, um so besser läßt sich damit ein Strahl auch umsteuern, und um so größer ist seine Lagenstabilität. Bei symmetrischem Aufbau des Elementes und bei einem Tiefen- zu Breitenverhältnis der Austrittsöffnung $a_r \geqq 10$ nimmt der Strahl bei jeder Austrittsgeschwindigkeit bzw. bei jedem Wert der Reynolds-Zahl eine der beiden möglichen Haftlagen ein. Bei niedrigen Werten des Tiefen-Breiten-Verhältnisses ($a_r < 0{,}5$) haftet der Strahl nicht, sondern behält die beim Austritt aus der Austrittsöffnung innegehabte Strömungsrichtung bei. Auch ein Steuersignal kann ihn in diesem Fall nicht zum Haften veranlassen. Bei a_r-Werten zwischen 0,5 and 10 ist die Eigenschaft des Strahles, an einer Begrenzung zu haften, durch die Reynolds-Zahl des Strahles in der Austrittsöffnung mitbedingt (siehe Abschnitt 9.3). Diese experimentell beobachteten Erscheinungen demonstrieren, wie groß der Einfluß der Grenzschichten an den Deckflächen auf das Schaltverhalten der Elemente ist.

Beim Element mit zwei stabilen Haftlagen ist immer ein Mindestabstand zwischen den festen Begrenzungen und der freien Strahlgrenze des nicht abgelenkten Strahles vorhanden; nur für diesen Fall kann eindeutig zwischen zwei verschiedenen Haftlagen unterschieden werden.

6.4. Fluidstrom längs einer konvexen Fläche

Liegt ein Strahl an einer konvexen Fläche an, so hat er die Tendenz, dieser festen Begrenzung zu folgen. Dabei spielen Strahltiefe und Strömungsgeschwindigkeit eine Rolle (Bild 6.5). Ein Strahl geringer

Tiefe und niedriger Geschwindigkeit folgt zunächst der Form der Begrenzung, hebt sich aber schon bei einem kleinen Ablenkwinkel von 5° bis 10° von der Begrenzung ab und strömt als laminarer Strahl weiter. Nach einer gewissen Weglänge wird er turbulent. Wächst die Strömungsgeschwindigkeit, so verschiebt sich der Abhebepunkt in geringem Maße stromabwärts längs der konkaven Fläche; gleichzeitig rückt im freien Strahl der Ort für den Umschlag laminar-turbu-

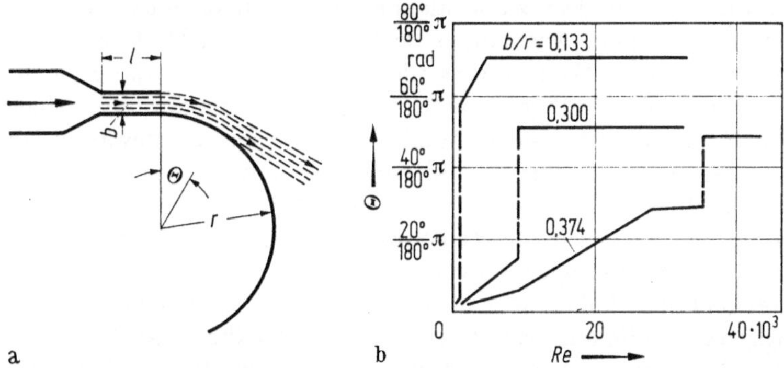

Bild 6.5. Strahlausbreitung längs einer konvexen Fläche. a) Versuchsaufbau; b) Abhebewinkel des Strahles in Abhängigkeit von der Reynolds-Zahl der Strömung (nach McGlaughlin und Greber). l Länge der geraden Strömung, b Breite des Strahles, $r = 12{,}7$ mm Radius der gekrümmten Fläche, $t = 5{,}6$ mm Tiefe des Strahles, θ Abhebewinkel des Strahles.

lent näher an den Abhebepunkt heran. Ist die Geschwindigkeit so weit gestiegen, daß der Strahl längs seines gesamten freien Weges turbulent geworden ist, so legt sich dieser plötzlich für einen beträchtlich längeren Weg an die konvexe Fläche, wobei der Ablenkwinkel bis zu etwa 50° ansteigt.

Die Tatsache, daß ein turbulenter Strahl einer Krümmung viel weiter folgt als ein laminarer Strahl, ist darauf zurückzuführen, daß — wie in Abschnitt 5 beschrieben — ein turbulenter Strahl mehr Fluid aus der Umgebung mit sich fortführt als ein laminarer Strahl. Sobald der gesamte freie Strahl turbulent ist, verringert sich der Druck zwischen Strahl und Begrenzung, und der Strahl wird zur Wand hin abgelenkt. Meßergebnisse von McGlaughlin und Greber sind in Bild 6.5b angegeben.

Je stärker die Anliegefläche gekrümmt ist, um so eher hebt sich der Strahl von der Fläche ab. Ursache des Abhebens ist die Zentrifugalkraft, die auf die Fluidteilchen des abgelenkten Strahles einwirkt. Dies hat auch Einfluß auf die Arbeitsweise von Haftstrahlelementen (Abschnitt 9). Bei diesen strömt der haftende Strahl längs einer Fläche ab, die unter einem gewissen Winkel gegen die Richtung des nicht abgelenkten Strahles geneigt ist. Je größer dieser Winkel, um so größer ist die Krümmung des Strahles und die auf ihn einwirkende Zentrifugalkraft. Damit vermindert sich die Stabilität der Haftlage, und oberhalb eines gewissen Ablenkwinkels haftet der Strahl nicht mehr. Bei Versuchen mit praktisch ausgeführten Elementen mit turbulenten Strahlen betrug der Winkel ungefähr 40°, hatte also etwa den gleichen Wert wie der Abhebewinkel bei turbulenten Strahlen längs konkaver Flächen. Der zu wählende Ablenkwinkel muß daher unter diesem Wert liegen. Andrerseits darf er aber beim Haftstrahlelement einen bestimmten Mindestwert nicht unterschreiten, damit sich die beiden Haftlagen des Strahls auch deutlich voneinander unterscheiden. In der Praxis wird meist ein Winkel von 10° bis 15° gewählt. Dieser Winkelwert ist noch durch zusätzliche Erwägungen bestimmt (siehe Abschnitt 9).

Wird bei einem turbulenten Strahl, der an einer konkaven Fläche anliegt, die Strömungsgeschwindigkeit noch weiter erhöht, so verlängert sich der Anliegeweg noch etwas. Wird anschließend die Strömungsgeschwindigkeit erniedrigt, so haftet der Strahl auch dann noch an der Begrenzung, wenn die kritische Geschwindigkeit, bei der sich der Strahl beim Übergang turbulent-laminar über ein längeres Wegstück an die Wand angelegt hatte, wieder unterschritten wird. Erst bei einer noch niedrigeren Geschwindigkeit geht er wieder in die Anfangsstellung mit geringer Ablenkung zurück. Es tritt also ein Hystereseeffekt auf. Die Hysterese ist am stärksten ausgeprägt bei Strahlen, deren Dicke gering ist im Verhältnis zum Krümmungsradius. Steigt dieses Verhältnis, so verringert sich die Hysterese und verschwindet oberhalb einer bestimmten Strahldicke ganz. Zwei Effekte gegenläufiger Art spielen hierbei eine Rolle; einmal folgt der laminare Strahl der Krümmung in geringerem Maße als der turbulente Strahl, zum anderen läßt sich ein Strahl mit wachsender Dicke immer weniger ablenken.

6.5. Fluidstrom innerhalb eines Kreiszylinders

Bei Strömungen längs einer konkaven Fläche ist die Zentrifugalkraft auf die Fläche hin gerichtet. Von praktischer Bedeutung ist der Fall der gleichmäßig gekrümmten, in sich geschlossenen Fläche, d. h. des Hohlzylinders. Diese Form hat in der Fluidik als Wirbelkammer verschiedene Anwendungen gefunden.

Strömt ein Fluid längs der Innenwand eines Zylinders, bei dem kein Fluid ein- oder austreten kann, so bewegen sich die einzelnen Fluidteilchen auf Kreisbahnen um die Zylinderachse; es entsteht die Zirkulation Γ. Sie ist mathematisch formuliert das Linienintegral der Geschwindigkeit w längs einer geschlossenen Kurve.

$$\Gamma = \oint \mathrm{d}l\,. \tag{6.5}$$

Für den Verlauf der Geschwindigkeit $w = f(r)$ um die Achse eines Kreiszylinders mit dem Radius r gibt es keine exakte mathematische Darstellung. Für eine Zirkulation, die nicht von einer festen Begrenzung umschlossen ist, folgt bei einem inkompressiblen Fluid mit innerer Reibung die Geschwindigkeit

$$w(r, t) = \frac{\Gamma_\infty}{2\pi r}\,[1 - \mathrm{e}^{-r^2/r_1^2}]\,. \tag{6.6}$$

Ferner ist

$$\Gamma(r, t) = 2\pi r w(r, t)\,. \tag{6.7}$$

Für $r \to \infty$ geht $\Gamma(r, t) \to \Gamma_\infty$. Außerdem ist

$$r_1^2 = 4\nu(t_0 + t),$$

wobei t_0 eine Bezugszeit ist, die den bei $t = 0$ herrschenden Anfangszustand wiedergibt. Zu einem bestimmten Zeitpunkt $t = t_1$ ist für $r = 0$ und $r = \infty$ $w(r, t) = 0$. Die Geschwindigkeit w durchläuft in Abhängigkeit von r ein Maximum, dessen Ort gegeben ist durch

$$r_{\mathrm{M}} = 1{,}12\, r_1\,. \tag{6.8}$$

Je größer die Zähigkeit ν, um so weiter ist also der Ort des Maximums von der Achse entfernt. Zusätzlich wandert der Ort des Maximums mit der Zeit von der Achse weg nach außen aus, dabei sinken gleichzeitig alle Geschwindigkeitswerte innerhalb des Wirbels ab. Der Wirbel verbreitert und verflacht sich damit infolge der inneren Reibung mit der Zeit. Für die Zirkulation in einem kreisförmigen Hohlzylinder ergibt sich ein grundsätzlich ähnlicher Verlauf jedoch mit dem Unterschied, daß die Drehgeschwindigkeit bereits bei einem endlichen Radius an der Zylinderwand gegen Null abgeklungen ist. Im Hohlzylinder gilt für kleine r-Werte:

$$w(r, t) = \frac{\Gamma_\infty}{2\pi r}\left[1 - 1 + \frac{r^2}{r_1^2}\right] = K_1 \frac{r}{r_1^2}\,. \tag{6.9}$$

Für große r-Werte ist:

$$w(r, t) = \frac{\Gamma_\infty}{2\pi r} = K_2 \frac{1}{r}\,. \tag{6.10}$$

Die Gleichungen besagen (Bild 6.6): Bei kleinen Abständen von der Zylinderachse (Gebiet *1*) bewegt sich das Fluid mit konstanter Winkelgeschwindigkeit; d. h., seine Absolutgeschwindigkeit wächst mit dem

Radius. Die Elementarbereiche im Fluid werden dabei nicht gegeneinander verschoben; das Fluid bewegt sich wie eine feste Scheibe. Für größere Abstände von der Achse (Gebiet *2*) in der Nähe der festen Begrenzung hat das Fluid eine mit $1/r$ abnehmende Geschwindigkeit und damit eine mit $1/r^2$ abnehmende Winkelgeschwindigkeit. Die Elemen-

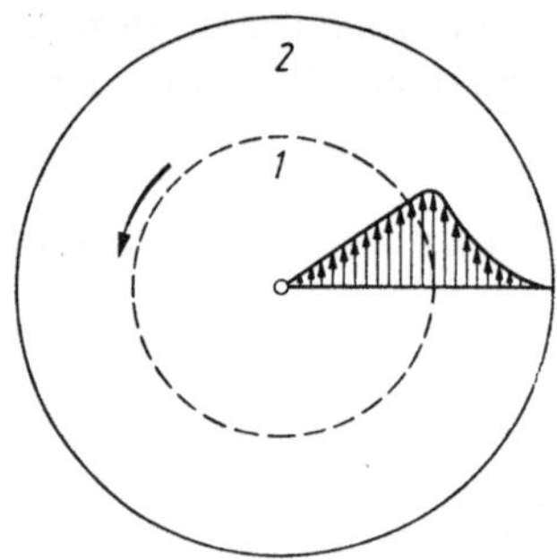

Bild 6.6. Zirkulation in einem Hohlzylinder. Gebiet *1* Winkelgeschwindigkeit der Strömung konstant, Gebiet *2* Winkelgeschwindigkeit der Strömung nimmt mit $1/r^2$ ab.

tarbereiche des Fluids verschieben sich bei der Drehbewegung gegeneinander, und es entstehen Reibungsverluste. Bei mittleren Abständen von der Achse durchläuft die Geschwindigkeit beim Übergang vom Gebiet *1* zum Gebiet *2* ein Maximum. Im Gegensatz zur nicht durch eine feste Wand begrenzten Zirkulationsbewegung ändert hier das Maximum seinen Ort nicht mit der Zeit.

Fluidikelemente mit Zirkulation — die Wirbelkammerelemente — haben in der Regel die Form flacher zylindrischer Schachteln, deren Ausdehnung in Richtung der Zylinderachse durch zwei zueinander parallele Deckflächen begrenzt ist. Die Tiefe der Kammer ist kleiner als ihr Durchmesser. An den Deckflächen bilden sich Grenzschichten aus. Bei praktisch ausgeführten Fluidikelementen dieser Art wird das Strömungsbild zusätzlich dadurch beeinflußt, daß vom Zylindermantel her Fluid in die Kammer eintritt und über Durchbrüche in den Deckflächen wieder austritt. Das Strömungsbild in Wirbelkammerelementen der Fluidik ist daher dreidimensional und verhältnismäßig kompliziert. Untersuchungen von Savino und Keshock über den Strömungsverlauf in einer flachen Wirbelkammer (Verhältnis von Tiefe zu Radius 0,1) ergaben bei einer Strömung vom Umfang zur Mitte der Kammer folgendes Bild für die Tengential- und Radialkomponenten der Strömung:

Die Größe der Radialkomponente der Strömungsgeschwindigkeit u_r wird beeinflußt durch die Reibung an den Deckflächen und die Zentrifugalkraft, wobei die Richtung der letzteren von innen nach außen, d. h. dem Druckgefälle entgegengesetzt, verläuft. In unmittelbarer Nähe jeder Deckfläche ist die Geschwindigkeit u_r gleich Null.

Mit wachsendem Abstand von den Deckflächen steigt u_r rasch zu einem scharf ausgeprägten Maximum an und fällt anschließend zur Mittenebene der Kammer hin auf sehr niedrige Werte ab. In unmittelbarer Umgebung der Mittenebene wechselt u_r sogar das Vorzeichen, d. h., es strömt infolge der Zentrifugalkraft Fluid von der Mitte nach

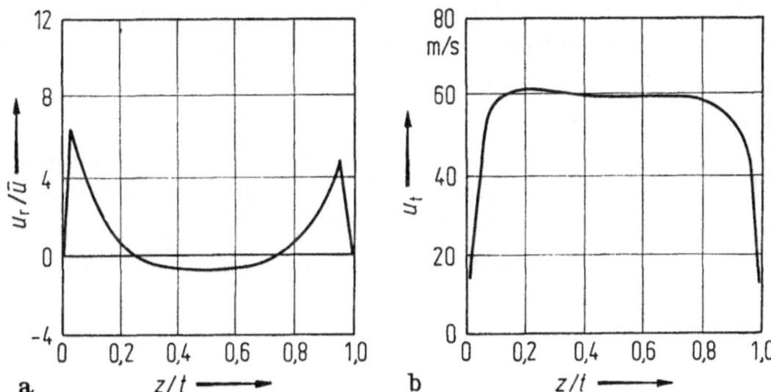

Bild 6.7. Strömungsverlauf in einer Wirbelkammer (nach Savino und Keshock), gemessen über die Tiefe der Wirbelkammer (Austrittsseite der Strömung im Bilde rechts). a) Radialkomponente der Geschwindigkeit u_r, bezogen auf die mittlere Radial-Strömungsgeschwindigkeit $\bar{u} = 3{,}8$ m/s; b) Tangentialkomponente der Geschwindigkeit u_t, gemessen bei einem Radius von 6,4 cm. Radius der Wirbelkammer 14,8 cm, Tiefe der Wirbelkammer 2,54 cm.

außen hin ab (Bild 6.7a). Der Verlauf der Radialkomponente der Geschwindigkeit über die Tiefe der Kammer ist annähernd symmetrisch zur Mittenebene der Kammer. Das Maximum in der Nähe der Ausströmseite hat einen etwas niedrigeren Wert als das Maximum an der anderen Seite. Dieses Strömungsbild wird um so ausgeprägter, je größer die Tangentialgeschwindigkeit des Fluids im Verhältnis zu seiner Radialgeschwindigkeit ist. Bei großen Tangentialgeschwindigkeiten durchströmt das Fluid die Kammer nur in zwei dünnen Schichten in unmittelbarer Nähe der beiden Deckflächen. Die Absolutwerte der Radialgeschwindigkeiten steigen vom Umfang zur Zylindermitte hin allmählich an.

Die Tangentialkomponente (Bild 6.7b) der Strömungsgeschwindkeit u_t hat an den Deckflächen infolge der Reibung ebenfalls den Wert Null. Bis zur Mittenebene der Kammer hin steigt sie dann allmählich auf ein Maximum an. Die Absolutwerte der Tangentialgeschwindigkeit steigen vom Umfang zur Ausströmungsöffnung hin ebenfalls an und können in der Nähe der Ausströmöffnung beträchtliche Werte erreichen. Eine tangentiale Strömungskomponente kann einmal hervorgerufen werden dadurch, daß die Kammer mechanisch um ihre Zylinderachse gedreht wird, zum anderen dadurch, daß am Umfang zusätzlich Fluid in tangentialer Richtung in die Kammer eingespeist wird. Der Strömungsverlauf im einzelnen hängt von den verschiedenen Parametern: Kammerabmessungen, radial und tangentiale Einströmgeschwindigkeiten bzw. Drehgeschwindigkeiten ab. Überschreitet der Betrag der tangentialen Einströmgeschwindigkeit denjenigen der radialen Einströmgeschwindigkeit, so wird die Durchströmung der Kammer blockiert. Dies ist die einzige bekannt gewordene praktische Möglichkeit, einen fluidischen Widerstand ohne mechanische Mittel zu ändern.

In der Nähe der Ausströmöffnung tritt bei einer Wirbelkammer neben der radialen und tangentialen Geschwindigkeitskomponente noch eine horizontale Komponente in Richtung der Ausströmöffnung auf; die Strömung ist dann dreidimensional. Ihr Verlauf im einzelnen ist nicht bekannt.

7. Steuerung von Strömungselementen

7.1. Steuern, Begriffe und Definitionen

„Steuern ist der Vorgang in einem System, bei dem eine oder mehrere Größen als Eingangsgrößen andere Größen als Ausgangsgrößen auf Grund der dem System eigentümlichen Gesetzmäßigkeit beeinflussen.“

Es wird unterschieden zwischen: Führungssteuerung und Haltegliedsteuerung.

„Bei der Führungssteuerung besteht zwischen Führungsgröße und Ausgangsgröße der Steuerung im Beharrungszustand immer ein eindeutiger Zusammenhang, soweit Störungen keine Abweichungen hervorrufen.

In einer Haltegliedsteuerung bleibt nach Wegnahme oder Zurücknahme der Führungsgröße, insbesondere nach Beendigung des Auslösesignals, der erreichte Wert der Ausgangsgröße erhalten. Es bedarf einer entgegengesetzten oder andersartigen Führungsgröße, oder eines entgegengesetzten oder andersartigen Auslösesignals, um die Ausgangsgröße wieder auf den Anfangswert zu bringen“ (DIN 19226).

Die Eingangs- und Ausgangsgrößen sind meist physikalisch gleichartig; mit dem Steuern ist vielfach — aber nicht immer — eine Verstärkung verknüpft. In diesem Falle ist das Verhältnis der Ausgangsgröße zur physikalisch gleichartigen Eingangsgröße größer als eins.

Bei der Führungssteuerung — bei der Ein- und Ausgangsgrößen dauernd vorhanden sind — kann der Wert der Verstärkung meist in einfacher Weise ermittelt werden. Bei der Haltegliedsteuerung ist die Eingangsgröße häufig nur kurzzeitig vorhanden. Die Ausgangsgröße hat einen durch Art und Größe des Systems und dessen Betriebsbedingungen festgelegten Wert. Dieser Wert stellt sich ein, nachdem die Eingangsgröße während einer bestimmten Mindestzeit mit einem bestimmten Mindestbetrag — dem Ansprechwert — vorhanden war. Als Verstärkung wird das Verhältnis der dauernd vorhandenen Ausgangsgröße zu dem Mindestbetrag der Eingangsgröße definiert.

In der Schaltkreistechnik wird bei Haltegliedsteuerungen an Stelle der Verstärkung vorwiegend der englische Ausdruck „Fan-out“ benutzt. Der Fan-out-Wert gibt an, welche Zahl gleicher Systeme von einem weiteren gleichen System gesteuert werden können. Voraussetzung hierbei ist, daß alle Systeme unter gleichen Betriebsbedingungen arbeiten.

Bei Führungssteuerungen wird oft gefordert, daß das Verhältnis Ausgangsgröße zu Eingangsgröße in einem bestimmten Bereich der Eingangsgröße konstant ist. Eine Voraussetzung hierfür ist, daß außer einer Eingangsgröße keine weiteren Größen den Wert der Ausgangsgröße beeinflussen.

In Haltegliedsteuerungen treten außer der Eingangsgröße noch andere Größen in Erscheinung, die zur Folge haben, daß die Ausgangsgröße auch nach Verschwinden der Eingangsgröße bestehen bleibt. Systeme mit Haltegliedsteuerung haben meist eine Verstärkung; ein fester Anteil der Ausgangsgröße wird dann auf den Eingang zurückgeführt und wirkt als Eingangsgröße.

7.2. Steuern in der Fluidik

Die Steuervorgänge in der Fluidik werden mit Hilfe meßbarer Größen, wie Drücken, Flüssen und Strömungsgeschwindigkeiten beschrieben. Haben die fluidischen Systeme Verstärkereigenschaften, so spricht man von Druck-, Fluß- oder Leistungsverstärkung.

Bei Strömungselementen werden beim Steuern nur Fluide bewegt, und zwar in der Regel gleichartige Fluide an den Ein- und Ausgängen. Die steuernden und die gesteuerten Fluide treten als allseitig freie oder teilweise geführte Strömungen auf; denn nur in diesen Fällen ist es möglich, Strömungswege oder Strömungsart der Fluide zu beeinflussen, d. h. zu steuern. Physikalisch mögliche Arten der Beeinflussung sind das Ablenken der Strömung, das Abbremsen der Strömung, sowie die Änderung der Strömungsart von laminar in turbulent und umgekehrt. In Strömungselementen muß immer ein Fluß vorhanden sein. Da sich aber Flüsse schwieriger und in der Regel nicht mit der gleichen Genauigkeit messen lassen wie Drücke, geht man in der Regel bei der Beschreibung der Steuervorgänge in Strömungselementen von Drücken aus, d. h. vom Versorgungsdruck, Steuerdruck und Ausgangsdruck.

7.3. Steuern von Strömungselementen

7.3.1. Führungssteuerung

7.3.1.1. Strahlablenkelement

Ein freier Strahl (Versorgungsstrahl) wird aus seiner Richtung abgelenkt, wenn ein anderer freier Strahl (Steuerstrahl) auf ihn trifft (Bild 7.1). Die Ablenkung geht in der von beiden Strahlen gebildeten

Ebene vor sich. Bei den meisten praktisch ausgeführten Fluidikelementen mit Strahlablenkung handelt es sich um ebene Strahlen, d. h., ihre Bewegungen sind durch zwei parallele feste Ebenen begrenzt. Der Versorgungsstrahl tritt nach Durchlaufen einer freien Wegstrecke in eine Auffangöffnung ein. Wird er durch einen Steuerstrahl abgelenkt, so ändert sich die Menge des in die Auffangöffnung gelangenden Fluids. Zwischen den Ausgangsgrößen Ausgangsdruck und Ausgangsfluß in der Auffangöffnung und den Eingangsgrößen Druck und Fluß des Steuerstrahls bestehen feste Beziehungen.

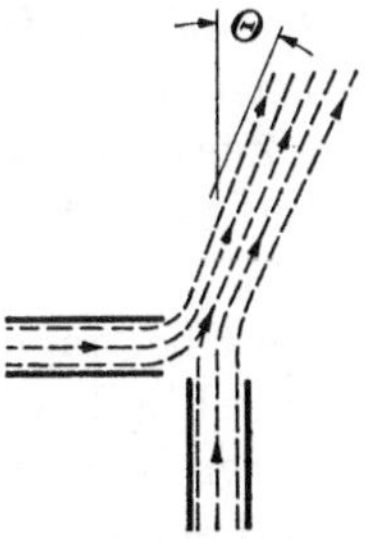

Bild 7.1. Strahlablenkung bei zwei aufeinander treffenden Strahlen. θ Strahlablenkwinkel.

Für manche Anwendungen, z. B. in Regelstrecken, ist erwünscht, daß die Beziehungen Fluß in der Auffangöffnung zu Fluß im Steuerstrahl und Druck in der Auffangöffnung zu Druck im Steuerstrahl linear sind. Versuche haben gezeigt, daß dies in einem gewissen Bereich des Steuerdrucks und Steuerflusses möglich ist. Voraussetzung hierbei ist, daß alle Öffnungen des Elements für Versorgungs-, Steuer- und Ausgangsströme in einer bestimmten Weise zueinander angeordnet sind.

Für die physikalischen Vorgänge bei der Ablenkung eines Strahles durch einen anderen gibt es verschiedene Deutungen. Man unterscheidet zwischen dem Fall, daß die Austrittsöffnung für den Steuerstrahl um ein Mehrfaches breiter ist als die Austrittsöffnung für den Versorgungsstrahl und dem Fall, daß die Austrittsöffnungen für Steuerstrahl und Versorgungsstrahl angenähert gleiche Breite haben (Da es sich um ebene Strahlen handelt, sind die Tiefen der Austrittsöffnungen in allen Fällen untereinander gleich). Im ersten Fall — breite Austrittsöffnungen des Steuerstrahls — wird die Ablenkung des Versorgungsstrahls in erster Linie durch den Druck im Steuerstrahl hervorgerufen. Der zweite Fall — Breite der Austrittsöffnungen von Versorgungs- und Steuerstrahl angenähert gleich — kommt in der Praxis häufiger vor als der erste Fall. Hierbei ist die Ablenkung hauptsächlich durch den Impuls des Steuerstrahls bedingt.

Der zweite Fall ist theoretisch und experimentell eingehend untersucht worden. Bei der theoretischen Behandlung geht man von der

Vorstellung aus, die in der Mechanik für den unelastischen Zusammenstoß zweier fester Körper zugrundegelegt wird. Danach bleibt die Summe der ursprünglichen Impulse beider Körper und ferner die Bahn ihres gemeinsamen Schwerpunktes beim Zusammenstoß erhalten. Treffen feste Körper mit den Massen m_1 und m_2 und den Geschwindigkeiten u_1 und u_2 unter einem rechten Winkel aufeinander, so gilt für den Ablenkwinkel θ

$$\tan\theta = \frac{m_1 u_1}{m_2 u_2} = \frac{I_1}{I_2}\,. \tag{7.1}$$

I_1 und I_2 sind die Impulse der beiden sich bewegenden Körper; der Winkel θ ist in diesem Falle auf die Richtung der Bewegung von m_1 vor dem Zusammenstoß bezogen. Treffen beide Körper unter einem spitzen Winkel aufeinander, so verringert sich der Ablenkwinkel entsprechend.

Bei der Übertragung dieser Gesetzmäßigkeiten auf den Zusammenstoß zweier Fluidstrahlen müssen einige Unterschiede gegenüber den Verhältnissen beim Zusammenstoß fester Körper in Betracht gezogen werden. So setzen zwei feste Körper nach einem unelastischen Zusammenstoß ihren Weg gemeinsam fort. Stoßen zwei Fluidstrahlen aufeinander, so ist nicht ohne weiteres übersehbar, was nach dem Zusammenstoß geschieht. Nach experimentellen Untersuchungen an turbulenten Strahlen ergibt sich, daß diese nach einem Zusammenstoß zunächst ebenfalls ihren gemeinsamen Weg nebeneinander fortsetzen. Nach einer bestimmten Wegstrecke — etwa zweieinhalb Düsenöffnungsbreiten — beginnen die Strahlen sich mehr und mehr miteinander zu vermischen. Für den Fall, daß beide Strahlen laminar sind — in der Praxis weniger häufig — liegen keine Ergebnisse über den Verlauf der Strahlen nach dem Zusammenstoß vor.

Versuche haben ferner ergeben, daß der Versorgungsstrahl in der Umgebung der Auftreffstellen „einbeult", wenn zwei gleiche Steuerstrahlen aus entgegengesetzten Richtungen auf ihn treffen. In seinem weiteren Verlauf ähnelt dieser Strahl dann wieder dem ungestörten Strahl.

Dieser Fall zweier symmetrisch zur Mittenebene des Versorgungsstrahles angebrachter Steuerstrahlen gleicher Abmessungen ist bei den Strahlablenkelementen die Regel. Ebenfalls symmetrisch zur Mittenebene sind bei ihnen zwei gleich große Auffangöffnungen vorgesehen. Sind die Steuerstrahlen gleich, so wird der Versorgungsstrahl nicht abgelenkt und verteilt sich zu gleichen Teilen auf die Auffangöffnungen.

Erste eingehende Untersuchungen am Strahlablenkelement wurden von Peperone, Katz und Goto angestellt. Bei ihren Überlegungen berücksichtigten sie nicht den statischen Druck in den Strahlen, die mögliche Rückwirkung der Auffangöffnungen auf den Versorgungsstrahl und die Verformung, die das Geschwindigkeitsprofil des Versorgungsstrahls bei der Ablenkung erfährt. Diese Autoren haben also ausschließlich die durch die Impulse der Steuerstrahlen hervorgerufene Ablenkung des Versorgungsstrahles betrachtet. An die Stelle der Massen bei festen Körpern treten bei den Fluidstrahlen die in der Zeiteinheit Δt aufeinander treffenden Fluidmassen $\varrho A \Delta l \overline{u}$ (ϱ Dichte des Fluids, A Querschnitt des Steuerstrahls an der Auftreffstelle auf den anderen Strahl, $\overline{u}$ mittlere Strahlgeschwindigkeit, Δl Länge des in der Zeit Δt auftreffenden Teiles des Steuerstrahles).

Für den Ablenkwinkel ergibt sich damit

$$\tan\theta = \frac{I_1}{I_2} = \frac{\varrho_1 A_1 \Delta l \overline{u}_1 \overline{u}_1}{\varrho_2 A_2 \Delta l \overline{u}_2 \overline{u}_2} = \frac{\varrho_1 A_1 \overline{u}_1^2}{\varrho_2 A_2 \overline{u}_2^2}. \tag{7.2}$$

Treffen zwei Steuerstrahlen mit den Impulsen I_L und I_R und gleichen Austrittsöffnungen A_S unter rechten Winkeln aus entgegengesetzten Richtungen auf den Versorgungsstrahl mit dem Impuls I_V und der Austrittsöffnung A_V, so ist

$$\tan\theta = \frac{I_R - I_L}{I_V} = \frac{A_S(\varrho_R \overline{u}_R^2 - \varrho_L \overline{u}_L^2)}{A_V \varrho_V \overline{u}_V^2}. \tag{7.3}$$

Haben Versorgung und Steuerung das gleiche Fluid, so vereinfacht sich die Gleichung zu

$$\tan\theta = \frac{A_S(\overline{u}_R^2 - \overline{u}_L^2)}{A_V \overline{u}_V^2}. \tag{7.4}$$

Peperone, Katz und Goto setzen bei ihren Betrachtungen voraus, daß alle Strahlen turbulent sind. Für das Verteilungsprofil der Staudrücke p_S in den Strahlen legen sie einen Verlauf nach Art der Gaußschen Verteilungskurve zugrunde (Abschnitt 5.4).

Danach ist

$$p_S = p_M \, e^{-(\theta - \theta_S)^2/(2\sigma)^2} \tag{7.5}$$

(p_M Maximalwert des Druckes längs der Mittenebene des Strahls, θ_S Winkel der Ablenkung des Strahlmaximums durch den Steuerstrahl). Die Strömungsgeschwindigkeit u ergibt sich aus dem Steuerdruck p_E zu

$$u = \sqrt{2 p_E / \varrho}\,.$$

σ charakterisiert die Breite der Fehlerverteilungskurve; der experimentell für den turbulenten Strahl ermittelte Wert ist $\sigma = 2{,}2$). Mit Hilfe dieser Beziehungen wurden die Änderungen der Drücke und Flüsse an den Ausgängen in Abhängigkeit von den zugehörigen Eingangsgrößen rechnerisch ermittelt und an dem in Bild 7.2 dargestellten Muster experimentell überprüft. Fluß-, Druck- und Leistungsverstärkung für zeitlich konstante Eingangsgrößen wurden definiert als Verhältnis der Differenz der links- und rechtsseitigen Ausgangsgrößen zu der Differenz der zugehörigen Eingangsgrößen. Es ist demnach die Druckverstärkung

$$G_p = \frac{p_{\mathrm{AL}} - p_{\mathrm{AR}}}{p_{\mathrm{EL}} - p_{\mathrm{ER}}} = \frac{\Delta p_{\mathrm{A}}}{\Delta p_{\mathrm{E}}}, \tag{7.6}$$

die Flußverstärkung

$$G_{\dot{V}} = \frac{\dot{V}_{\mathrm{AL}} - \dot{V}_{\mathrm{AR}}}{\dot{V}_{\mathrm{EL}} - \dot{V}_{\mathrm{ER}}} = \frac{\Delta \dot{V}_{\mathrm{A}}}{\Delta \dot{V}_{\mathrm{E}}} \tag{7.7}$$

(A Ausgang, E Eingang). Die Druckverstärkung hat ihren höchsten Wert, wenn die rechten und linken Ausgänge blockiert sind und wird in der Regel für diesen Fall angegeben. Die Flußverstärkung hat ihren höchsten Wert bei völlig freien Ausgängen und wird in der Regel für diesen Fall angegeben. Die Leistungsverstärkung ist das Produkt aus

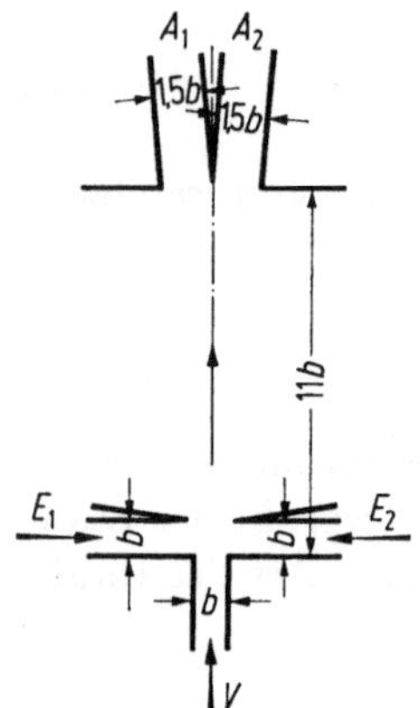

Bild 7.2. Strahlablenkelement. Konturen des von Goto, Katz und Peperone untersuchten Elements. $a_r = 8$.

Druck- und Flußverstärkung und wird in der Regel für den Fall der Anpassung angegeben, d. h. für den Fall, bei dem die abgegebene Leistung ein Maximum hat. Die für das Element mit den Abmessungen nach Bild 7.2 rechnerisch und experimentell ermittelten Werte sind in Bild 7.3 dargestellt. Wie man sieht, ist trotz der in der Rechnung gemachten Vereinfachungen die Übereinstimmung zwischen Rechnung und Experiment ziemlich gut. Für größere Eingangswerte liegen die gemessenen Werte allerdings bis zu 20% über den errechneten Werten. Es läßt sich nicht übersehen, wie weit diese Ergebnisse für Elemente mit anderen Abmessungen Gültigkeit haben.

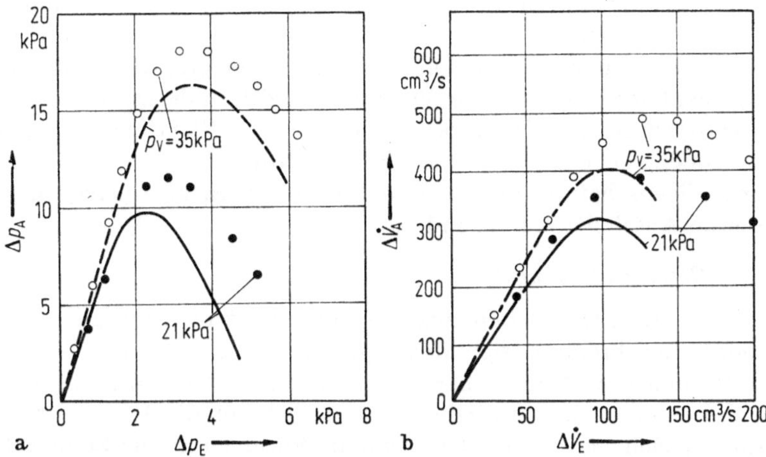

Bild 7.3. Druck- (a) und Flußverstärkung (b) des Strahlablenkelementes nach Bild 7.2. Δp_E Differenz der Eingangsdrücke, Δp_A Differenz der Ausgangsdrücke, $\Delta \dot{V}_E$ Differenz der Eingangsflüsse, $\Delta \dot{V}_A$ Differenz der Ausgangsflüsse. Kurven rechnerisch, Punkte experimentell ermittelt.

Es sind noch verschiedene weitere rechnerische Ansätze gemacht worden mit dem Ziel, eine genauere Übereinstimmung zwischen Rechnung und Experiment zu erreichen. Douglas und Neve berücksichtigen, daß ein Teil des Ausgangsflusses vom Steuerfluß herrührt, und ferner, daß ein gewisser Einfluß der Umgebungswände (Coanda-Effekt, Abschnitt 6.3) auf die Strömungsvorgänge vorhanden ist. Reilly und Moynihan beziehen die statischen Drücke innerhalb der Strahlen, sowie die zentrifugalen Kräfte in den abgelenkten Strahlen mit in ihre Rechnungen ein. In beiden Fällen wurde mit den jeweils experimentell untersuchten Modellen eine etwas bessere Übereinstimmung zwischen Rechnung und Experiment beobachtet als bei den Untersuchungen von Peperone, Katz und Goto.

Zusammenfassend läßt sich sagen, daß für Strahlablenkelemente mit geeignetem Aufbau für kleine Ablenkwinkel Druck-, Fluß- und Leistungsverstärkung angenähert konstant und die Ablenkwinkel in erster Näherung durch das Verhältnis der Impulse von Steuer- und Versorgungsstrahlen bedingt sind. Ein allgemeiner rechnerischer Ansatz für die Verstärkung von Strahlablenkelementen, der alle Faktoren in geeigneter Weise berücksichtigt, ist noch nicht gemacht worden. Er dürfte schwierig auszuwerten sein. Der tatsächliche Nutzen einer derartigen Untersuchung wäre außerdem wahrscheinlich gering, denn es besteht kaum Aussicht, mit ihrer Hilfe neue Ansatzpunkte für Verstärkungen über die bereits erzielten Werte hinaus zu gewinnen.

Unter den bekannten fluidischen Führungssteuerungen hat nur das Strahlablenkelement einen nennenswerten Bereich mit linearer Verstärkung. Dies rührt z. T. davon her, daß bei den praktisch ausgeführten Elementen dieses Typs die Verstärkungsziffern die Quotienten von zwei Differenzen sind. Bei diesen heben sich die Nichtlinearitäten der Subtrahenden in einem gewissen Bereich auf.

Die Eigenschaften praktisch ausgeführter Strahlablenkelemente werden in Abschnitt 8.3 behandelt.

7.3.1.2. Gegenstrahlelement

Zwei freie Strahlen treffen aus entgegengesetzten Richtungen aufeinander und bremsen sich dabei gegenseitig ab. An der Auftreffstelle werden die Strahlen nach allen Seiten gleichmäßig abgelenkt. Sind die Strömungsgeschwindigkeiten und damit die Impulse beider Strahlen gleich, so strömt das Fluid in Form einer zur Strahlachse senkrechten Scheibe ab; diese Scheibe hat gleichen Abstand von den Austrittsöffnungen der Strahlen. Weichen die Strömungsgeschwindigkeiten voneinander ab, so verschiebt sich die Scheibe in Richtung auf die Austrittsöffnung mit der kleineren Ausströmgeschwindigkeit.

Würde man an einem festen Ort quer zur Strahlrichtung die Abströmmenge oder den Staudruck des abströmenden Fluids bestimmen, so könnte man aus deren Änderungen auf die Änderung der Strömungsgeschwindigkeit eines der beiden Strahlen schließen. Dies ist aber praktisch schwierig durchzuführen; aus diesem Grunde wählt man ein Verfahren, das angibt, welche Rückwirkungen bei dem einen Strahl auftreten, wenn der andere seine Geschwindigkeit ändert. Die Rückwirkung eines Strahles auf einen anderen ist gleich derjenigen, die dieser beim Auftreffen auf eine starre Wand erfahren würde. Sie ist um so größer, je geringer der Abstand zwischen Austrittsöffnung des Strahls und Auftreffstelle ist. Dabei wird die Strömungsgeschwindigkeit verringert, während gleichzeitig der statische Rückstaudruck im Strahl ansteigt; diese Druckerhöhung wird angezeigt.

In der praktischen Ausführung geschieht dies mit Hilfe einer Ringdüse A (Bild 7.4), die konzentrisch um die Austrittsöffnung des einen Strahles C_0 angeordnet ist. Ändert man beim entgegengesetzt gerichteten Strahl E_m die Strömungsgeschwindigkeit, so ändert sich der Ort der Auftreffstelle und damit der Druck in der Auffang-Ringdüse. Diese Anordnung kann auch als Verstärker arbeiten. Hierfür muß an der Eingangsseite (E_m) ein höherer Druck vorhanden sein als an der Ausgangsseite (C_0); dann befindet sich die Auftreffstelle der Strahlen in der Nähe von A. Damit vergrößern sich die an der Ringdüse auftretenden Druckänderungen in entsprechendem Maße. Vom Gegenstrahlelement sind zwei Ausführungen bekannt geworden, die sich durch die Art ihrer Steuerung unterscheiden. Beim „Direct Impact Modulator“ (Bild 7.4a) wird der Steuerstrahl über eine ringförmige, um die Düse E_m angeordnete Düse zugeführt. Beim „Transverse Impact Modulator“ (Bild 7.4b) ist der Steuerstrahl von der Seite her auf den von E_m kommenden Strahl gerichtet. Die letzte Anordnung wird in der Praxis bevorzugt, da sie konstruktiv einfacher ist.

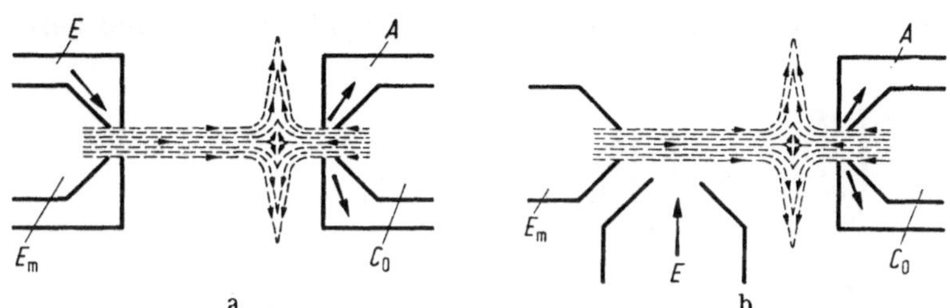

Bild 7.4. Gegenstrahlelement. a) „Direct Impact Modulator“; b) „Transverse Impact Modulator“. E_m und C_0 Versorgung.

Weitere Einzelheiten über praktisch ausgeführte Gegenstrahlelemente sind in Abschnitt 11 angegeben.

7.3.1.3. Turbulenzelement

Tritt ein laminarer Freistrahl aus einer kreisförmigen oder rechteckigen Öffnung aus, so ist die Strömung zunächst laminar; erst nach Durchlaufen einer gewissen Wegstrecke wird sie turbulent. Je größer die Reynolds-Zahl $Re = du/\nu$ der Strömung an der Austrittstelle ist, um so kürzer ist die laminare Wegstrecke (Abschnitt 5.2) (d ist der Durchmesser des Rohres mit kreisförmigem Querschnitt bzw. der hydraulische Durchmesser des Rohres mit rechteckigem Querschnitt). Der laminare Strahl verbreitert sich auf seinem Wege nur in geringem Maße. Ordnet man in Strahlrichtung innerhalb der laminaren Wegstrecke ein Rohr mit gleichem Querschnitt wie die Strahldüse an, so wird der größte Teil des Fluids von diesem Rohr (Fangdüse) aufgenommen. Erhöht man die Austrittsgeschwindigkeit des Strahls, so rückt der Umschlagort laminar-turbulent näher an die Austrittsöffnung heran. Wird die laminare Wegstrecke kürzer als der Abstand Austrittsöffnung — Fangdüse, so verringert sich der von der Fangdüse aufgenommene Teil des Strahls. Dies rührt davon her, daß der turbulente Strahl beträchtlich breiter ist als der laminare Strahl; auf die Fangdüse entfällt bei turbulentem Strahl nur ein Bruchteil des Strahls.

Wird die Austrittsgeschwindigkeit weiter erhöht, so verkürzt sich der laminare Wegbereich des Strahles immer mehr, und es gelangt ein immer geringerer Teil des Strahls in die Fangdüse. Diese Verringerung hört auf, wenn die Austrittsgeschwindigkeit so groß geworden ist, daß der Strahl bereits bei seinem Austritt aus der Öffnung turbulent ist. Steigt dann die Austrittsgeschwindigkeit noch weiter, so steigt auch die von der Fangdüse aufgenommene Fluidmenge wieder an. Bild 7.5 veranschaulicht diese Verhältnisse.

Ein laminarer Strahl kann bereits vor seinem eigentlichen Umschlagort turbulent werden, wenn äußere Einflüsse auf ihn einwirken. Hören diese auf, so geht er wieder in den laminaren Zustand zurück.

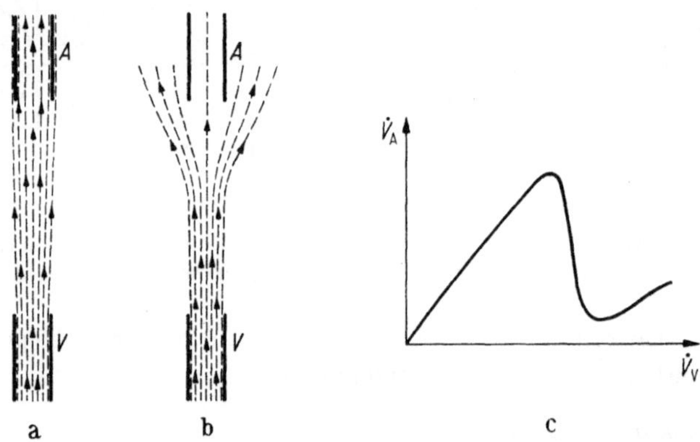

Bild 7.5. Turbulenzelement. a) Kleine Strömungsgeschwindigkeit, Strahl bleibt laminar; b) Große Strömungsgeschwindigkeit, Strahl wird turbulent; c) Ausgangsfluß $\dot{V}_A$ in Abhängigkeit vom Versorgungsfluß.

Je höher die Reynolds-Zahl des laminaren Strahls ist, um so kleiner ist der Einfluß, der notwendig ist, um den Übergang in die Turbulenz hervorzurufen. Ein Einfluß dieser Art kann ein zweiter Strahl (Steuerstrahl) sein, der von der Seite her auf ihn trifft.

Der Übergang laminar-turbulent ist ziemlich abrupt; d. h., bei einem bestimmten Steuerfluß setzt die Turbulenz ein, und es genügt eine geringfügige Erhöhung des Flusses, um den Strahl fast vollständig vom laminaren in den turbulenten Zustand zu überführen. Es ist nicht möglich, in diesem Gebiet eine lineare Beziehung zwischen der Änderung des Steuerflusses und der Änderung des Flusses in der Fangdüse herzustellen. Das Element wirkt praktisch als Schalter. Der zum Überführen des laminaren Strahls in den turbulenten Zustand notwendige Steuerimpuls ist kleiner als der Impuls des laminaren Strahls; die Anordnung hat also Verstärkereigenschaften. Ein von der Fangdüse aufgenommener laminarer Ausgangsimpuls kann erfahrungsgemäß mindestens vier gleichartige Elemente in den turbulenten Zustand umsteuern (Fan-out vier). Voraussetzung für ein einwandfreies Arbeiten der Elemente ist, daß der ursprüngliche Versorgungsstrahl längs des Weges zur Fangdüse völlig laminar ist, so lange kein Steuerfluß auf ihn einwirkt. Die Zuführung zur Austrittsöffnung muß daher gerade sein, einen konstanten Querschnitt haben und länger sein als die Einlaufstrecke für eine laminare Strömung (Abschnitt 4.2.2).

Verschwindet der Steuerstrahl, so kehrt der Versorgungsstrahl wieder vom turbulenten in den laminaren Zustand zurück. Innerhalb des hierfür erforderlichen Zeitintervalls muß deshalb auch die Turbulenz in der unmittelbaren Umgebung des Strahles verschwinden. Der Übergang turbulent-laminar dauert daher länger als der umgekehrte Übergang laminar-turbulent. An praktisch ausgeführten Elementen gemessene Übergangszeiten (Schaltzeiten) liegen in der Größenordnung von 1 ms beim Übergang laminar-turbulent und von 1 ms bis 5 ms beim Übergang turbulent-laminar.

Da bei diesen Elementen in jedem Fall von einem laminaren Strahl — d. h. einem Strahl mit niedriger Reynolds-Zahl — ausgegangen werden muß, haben die Elemente immer einen niedrigen Leistungsverbrauch und geringe Abmessungen.

Weitere Einzelheiten über Turbulenzelemente siehe Abschnitt 8.2.

7.3.1.4. Induktionselement

Treten zwei ebene — d. h. durch zwei parallele Flächen in der Tiefe begrenzte — Strahlen parallel zueinander aus zwei nebeneinander gelegenen Austrittsöffnungen aus, so entsteht zwischen ihnen eine Verarmung in dem umgebenden Fluid. Damit bildet sich ein Unterdruck in dem von den Strahlen begrenzten Raum aus. Ist der Abstand zwischen den Strahlen hinreichend gering, so kann der Druckabfall quer zu jedem der beiden Strahlen dazu führen, daß diese in Richtung aufeinander abgelenkt werden. Der Strahl mit dem kleineren Impuls wird dabei um einen entsprechend größeren Winkel abgelenkt als derjenige mit dem größeren Impuls.

Ein einzelner ebener Strahl V in der Nähe einer Wand (Bild 7.6) wird ebenfalls zur Wand hin abgelenkt, falls der Abstand zwischen Wand und Strahl hinreichend klein ist. Überschreitet der Abstand einen bestimmten Mindestwert, so behält der Strahl seine Richtung bei. Wird in diesem letzten Fall zwischen dem Strahl V und der Wand ein weiterer, hierzu paralleler Strahl E eingeführt, so legt sich dieser an die Wand an. An seiner dem Strahl V zugekehrten Seite entsteht dann ein Unterdruck, der zur Folge hat, daß auch der zunächst nicht abgelenkte Strahl V zur Wand hin abgelenkt wird. Verschwindet der Strahl E, so geht auch der Strahl V in seine Ursprungslage zurück. Der Impuls des Strahles E kann in diesem Fall beträchtlich geringer sein als der des Strahles V; eine Verstärkung ist also vorhanden. In der prak-

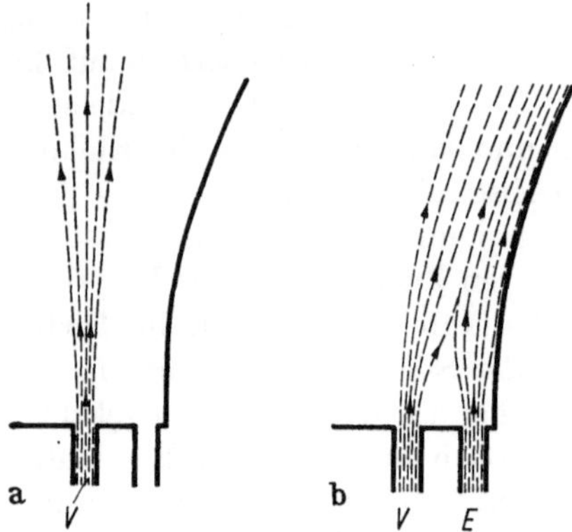

Bild 7.6. Induktionselement. a) Nur Versorgungsstrahl V vorhanden; b) Zusätzlich Steuerstrahl E vorhanden.

tischen Ausführung des Elementes folgt der Steuerstrahl E einer konvexen Wand; an diese legt sich dann auch der abgelenkte Strahl V an.

Weitere Einzelheiten über das Induktionselement siehe Abschnitt 11.12.

7.3.1.5. *Wirbelkammerelement*

In Abschnitt 6.5 waren Strömungen in einer flachen zylindrischen Kammer betrachtet worden, wobei das Fluid vom Mantel der Kammer her in diese einströmt und über ein kreisförmiges Loch in der Mitte einer der Deckflächen wieder ausströmt. Das Fluid kann entweder radial oder in Spiralen durch die Kammer strömen. Je ausgesprochener die Spiralbewegung ist, um so größer ist der Druckabfall, den das Fluid beim Durchströmen der Kammer erfährt. Die Strömung in der Kammer kann von außen her gesteuert werden, und zwar auf zweierlei Weise:

Das Fluid (Versorgungsfluß) strömt vom Umfang her in radialer Richtung in die Kammer ein, und die Kammer wird gleichzeitig um ihre Zylinderachse gedreht. Die Fluidteilchen erhalten eine Geschwindigkeitskomponente tangential zur Zylinderachse überlagert. Das Fluid (Versorgungsfluß) strömt vom Umfang her in radialer Richtung in die Kammer ein. Zusätzlich wird vom Umfang her tangential Fluid (Steuerfluß) in die Kammer eingeführt; es entsteht ein gemeinsamer spiralenförmiger Fluß zur Mitte.

Die erste Anordnung — Steuerung durch Drehbewegung — wird zur Anzeige von Drehgeschwindigkeiten benutzt. Bei der Drehbewegung verlängern sich die Strömungswege in der Kammer. Wird die Durchströmmenge dabei konstant gehalten, so erhöhen sich Druckabfall und Strömungswiderstand in der Kammer. Die Widerstandserhöhung wird angezeigt. Dieser Drehzahlmesser wird in der Praxis in erster Linie für niedrige Drehzahlen verwendet. Die Empfindlichkeit wird gesteigert, wenn der Rauschpegel und die Schwankungen des Versorgungsdruckes möglichst gering gehalten und der Versorgungsdruck und die Abmessungen des Elementes möglichst groß gemacht werden. Ein hoher Versorgungsdruck bedeutet eine hohe Versorgungsleistung; große Abmessungen der Elemente erschweren manchmal bei praktischen Anwendungen den Einbau der Elemente.

Die zweite Anordnung, bei der ein tangentialer Steuerfluß den Fluiddurchsatz der Kammer verändert, findet als Verstärker und als veränderlicher Fluidwiderstand Verwendung. Bei niedrigen Steuerdrücken und -flüssen ändern sich Ausgangsdruck und Ausgangsfluß bei konstant gehaltenem Versorgungsdruck nur wenig; erst wenn der Steuerdruck den Versorgungsdruck überschreitet, nehmen die Ausgangsgrößen stark ab. Der Ausgangsdruck nähert sich dann dem Umgebungsdruck und der Ausgangsfluß dem Eingangsfluß. In diesem Bereich — Steuerdruck größer als Versorgungsdruck — haben kleine Änderungen des Steuerdruckes große Änderungen der Ausgangsgrößen im Gefolge; das Element wirkt mithin als Verstärker.

Die Beziehung Änderung der Ausgangsgrößen zu Änderung der Eingangsgrößen ist auch hier nur in einem kleinen Bereich linear.

Weitere Einzelheiten über Wirbelkammerelemente siehe Abschnitt 10.

7.3.2 Haltegliedsteuerung

Bei der Führungssteuerung in Strömungselementen haben feste Umgrenzungen im Ausbreitungsbereich der Strahlen in der Regel nur unerwünschten oder sekundären Einfluß auf den Steuervorgang. Ein unerwünschter Einfluß ist durch die Grenzschichten gegeben, die sich an den Deckflächen ebener Elemente ausbilden. Einen sekundären Einfluß übt z. B. beim Wirbelkammerelement der Mantel der Kammer auf den Steuerstrahl aus; denn er formt dessen geradlinige Bewegung in eine kreisförmige um. Im Gegensatz zu der Führungssteuerung sind bei der fluidischen Haltegliedsteuerung die Umgrenzungen der Strahlwege von entscheidendem Einfluß auf die Arbeitsweise und den Steuermechanismus des Elements.

7.3.2.1. Haftstrahlelement allgemein

Bistabile Haftstrahlelemente sind die am häufigsten zur Anwendung gelangenden fluidischen Halteglied-Steuerelemente ohne bewegte Teile. Sie sind daher die am ausgiebigsten untersuchten fluidischen Bausteine. In Abschnitt 6.3 ist erläutert worden, wie bei einem ebenen Haftstrahlelement das Haften des Strahles an einer Wand zustande kommt. Danach führt der Strahl dauernd Fluid aus der Umgebung mit sich fort, und zwischen Strahl, Haftwand und den beiden Deckflächen des Elementes bildet sich ein Bereich mit vermindertem Druck aus. Dieser Unterdruck hat zur Folge, daß der Strahl an der Wand haftet. Je vollständiger der Unterdruckbereich gegen die Umgebung abgekapselt ist, um so größer ist die Steuerleistung, die notwendig ist, um den Strahl aus seiner Haftlage in eine andere Lage umzusteuern.

Dies geschieht in der Weise, daß über einen Eingangskanal zeitweilig mehr Fluid in den abgekapselten Bereich einströmt, als der Strahl aus diesem fortführt. Dadurch wird der Unterdruck aufgehoben, und es entsteht ein Überdruck, der den Strahl aus seiner bisherigen Haftlage in eine andere stabile Lage überführt. Dieser Eingangskanal ist der Steuerkanal des Elementes, über den von einer anderen Stelle her ein Überdruck bestimmter Mindestgröße und -dauer in das Element eingegeben wird. Das Zeitintervall muß ausreichen, um den Umsteuervorgang einzuleiten; es ist ohne Belang, ob der Überdruck anschließend noch vorhanden ist oder nicht. Da in dem abgekapselten Bereich dauernd ein Unterdruck vorhanden ist, wird über den Eingangskanal dauernd Fluid in diesen Bereich eingesaugt. Der Unterdruck und damit die Haftlagenstabilität werden hierdurch verringert.

Die Menge des einströmenden Fluids hängt davon ab, welchen Widerstand der Eingangskanal für das von außen einströmende Fluid darstellt und welches Druckgefälle längs dieses Kanals vorhanden ist. Je größer die dauernd einströmende Fluidmenge, um so geringer ist die Fluidmenge, die zusätzlich zum Umsteuern benötigt wird. Soll das Element also einwandfrei arbeiten, muß der Widerstand des Kanals einen geeigneten Wert besitzen. Einmal soll das Steuersignal nicht mehr als nötig auf seinem Wege gedämpft werden, zum anderen soll die Stabilität der jeweiligen Haftlage nicht in unzulässiger Weise verringert werden. Die Schaltung, aus der die fluidischen Steuersignale für den Eingang stammen, darf zudem keine unerwünschten Störsignale auf den Eingang geben.

Die für das Haften des Strahles maßgebliche Druckdifferenz zwischen dem abgekapselten Bereich und der Umgebung wird weiter verringert, wenn an der freien — nicht der Haftwand zugekehrten — Seite des Strahles nicht der Umgebungsdruck, sondern ein ebenfalls verminderter Druck herrscht. Diese Druckverringerung kann vermieden werden, und zwar einmal, indem Ausgleichsöffnungen — englisch „Vents" — vorgesehen werden, die eine Verbindung zwischen der freien Strahlseite und der Umgebung herstellen (Einzelheiten über die Wirkungsweise der „Vents" sind in Abschnitt 9.4.2 angegeben). Zum anderen müssen die übrigen Bauelemente einer Schaltung so ausgelegt sein, daß sie in den Zeitabschnitten zwischen Umsteuervorgängen keinen unzulässigen Unterdruck an der freien Strahlseite erzeugen. Bei vielen Anwendungen sollen die Umsteuervorgänge möglichst rasch verlaufen; die Eingangsleitungen sollten dann möglichst kurz sein, um die Laufzeiten der Steuersignale klein zu halten.

Wie bereits in Abschnitt 6.3 beschrieben, haben die Haftstrahlelemente in der Regel zwei stabile Haftlagen an zwei symmetrisch zur Mittenebene des Strahles angebrachten Haftwänden. Die beiden zugehörigen Eingangskanäle, über die der Strahl von der einen in die andere stabile Lage umgesteuert wird, sind in der Nähe der Austrittsöffnung des Versorgungsstrahls angebracht. Es ist nicht genauer bekannt, ob außer der Menge des über den Eingang einströmenden Steuerfluids auch die Richtung des Eingangsstrahles von Bedeutung für den Umschaltvorgang ist. Der Verlauf der Strömung innerhalb eines Unterdruckbereiches hängt von dessen Form und von der Anordnung des Eingangskanals ab und ist im einzelnen sehr verwickelt.

In Abschnitt 6 wurde dargelegt, daß die von einem Strahl aus seiner Umgebung mitgeführte Fluidmenge von der Fluidmenge abhängt, die aus der Austrittsöffnung strömt. Andererseits ist auch, wie oben erläutert, die zum Umsteuern notwendige Fluidmenge von der vom Strahl mitgeführten Fluidmenge abhängig. Es wäre demnach sinnvoll, die Ansprechempfindlichkeit eines Haftstrahlelementes als Verhältnis des zum Umsteuern notwendigen Fluidstromes $\dot{V}_E$ zu dem des umzusteuernden Strahles $\dot{V}_V$ zu definieren. Da aber Ströme schwieriger und ungenauer zu messen sind als Drücke, werden allgemein Drücke und nicht Ströme zur Festlegung charakteristischer Werte von Elementen herangezogen. Der Ansprechwert eines Haftstrahlelementes ist also das Verhältnis Eingangsdruck p_E zu Versorgungsdruck p_V.

Sind jeder Seite eines Elementes mehrere Eingänge zugeordnet, so ist erwünscht, daß diese in ihren Eigenschaften möglichst gleich sind, also z. B. der Ansprechwert für alle rechten und linken Eingänge gleich ist. Dies ist notwendig; denn wenn die Elemente in Schaltungen verwendet werden, muß der Anwender die Eingangsanschlüsse den Erfordernissen der Schaltung entsprechend frei wählen können, ohne zusätzlich verschiedene Ansprechwerte der Eingänge in Betracht ziehen zu müssen. Es ist schwierig, besonders bei kleinen Elementen, mehr als eine Eingangszuführung für eine Eingangsseite vorzusehen, da es hierfür an Platz mangelt. Aus diesem Grunde werden meist mehrere Eingangsleitungen zusammengefaßt und zu einem gemeinsamen Eingang geführt. Die Probleme bei der Zusammenführung von Leitungen für fluidische Signale wurden in Abschnitt 4.5 behandelt.

7.3.2.2. *Fan-out*

Es wurde bereits darauf hingewiesen, daß bei der Haltegliedsteuerung der Begriff Fan-out in der Regel anstelle des Begriffs Verstärkung verwendet wird, da er der praktischen Anwendung von Haltegliedelementen besser angepaßt ist. In Schaltungen der Informationsverarbeitung ist zwar bei einer Reihe von Schaltelementen eine gewisse Verstärkung erwünscht oder sogar Bedingung, jedoch wird am Ausgang der Gesamtschaltung keine wesentliche Erhöhung des Leistungspegels gegenüber dem des Eingangssignals benötigt. Innerhalb der Steuerschaltung muß aber ein Element häufiger mehrere Elemente gleichzeitig schalten; sein Fan-out muß daher dem Anwender bekannt sein.

Bedingung für das Fan-out bei Haltegliedelementen ist ein Mindestwert 2; ein höherer Wert ist oft erwünscht, da sich in diesem Falle die Schaltung vereinfachen kann. Zwar läßt sich auch bei einem Fan-out von 2 die Zahl der gleichzeitig umschaltbaren Elemente dadurch verdoppeln, daß man Elemente in Reihe schaltet. Hierdurch steigt jedoch nicht nur die Zahl der Elemente in der Schaltung, sondern auch die Gesamtschaltzeit; denn der Umschaltvorgang erfordert in jeder Stufe eine bestimmte Mindestzeit.

Das erzielbare Fan-out ist abhängig einmal von den Eigenschaften des betreffenden Elements, zum anderen von der Art, wie die Eingänge der angeschlossenen Elemente mit dem Ausgang des schaltenden Elements verbunden sind. Die Eingänge belasten den Ausgang in bestimmter Weise. Der Ausgangsfluß für diese Belastung ist bekannt. Andererseits ist zum Schalten eines jeden Elements ein gewisser Mindestfluß erforderlich, der ebenfalls bekannt ist. Das Verhältnis verfügbarer Ausgangsfluß zu erforderlichem Eingangsfluß — auf einen ganzzahligen Wert nach unten abgerundet — gibt dann das theoretisch erreichbare maximale Fan-out an. Unter praktischen Bedingungen wird dieser Wert in der Regel nicht erreicht, da bei der Zusammenführung der Eingänge auf den betreffenden Ausgang Verluste auftreten (Abschnitt 4.5).

7.3.2.3. Schaltzeit

Bei vielen Schaltungen zieht die Eingabe einer Eingangsgröße einen Schaltablauf mit einer Reihe von einzelnen Schaltvorgängen nach sich; die Gesamtschaltzeit ist dann durch die Schaltzeiten der Einzelelemente mitbedingt. Die Einzelschaltzeiten sollten daher in der Regel möglichst kurz sein. Natürlich ist zusätzlich erforderlich, daß die Elemente einwandfrei schalten, daß also bei einem Element während des Schaltvorganges der Strahl nicht kurzzeitig in seine Ausgangslage zurückkehrt („Prellen").

Das Umschalten des Versorgungsstrahles zerfällt beim bistabilen Element in zwei getrennte Vorgänge. Zunächst muß der Eingangsfluß bis zu einem Wert anwachsen, bei dem er die vom Versorgungsstrahl aus dem Unterdruckbereich fortgeführte Fluidmenge kompensiert.

Das erfordert eine gewisse Zeit. Anschließend beginnt das eigentliche Umschalten des Strahles. Der Strahl hebt sich von seiner bisherigen Haftlage ab und wechselt in die andere Haftlage über. Der zeitliche Ablauf dieses Vorganges ist nur noch zum Teil durch weitere Änderungen des Eingangsflusses bedingt; denn von dem Zeitpunkt ab, zu dem sich der Strahl abhebt, besteht eine Verbindung zwischen Ausgleichsöffnung und abgekapseltem Bereich. Es kann dann zusätzlich Fluid aus der Umgebung in diesen Bereich eindringen, so daß der Unterdruck verschwindet. Sobald der Versorgungsstrahl beim Umklappen die gegenüberliegende Wand berührt, beginnt sich auch an der bisher freien Seite des Strahles ein Unterdruck auszubilden. Dieser unterstützt in steigendem Maße den Übergang des Strahles in die andere Haftlage. Der Eingangsfluß leitet also in erster Linie den Schaltvorgang ein. Das eigentliche Umklappen ist im wesentlichen durch die Eigenschaften des Elementes und seine Betriebsbedingungen, und nicht durch äußere Einflüsse bestimmt.

Die Abmessungen des Elementes und seine Betriebsbedingungen gehen insofern in den Umschaltvorgang ein, als jedes Fluidteilchen im Element eine gewisse Zeit benötigt, um den Weg von der Austrittsöffnung des Strahles bis zu der zugehörigen Auffangöffnung zurückzulegen. Diese Laufzeit ist um so größer, je größer die Abmessungen des Elements sind und je niedriger die mittlere Strömungsgeschwindigkeit des Strahls ist. Je länger die Laufzeit im Element, um so länger ist auch das Zeitintervall, das zum Umschalten des Strahles von einem Ausgang auf den anderen benötigt wird.

Das Umschalten wirkt auf den Eingangsfluß zurück. Erhöht man, von Null anfangend, den Eingangsdruck, so steigt zunächst der Eingangsfluß ebenfalls kontinuierlich an. Da im abgekapselten Raum Unterdruck herrscht, ist der resultierende Druckabfall — und damit der Fluß im Eingangskanal — größer, als wenn dieser in die freie Umgebung münden würde. In dem Augenblick, in dem sich der Strahl von der Haftwand abhebt, verschwindet der Unterdruck. Damit ver-

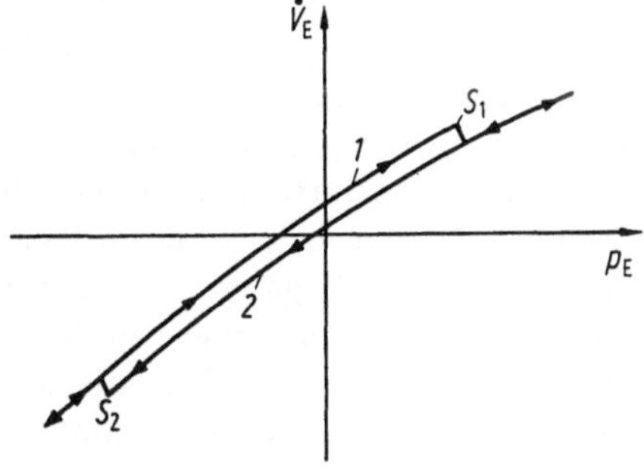

Bild 7.7. Haftstrahlelement. Eingangsfluß $\dot{V}_E$ in Abhängigkeit vom Eingangsdruck p_E. Kurvenzweig *1*: Eingangsdruck steigt. Kurvenzweig *2*: Eingangsdruck sinkt. Bei S_1 und S_2 schaltet der Versorgungsstrahl um.

ringern sich plötzlich Druckabfall und Fluß im Eingangskanal. Die Fluß-Druck-Kurve für den Eingang hat also beim Umschaltdruck eine Stufe (Bild 7.7). Erhöht man den Eingangsdruck über den Umschaltwert hinaus, so steigt der Eingangsfluß noch weiter an. Wird daran anschließend der Eingangsdruck erniedrigt, so steigt beim Durchgang durch den Umschaltdruck p_S der Fluß nicht wieder auf den ursprünglichen Wert an; denn der Versorgungsstrahl behält seine neue Haftlage bei. Für sinkenden Eingangsdruck ändert sich der Fluß also entsprechend der Kurve *2* in Bild 7.7. Erst nachdem der Eingangsdruck unter den Umgebungsdruck zu negativen Werten abgesunken und damit ein Unterdruck an der freien Strahlseite entstanden ist, wird der Versorgungsstrahl wieder in seine anfängliche Lage zurückgesaugt. Dann springt auch der Eingangsfluß wieder auf einen höheren Wert (Kurve *1* in Bild 7.7). Die Fluß-Druck-Kurve des Eingangs zeigt also ein Hysterese-Verhalten des Versorgungsstrahles. Der genaue Verlauf dieser Kurve ist durch die Abmessungen des betreffenden Elementes bedingt.

Beim Umschalten wird in Elementen ohne bewegte Teile nur Fluid bewegt. Aus diesem Grunde sind die Umschaltzeiten kürzer als bei mechanischen Fluidikelementen, in denen feste Massen bewegt werden müssen. Bei den Haftstrahlelementen beträgt erfahrungsgemäß die Schaltzeit ein Mehrfaches — das Vier- bis Zehnfache — der Zeit, die ein Fluidteilchen zum Durchlaufen der freien Wegstrecke im Element benötigt. Bei üblichen Haftstrahlelementen ergeben sich für die Schaltzeit, d. h. für das Zeitintervall, das beim Umklappen eines Strahles von der einen in die andere Haftlage verstreicht, Werte von 50 µs bis 1 ms. Analog zu der in der Nachrichtentechnik üblichen Definition kann man als Maß der Umschaltzeit die Zeitspanne definieren, innerhalb welcher der Druck an dem zu beschaltenden Ausgang von 10% auf 90% seines Endwertes ansteigt. Ebenso kann als Maß auch die Zeitspanne angegeben werden, innerhalb der der Druck am anderen Ausgang, von dem das Fluid weggeschaltet wird, von 90% auf 10% seines Ursprungswertes abnimmt.

Die exakte Messung der Schaltzeit ist dadurch erschwert, daß — wie bereits in Abschnitt 4.6 beschrieben — beim Ein- und Ausschalten fluidischer Impedanzen Ein- und Ausschwingvorgänge auftreten. Dem eigentlichen Anstieg bzw. Abfall der an den Ausgängen beim Schalten meßbaren Druckwerte sind daher meist noch zusätzliche zeitliche Schwankungen überlagert. Gegenüber den Verhältnissen in der Elektrotechnik sind die Vorgänge in der Fluidik insofern unübersichtlicher, als hier die Anpassung einer Quelle an einen Verbraucher amplitudenabhängig ist. D. h. also, bei Anspassung gehört zu jedem Wert des Versorgungsdruckes eine bestimmte Ausgangsbelastung, und nur bei dieser Belastung treten keine Reflexionen am Ausgang auf. In diesem Fall gehen Anstieg und Abfall von Druck und Fluß an den Ausgängen ohne überlagerte Schwingungen vor sich.

7.3.2.4. Ansprechempfindlichkeit

Die Schaltzeiten werden in der Regel statisch ermittelt, d. h., der zum Schalten notwendige Eingangsdruck ist für längere Zeit vorhanden. Wird dieser Druck zu wiederholten Malen nur für kürzere Zeit auf den Eingang gegeben, so wird nicht immer umgeschaltet. Die Schalthäufigkeit sinkt mit der Dauer des Eingangsdruckes ab.

Hierfür gibt es folgende Erklärung: Der zum Schalten notwendige Eingangsfluß steht zum Versorgungsfluß in einem festen Verhältnis. Steigt der Versorgungsfluß um einen gewissen Betrag, so steigt der zum Schalten notwendige Eingangsfluß um prozentual den gleichen Betrag. Versorgungsdruck und Eingangsdruck sind unabhängig voneinander zeitlichen Schwankungen unterworfen. Damit schwanken auch die zugehörigen Flüsse. Ist der Eingangsfluß nur kurzzeitig vorhanden, so kann ein Zeitintervall mit hohem Versorgungsfluß mit einem Zeitintervall mit niedrigem Eingangsfluß zusammenfallen, so daß das Element nicht schaltet. Erhöht man bei konstantgehaltener Einschaltdauer den Betrag des Eingangsflusses, so gibt es einen Wert des Flusses, von dem ab das Element in jedem Falle schaltet. Umgekehrt gibt es einen unteren Grenzwert für den Fluß, bei dem das Element nie schaltet (Bild 7.8).

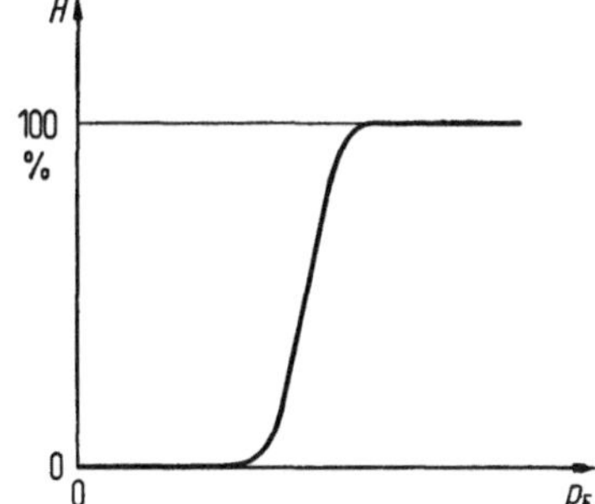

Bild 7.8. Schalthäufigkeit H des Haftstrahlelementes in Prozent in Abhängigkeit vom Eingangsdruck p_E.

Der Unterschied zwischen den Eingangsflußwerten für die Schaltwahrscheinlichkeit Null und die Schaltwahrscheinlichkeit 100% ist bedingt durch die Schwankungen der Amplituden für Versorgungsfluß und Eingangsfluß, bzw. für Versorgungsdruck und Eingangsdruck. Hiernach wäre der Eingangsdruck bzw. Eingangsfluß bei dem für eine gegebene Einschaltdauer in 50% aller Fälle ein Umschalten erfolgt, als der charakteristische Ansprechwert anzusehen. Für die Praxis ist jedoch von Wichtigkeit, bei welchem Wert in jedem Fall umgeschaltet wird.

Der Ansprechwert p_E/p_V hängt vom Aufbau des Elementes ab. Je niedriger der Ansprechwert und je größer also die Empfindlichkeit, um so geringer ist in der Regel auch die Schaltlagenstabilität des Elementes. Andererseits ist aber eine hohe Empfindlichkeit erwünscht, da hiermit der Fan-out-Wert des Elementes steigt. Erfahrungsgemäß stellt ein Apsrechwert p_E/p_V von etwa 10% einen günstigen Kompromiß für bistabile Haftstrahlelemente dar.

Weitere Einzelheiten über bistabile Haftstrahlelemente siehe Abschnitt 9.

8. Freistrahlelemente

8.1. Allgemeines

Freistrahlelemente werden in der Fluidik vorwiegend für Führungssteuerungen benutzt. Sie lassen sich jedoch in Verbindung mit passiven fluidischen Bauelementen auch für Haltegliedsteuerungen verwenden. Bei den Freistrahlelementen tritt ein Freistrahl — der Versorgungsstrahl — aus einer Düse in den freien Raum und nach Durchlaufen einer Wegstrecke ganz oder zum Teil in eine oder mehrere Auffangöffnungen ein. Die Austritts- sowie die Auffangöffnungen können rund oder rechteckig sein; im letzten Fall ist die Strahlausbreitung meist durch zwei ebene, zueinander parallele Flächen begrenzt, und der Strahl breitet sich in einer Ebene aus. Feste Begrenzungen in der Ausbreitungsebene werden nach Möglichkeit vermieden oder so weit vom Strahl abgesetzt, daß sie keinen Einfluß auf ihn haben können. Zustand und Richtung des Strahls werden ausschließlich durch Steuerstrahlen beeinflußt und zwar nur, solange die Steuerstrahlen vorhanden sind. Die Änderungen von Zustand oder Richtung des Versorgungsstrahls machen sich als Änderungen des Druckes oder Flusses in den Auffangöffnungen bemerkbar.

In Abschnitt 7 wurden die möglichen Steuerarten für die Freistrahlelemente näher beschrieben. Es kommen in Frage: Das Überführen eines Strahls vom laminaren in den turbulenten Zustand (Abschnitt 7.3.1.3, Turbulenzelement) und das Ablenken eines Strahles aus seiner Richtung (Abschnitt 7.3.1.1, Strahlablenkelement). Eine weitere Steuerart, das Abbremsen eines Strahles durch einen anderen, wird beim Gegenstrahlelement benutzt; dieses weniger häufig verwendete Element ist in Abschnitt 11.1 beschrieben.

8.2. Turbulenzelement

Bei diesem Element trifft auf den laminaren Versorgungsstrahl von der Seite her ein Steuerstrahl und überführt ihn in den turbulenten Zustand. Verschwindet der Steuerstrahl, so kehrt der Versorgungsstrahl wieder in den laminaren Zustand zurück. In einem bestimmten Abstand vor der Austrittsdüse und koaxial mit dem Versorgungsstrahl ist eine Auffangdüse angebracht. Solange der Versorgungsstrahl laminar ist, strömt das Fluid im wesentlichen in diese Auffangdüse. Wird der Fluidstrahl turbulent, so verbreitert er sich beträchtlich, und es gelangt nur noch ein geringer Anteil des Fluidstromes in die Auffangöffnung. Das Element stellt somit eine fluidische „Nor"-Verknüpfung dar.

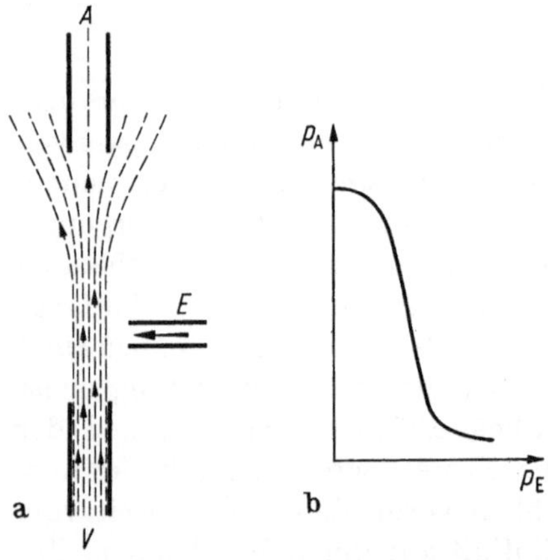

Bild 8.1. Turbulenzelement. a) Prinzipaufbau; b) Ausgangsdruck p_A in Abhängigkeit vom Eingangsdruck p_E. Versorgungsdruck p_V konstant.

Bild 8.1 zeigt das Prinzip eines derartigen Elements. Der Versorgungsstrahl tritt aus einem langen, geraden Rohr mit geringem Durchmesser aus. Die Strömungsgeschwindigkeit ist verhältnismäßig niedrig, die Strömung im Rohr ist daher laminar; das laminare Strömungsprofil ist voll ausgebildet (Abschnitt 5.3). Auf der freien Wegstrecke zwischen Austrittsöffnung und Auffangöffnung kann der Strahl durch Umweltstörungen wie Strömungen oder Geräusche in den turbulenten Zustand überführt werden; um dies zu verhindern, ist die freie Wegstrecke mit einer Kapsel umgeben. Die Kapsel muß so groß sein, daß sie den eigentlichen Steuervorgang nicht beeinflußt. Der stationäre Druck innerhalb der Kapsel soll nicht von dem der Umgebung abweichen; die Kapsel ist daher mit einer Bohrung versehen.

Es können mehrere Steuereingänge vorhanden sein. Elemente mit bis zu acht Steuereingängen sind bekanntgeworden. Die einzelnen Steuerstrahlen wirken dabei nicht aufeinander ein. Diese Entkopplung der Steuereingänge voneinander ist ein den Turbulenzelementen eigentümlicher Vorteil.

Je höher die Reynolds-Zahl des Versorgungsstrahles, um so geringer ist die zum Überführen in den turbulenten Zustand notwendige Steuerleistung, d. h., um so größer ist die Verstärkung des Elementes.

Mit wachsender Reynolds-Zahl wächst aber auch die Störanfälligkeit des Strahles; ferner verringert sich die Weglänge, nach deren Durchlaufen ein laminarer Strahl ohnehin in den turbulenten Zustand übergeht. Damit verkürzt sich der zulässige Abstand zwischen Austritts- und Auffangöffnung und also auch der für das Anbringen von Steuereingängen verfügbare Raum. Mit abnehmender Reynolds-Zahl des Ver-

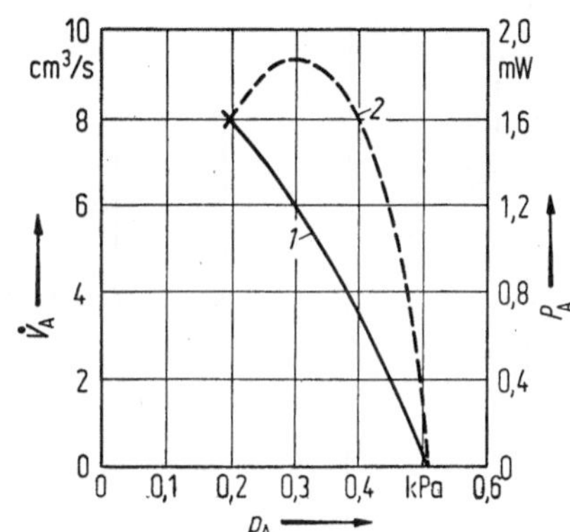

Bild 8.2. Ausgangskennlinien des Turbulenzelementes (nach Drazan). *1* Ausgangsfluß $\dot{V}_A$ und Ausgangsdruck p_A und *2* Ausgangsleistung P_A und Ausgangsdruck p_A in Abhängigkeit vom Abschlußwiderstand. Versorgungsdruck p_V konstant. Versorgungsleitung 0,8 mm Innendurchmesser.

sorgungsstrahles sinkt zwar dessen Störanfälligkeit, es sinkt aber auch die Verstärkung des Elementes. Da also niedrige Reynolds-Zahl geringe Verstärkung, höhere Reynolds-Zahl aber größere Störanfälligkeit bedeuten, muß der Versorgungsdruck in verhältnismäßig engen Grenzen konstantgehalten werden.

An den Ausgang eines Turbulenzelementes können mehrere Verbindungen parallel angeschlossen werden. Ebenso wie die Eingänge sind auch die Ausgänge weitgehend voneinander entkoppelt. Bild 8.2 gibt die Ausgangskennlinie eines Turbulenzelementes wieder; sie wurde bei konstanten Versorgungs- und Steuerdrücken gemessen. Das Element ist bei allen Ausgangsbelastungen stabil.

Bild 8.3a gibt die Abmessungen eines Elementes in der ursprünglich — von Auger — angegebenen Ausführung wieder. Wie aus dem Bild ersichtlich, ist das Element trotz seines einfachen Aufbaus ziemlich sperrig; Schaltungen mit diesem Element lassen sich nicht kompakt aufbauen. Verhelst gibt ein verkleinertes flaches Turbulenzelement an, das sich besser für den Aufbau von Schaltungen eignet als die ursprüngliche Ausführung (Bild 8.3b). Bei diesem Element sind alle Leitungen in einer Ebene angeordnet und haben rechteckige Querschnitte. In Schaltungen werden diese Elemente entweder nebeneinander oder übereinander angeordnet.

Eine andere von Siwoff angegebene Ausführung des Turbulenzelementes zeigt Bild 8.4. Hier ist seitlich zum Strahl eine Schneide angebracht, die dann in den Strahl hineinragt, wenn dieser turbulent ist. Bei diesem Element gehen Übergänge laminar-turbulent und umgekehrt rascher und vollständiger vonstatten als bei Turbulenzelementen nach Bild 8.2. Die Schalteigenschaften des Elementes hängen in starkem Maße von der Stellung der Schneide zum Strahl ab.

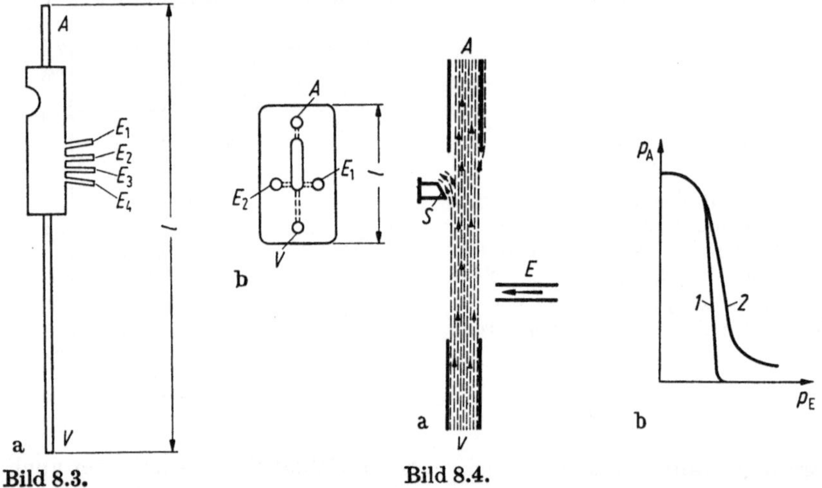

Bild 8.3. Bild 8.4.

Bild 8.3. Turbulenzelement. a) Ursprüngliche koaxiale Ausführung (Länge l = 117 mm); b) Verkleinerte ebene Ausführung nach Verhelst (Länge l=36 mm).

Bild 8.4. Turbulenzelement mit seitlich zum Strahl angebrachter Schneide S (nach Siwoff). a) Aufbau des Elementes; b) Ausgangsdruck p_A in Abhängigkeit vom Eingangsdruck p_E, *1* mit Schneide, *2* ohne Schneide.

Zusammenfassend läßt sich zum Turbulenzelement sagen, daß als seine Hauptvorteile die gute Entkopplung der Ein- und Ausgänge sowie der geringe Leistungsverbrauch anzusehen sind. Nachteilig sind die verhältnismäßig langen Schaltzeiten (Abschnitt 7.3.1.3), der geringe zulässige Schwankungsbereich des Versorgungsdruckes und ferner der Umstand, daß das Element nur als „Nor"-Verknüpfung betrieben werden kann. Der Aufbau des Elementes ist im Prinzip zwar einfach, erfordert jedoch große Präzision bei der Herstellung, damit sichergestellt ist, daß der Strahl nicht durch kleine Unebenheiten im Strahlweg bereits von vornherein turbulent ist.

8.3. Strahlablenkelement

8.3.1. Strahlablenkelement allgemein

Ein freier Strahl wird durch einen zweiten Strahl abgelenkt, wenn der zweite Strahl unter einem Winkel auf den ersten trifft. Auf diesem

Ablenkeffekt beruht das Strahlablenkelement, von dem zwei praktische Ausführungsformen bekanntgeworden sind (Bild 8.5). In beiden Fällen handelt es sich um ebene Gebilde. Die Einzelheiten des Steuervorganges sind in Abschnitt 7.3.1.1 beschrieben. Auf den Versorgungsstrahl wirkt die Differenz zweier Steuerstrahlen ein, die symmetrisch zur Mittenebene des Versorgungsstrahles angeordnet sind. Für die Steuereinwirkung sind die Drücke und die Impulse der Steuerstrahlen

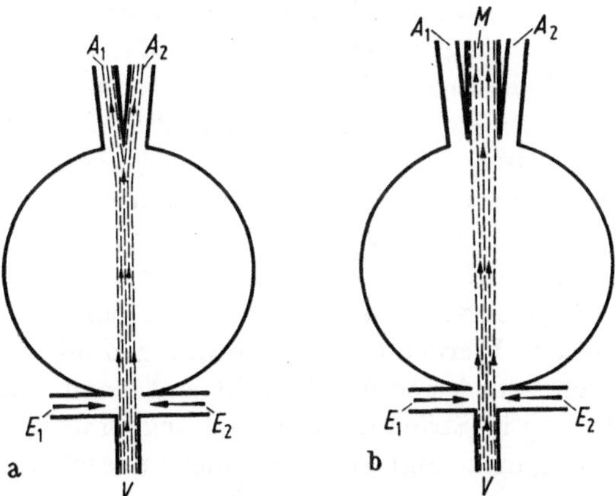

Bild 8.5. Strahlablenkelement. a) Aufbau ohne Ausgleichsöffnung; b) Aufbau mit Ausgleichsöffnung M.

maßgebend. In den Elementen üblicher Ausführung, bei denen der Versorgungskanal und die Steuerkanäle etwa gleiche Breiten haben, überwiegt für die Steuerung die Impulswirkung der Steuerstrahlen.

Bei der Ausführung nach Bild 8.5a durchläuft der Versorgungsstrahl einen freien Raum und verteilt sich auf zwei Auffangöffnungen, die symmetrisch zu seiner Mittenebene angeordnet sind. Bei der Ausführung nach Bild 8.5b ist zwischen den beiden Auffangöffnungen noch eine dritte angeordnet. Sind rechtes und linkes Steuersignal gleich groß, so strömt das Fluid durch die mittlere Auffangöffnung in die Umgebung ab. Sind sie verschieden groß, strömt ein Teil des Fluids durch eine der beiden äußeren Auffangöffnungen ab.

Es hat sich gezeigt, daß rechnerische Ansätze die tatsächlichen Vorgänge in Strahlablenkelementen nur unvollständig beschreiben. Völlige Übereinstimmung zwischen Theorie und Experiment ist auch nicht zu erwarten, da in den Ansätzen eine Reihe von sekundären Einflußgrößen nicht berücksichtigt werden. Diese Größen sind einmal nur ungefährt bekannt; zum anderen würden aber bei ihrer Berücksichtigung die Ansätze so kompliziert werden, daß eine rechnerische

Behandlung aussichtslos erschiene. Einflußgrößen dieser Art sind Umgrenzung des Schaltraumes, Anordnung der Steuereingänge zum Versorgungsstrahl, Form des Keils bzw. der Keile zwischen den Ausgängen, Deckflächen des Elementes und weiterhin Reynolds-Zahl des Versorgungsstrahles, Absolutwerte der Steuerdrücke, Belastung der Ausgänge, Tiefen-Breiten-Verhältnis des Versorgungsausganges.

Über den Einfluß einzelner dieser Größen auf die Elementeeigenschaften sind Untersuchungen angestellt worden. So zeigte sich z. B., daß die Abmessungen des Schaltraumes bei kleinen Steuer- und Versorgungsleistungen einen geringeren Einfluß auf den Steuervorgang haben als bei großen Leistungen. Ferner wurde gefunden, daß die Empfindlichkeit des Elementes sich verringert, wenn die Absolutwerte der von entgegengesetzten Richtungen auf den Versorgungsstrahl einwirkenden Steuerstrahlen sich vergrößern, ihre Differenz aber konstant bleibt. Messungen über den Einfluß des Tiefen-Breiten-Verhältnisses a_r der Versorgungsdüse auf die Verstärkung zeigten, daß diese bei $a_r \approx 2$ ein Maximum durchläuft. Eine stichhaltige Erklärung hierfür wurde noch nicht gefunden. Werden die Steueröffnungen mit einem gewissen Versatz X seitlich vom Versorgungsstrahl und einem Abstand Y von der Austrittsöffnung in Strömungsrichtung angebracht, so bilden sich in den von Versorgungs- und Steuerstrahlen umschlossenen Räumen XY Überdrücke aus, die zur Strahlablenkung beitragen, d. h. die Verstärkung erhöhen.

8.3.2. Rauschen in Strahlablenkelementen

In Strahlablenkelementen tritt an den Ausgängen ein unregelmäßiges Schwanken der Signale — das Rauschen — auf. Es macht sich besonders bei mehrstufigen Verstärkern störend bemerkbar, da es von Stufe zu Stufe mitverstärkt wird.

Das Rauschen hat verschiedene Ursachen. So werden einmal an den Spitzen zwischen den Ausgängen Schneidentöne erzeugt (Abschnitt 11.5). Die Ausbildung dieser Töne wird durch die Abmessung des Schaltraumes beeinflußt. Bemißt man diesen so, daß eine seiner Eigenfrequenzen gleich der Schneidentonfrequenz ist, so vermindert sich das Rauschen, ohne daß sich die übrigen Eigenschaften des Elementes wesentlich ändern. Das Rauschen wird ferner verursacht durch die Turbulenz der Steuerstrahlen und des Versorgungsstrahles. Bei einem turbulenten Strahl ist die Turbulenz und das dadurch bedingte Rauschen ungleichmäßig über die Strahlbreite verteilt. Am stärksten ist es an den Strahlseiten ausgeprägt und zwar dort, wo die seitliche Änderung der Strahlgeschwindigkeit ein Maximum hat. In der Strahlmitte, wo sich die Geschwindigkeit quer zur Strahlrichtung nur geringfügig ändert, hat die Rauschamplitude ein Minimum.

Mit wachsendem Abstand von der Austrittsöffnung nimmt mit der Strömungsgeschwindigkeit auch die Amplitude des Rauschens ab. Die Turbulenzbewegung ist gleichmäßig über alle Richtungen verteilt; die Rauschamplitude ist also nicht richtungsabhängig. Treffen zwei Strahlen aufeinander, so werden beide aus ihren ursprünglichen Richtungen abgelenkt und setzen zunächst ihren Weg gemeinsam nebeneinander fort. Die Richtung dieses Weges ist durch das Verhältnis ihrer Impulse gegeben (Abschnitt 7.3.1.1). Nach einer bestimmten Laufstrecke verschmelzen beide Strahlen plötzlich miteinander, und es entsteht ein einzelner Strahl mit einem näherungsweise symmetrischen Geschwindigkeitsprofil. Dieser Ablenk- und Verschmelzvorgang wirkt sich auch auf das Rauschen aus. Am Ort, wo die Strahlen aufeinander treffen und unmittelbar stromabwärts von diesem Ort, wo beide Strahlen noch nebeneinander vorhanden sind, können auch die Rauschcharakteristiken getrennt wahrgenommen werden. Besonders starkes Rauschen tritt in der Grenzzone zwischen den beiden parallelen Strahlen auf. Hierbei ist zu bedenken, daß die Geschwindigkeiten beider Strahlen beträchtlich voneinander abweichen können. An dem Ort, wo stromabwärts beide Strahlen miteinander verschmelzen, verschwindet diese Grenzzone und damit auch das vorher vorhandene Maximum des Rauschens. Von hier ab entspricht der Verlauf des Rauschens über die Strahlbreite derjenigen eines Einzelstrahles.

Bei den Strahlablenkelementen sind die Auffangöffnungen in der Regel so weit vom Ort des Aufeinandertreffens beider Strahlen entfernt, daß sich bei ihnen schon der gemeinsame Strahl ausgebildet hat. Das Element ohne Mittenausgang (Bild 8.5a) ist rauschärmer als das Element mit Mittenausgang (Bild 8.5b), denn bei dem letzten wird der rauscharme mittlere Anteil des Strahles von dem mittleren — in die Umgebung führenden — Ausgang aufgenommen, kommt also nicht zur Geltung.

Zur Minderung des Rauschens sind auch akustische Tiefpässe verwendet worden. Sie können jedoch in Schaltungen häufig nicht benutzt werden, weil sie die Signale dämpfen und bei zeitlich veränderlichen Vorgängen Phasendrehungen hervorrufen.

Bei Versuchen mit turbulenten Strahlen wurde beobachtet, daß sich das Nutz-Stör-Verhältnis, d. h. das Verhältnis Signaldruck zu Effektivwert des Rauschdruckes, mit abnehmenden Elementedimensionen vergrößert. Diese Dimensionen sind den Kanalquerschnitten proportional; wird also das Tiefen-Breitenverhältnis der Versorgungsdüse verändert, ihr Querschnitt aber konstant gehalten, so bleibt auch das Nutz-Stör-Verhältnis unverändert. Man kann demnach dieses Verhältnis für ein Element verbessern, indem man dessen Strömungswege in mehrere parallele Wege unterteilt. Praktisch läßt sich dies dadurch erreichen, daß parallel zu den Deckflächen des Elementes Zwischenlagen in den Strömungsweg eingebaut werden. Das Nutz-Stör-Verhältnis steigt dabei mit der Zahl der Parallelwege (Bild 8.6). Ferner wurde festgestellt, daß es ungefährt mit der Wurzel des Versrogungsdruckes ansteigt. Erklärungen für diese experimentell ermittelten Zusammenhänge sind nicht bekanntgeworden. Die Ergebnisse zeigen jedoch, daß praktische Möglichkeiten bestehen, das Rauschen in Strahlablenkelementen in Grenzen zu halten.

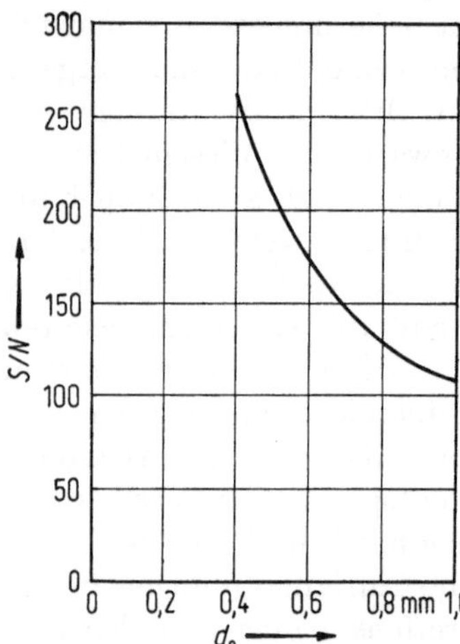

Bild 8.6. Nutz-Stör-Verhältnis S/N eines Strahles in Abhängigkeit von der Unterteilung des Strahlquerschnittes. Grad der Unterteilung gekennzeichnet durch den äquivalenten Durchmesser der Parallelwege $d_e = 2bt/(b + t)$, b Breite und t Tiefe der Parallelwege. S Signalamplitude und N („Noise") Rauschamplitude.

8.3.3. Mehrstufige Strahlablenkverstärker

Die mit Strahlablenkelementen erzielbaren Druck- und Flußverstärkungen (Abschnitt 7.3.1.1) liegen in der Regel zwischen 5 und 10. Diese Werte sind für viele Anwendungsfälle nicht ausreichend. Es sind andere Ausführungen von Fluidikelementen für Führungssteuerungen bekannt geworden, die nicht nach dem Strahlablenkprinzip arbeiten, und mit denen z. T. bedeutend höhere Druck-, Fluß- oder Leistungsverstärkungen erzielbar sind als mit Strahlablenkelementen. Sie sind in Abschnitt 11 näher beschrieben.

Diese Elemente haben aber nur beschränkte Anwendungsbereiche gefunden, denn meist ist ihr Aufbau kompliziert und ihr Linearitätsbereich sehr eng. Die Anwendungen, bei denen sowohl hohe Verstärkungen als auch ein größerer linearer Verstärkungsbereich gefordert werden, verwenden daher mehrstufige Strahlablenkverstärker. Diese werden in zwei Ausführungen gebaut. Bei der ersten ist der Versorgungsdruck für alle Stufen gleich, und die Abmessungen der Elemente steigen entsprechend der Verstärkung von Stufe zu Stufe. Bei der zweiten sind die Abmessungen der Elemente in jeder Stufe gleich, und der Versorgungsdruck steigt von Stufe zu Stufe. Beide Ausführungen haben Vor- und Nachteile. Einmal ist die Fertigung verschieden großer Elemente aufwendig, andrerseits ist es im Betrieb schwierig, für die einzelnen Stufen verschiedene, genau festgelegte Versorgungsdrücke zur Verfügung zu stellen.

Ein fünfstufiger Verstärker mit stufenweise abgestimmten Versorgungsdrücken wird in den USA vertrieben. Die maximale Verstärkung beträgt rund 4000, auch bei veränderlichen Belastungen und Schwankungen der Versorgungsdrücke innerhalb bestimmter Grenzen. Das Ausgangssignal ist dem Eingangssignal bis zu 80% seines Endwertes proportional. Der Rauschpegel ist durch Aufteilen der Strömungsquerschnitte mit Hilfe von Zwischenlagen auf ein Minimum reduziert. Der Verstärker ist aus Stapeln geätzter Bleche aufgebaut. Er kann in vielfacher Weise in Schaltungen Verwendung finden (Abschnitt 15.2.2).

8.3.4. Statische Kennlinien der Strahlablenkverstärker

Die statischen Eigenschaften von Verstärkern lassen sich mit Hilfe von Kennlinien darstellen. Als Variable dienen die der Messung direkt zugänglichen Flüsse und Drücke. Als Kennlinien kommen in Frage:

Eingangskennlinie: Differenz der rechts- und linksseitigen Eingangsflüsse des Elementes als Funktion der Differenz der rechten und linksseitigen Eingangsdrücke, Absolutwerte der Eingangsdrücke als Parameter.

Versorgungskennlinie: Versorgungsfluß als Funktion des Versorgungsdruckes.

Ausgangskennlinie: Differenz der rechts- und linksseitigen Ausgangsflüsse als Funktion der Differenz der rechts- und linksseitigen Ausgangsdrücke bei veränderlicher Ausgangsbelastung, Versorgungsdruck als Parameter.

Die Eingangs- und Versorgungskennlinien (Bild 8.7) entsprechen in ihren Verläufen angenähert denjenigen von Freistrahlen. Die Strömungen gehen mit wachsenden Drücken vom laminaren allmählich in den turbulenten Zustand über. Der Anstieg der Flüsse nimmt mit wachsenden Drücken immer mehr ab. In Bild 8.7a ist für einen rechten und einen linken Eingang eines Elementes die Abhängigkeit der Steuerflüsse von den Steuerdrücken dargestellt. Der am Element wirksame Steuerdruck ergibt sich — wie in Bild 8.7a dargestellt — indem man die beiden Eingangskennlinien überlagert. Die Verläufe der Ausgangskennlinien hängen von den Differenzen der Eingangsdrücke

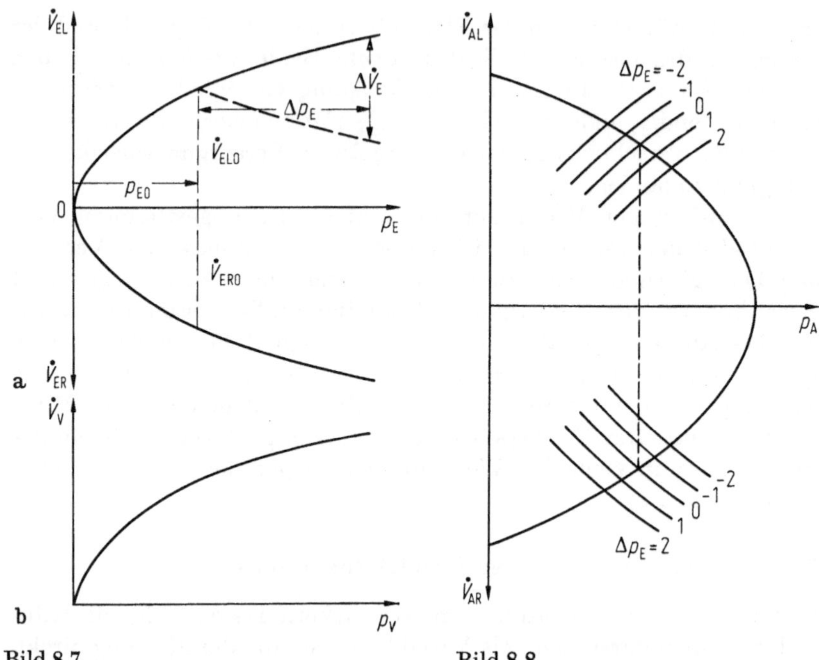

Bild 8.7. Bild 8.8.

Bild 8.7. Eingangs- und Versorgungskennlinien des Strahlablenkelementes. a) Rechts- und linksseitige Eingangskennlinien, Eingangsflüsse in Abhängigkeit vom Eingangsdruck; b) Versorgungskennlinie. Versorgungsfluß $\dot{V}_V$ in Abhängigkeit vom Versorgungsdruck p_V. P_{EO} konstanter rechts- und linksseitiger Eingangsvordruck, $\dot{V}_{ER}$ und $\dot{V}_{EL}$ rechts- und linksseitige Eingangsflüsse Δp_E wirksame Druckdifferenz und $\Delta \dot{V}_E$ wirksame Flußdifferenz zwischen beiden Eingängen.

Bild 8.8. Ausgangskennlinien des Strahlablenkelementes. Differenz der rechts- und linksseitigen Ausgangsdrücke und Ausgangsflüsse bei veränderlicher Belastung in Abhängigkeit von der Differenz der rechts- und linksseitigen Eingangsdrücke. Versorgungsdruck und Eingangsvordruck als Parameter. $\dot{V}_{AR}$ und $\dot{V}_{AL}$ rechts- und linksseitige Ausgangsflüsse, Δp_E Differenz der Eingangsdrücke.

ab. Ist diese Differenz Null, so sind die Kennlinien für beide Ausgänge gleich (Bild 8.8); andernfalls sind sie in der Form einander ähnlich, weichen aber im Betrage voneinander ab. Für das Element ohne Ausgleichsöffnung in der Mitte (Bild 8.5a) entfällt bei der Eingangsdruckdifferenz Null auf jeden Ausgang die Hälfte des Ausgangsflusses; bei dem Element mit Ausgleichsöffnung in der Mitte (Bild 8.5b) haben beide Ausgangsflüsse den Wert Null. Bei einer gegebenen Belastung zwischen den Ausgängen ergeben sich für eine bestimmte Eingangsdruckdifferenz auf jeder der zugehörigen Ausgangskennlinien bestimmte Arbeitspunkte (Bild 8.8). Die Druck-, Fluß- und Leistungsverstärkung sind die Quotienten der Differenzen der zugehörigen Ausgangs- und Eingangswerte.

Im praktischen Fall ist das Strahlablenkelement meist durch passive fluidische Bauelemente, durch die Eingänge anderer Strahlablenkelemente oder durch Kombinationen aus beiden belastet. Man erhält die Arbeitspunkte auf den jeweils für einen bestimmten Eingangsdifferenzdruck zusammengehörigen Ausgangskennlinien, indem man in Bild 8.8 die Fluß-Druck-Kennlinien der angeschlossenen Bauelemente einträgt und die Schnittpunkte der zusammengehörigen Kurven ermittelt. Die einzelnen Verstärkungswerte lassen sich aus diesen Werten errechnen.

8.3.5. Dynamisches Verhalten der Strahlablenkverstärker

Die Vorgänge in Strahlablenkverstärkern bei zeitlich veränderlichen Eingangsdruckdifferenzen lassen sich mit Hilfe von Ersatzschaltbildern verdeutlichen. Bild 8.9 zeigt ein Ersatzschaltbild für ein Strahlablenkelement mit einer Ausgleichsöffnung zwischen den Ausgängen. Die

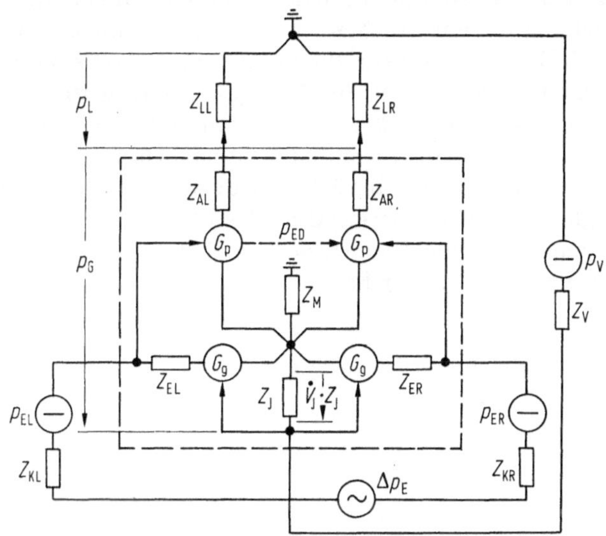

Bild 8.9. Ersatzschaltbild des Strahlablenkverstärkers (nach Belstering). p_{ER} und p_{EL} rechts- und linksseitige Eingangsdrücke $\cdot \Delta p_E$ Differenz der Eingangsdrücke, p_G Druckabfall am Element, p_L Druckabfall an der Last, Z_V Impedanz der Versorgung, Z_{ER} und Z_{EL} Impedanzen der Eingänge, Z_{KR} und Z_{KL} Impedanzen der Eingangsleitungen, Z_{AR} und Z_{AL} Impedanzen der Ausgänge, Z_{LR} und Z_{LL} Impedanz der Last, Z_J Impedanz der Versorgungsdüse, Z_M Impedanzen der Ausgleichsöffnung, G_p Verstärkung, G_g Verstärkung hervorgerufen durch Saugwirkung des Versorgungsstrahles.

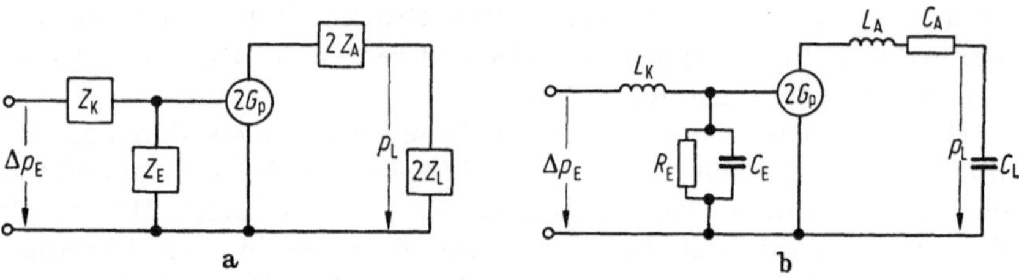

Bild 8.10. Ersatzschaltbild des Strahlablenkverstärkers bei zeitlich veränderlichen Eingangssignalen. a) bei niedrigen Frequenzen; b) bei höheren Frequenzen. Bezeichnungen wie in Bild 8.9.

Werte der fluidischen Widerstände Z_J in der Versorgung und Z_M in der Ausgleichsöffnung werden für den jeweiligen Betriebszustand aus den zugehörigen, experimentell bestimmten Fluß-Druck-Kurven gewonnen. Die getrennt eingesetzten rechts- und linksseitigen Verstärkungen sind im Modell durch zwei Ersatzdruckquellen G_p versinnbildlicht. (Die Scheinwiderstände sind durchweg nichtlinear und komplex.)

Das dynamische Verhalten im einzelnen kann mit Hilfe von detaillierten Ersatzschaltbildern untersucht werden (Bild 8.10), bei denen zur Vereinfachung die entsprechenden rechten und linken Glieder der Schaltung nach Bild 8.9 zu einem Glied zusammengefaßt sind. Die Laufzeit der Signale im Element ist durch eine Zeitverzögerung in Ansatz gebracht worden. Bei tieferen Frequenzen kann die Frequenzabhängigkeit der einzelnen Scheinwiderstände vernachlässigt werden (Bild 8.10a), bei höheren muß sie berücksichtigt werden (Bild 8.10b). Es erscheint möglich, das Betriebsverhalten des Elementes vorauszusagen, falls es gelingen sollte, die Elementeparameter genau zu bestimmen. Dies ist bisher nur zum Teil der Fall.

9. Haftstrahlelemente

9.1. Aufbau der Haftstrahlelemente

Haftstrahlelemente werden in der Fluidik meist für Haltegliedsteuerungen verwendet. Die Elemente sind uni- oder bistabil.

In Bild 9.1 ist ein bistabiles Haftstrahlelement dargestellt. Die Kanäle sind in der Tiefe durch zwei zueinander parallele Deckflächen begrenzt. Das Versorgungsfluid tritt aus einem Behälter über eine rechteckige Düse als ebener Strahl aus. Dieser Strahl legt sich (Abschnitt 6.3) an eine der beiden seitlichen Begrenzungswände (Haftwände) an und verläßt das Element über die der Anliegewand zugeordneten

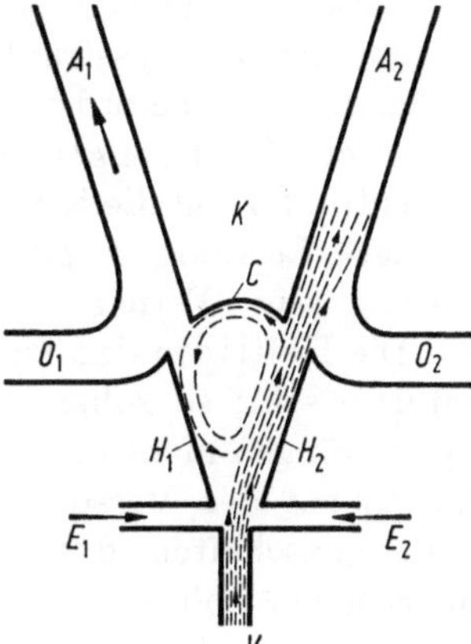

Bild 9.1. Aufbau eines Haftstrahlelementes. K Keil, C Ausnehmung im Keil.

Austrittsöffnung. Zu beiden Seiten der Austrittsöffnung des Versorgungsstrahles und symmetrisch zu dessen Mittenebene sind Steuereingänge vorgesehen. Liegt — wie im Bilde angedeutet — der Versorgungsstrahl an der rechten Haftwand an, und wird über einen der Steuereingänge an der rechten Seite des Elementes ein fluidisches Steuersignal bestimmter Mindestgröße und Mindestdauer gegeben, so wird der Versorgungsstrahl zur anderen Haftwand auf der im Bilde linken Seite des Elementes umgelenkt. Er behält diese Lage auch bei, wenn das Steuersignal von rechts nicht mehr vorhanden ist. Durch ein Steuersignal auf den linken Steuereingang kann er wieder in seine Ursprungslage zurückgeführt werden. Zwischen den Enden der Haftwände und den Ausgängen des Elementes sind meist Ausgleichsöffnungen zur Umgebung — die sogenannten „Vents" — angebracht. Die beiden ebenfalls symmetrisch zur Mittenebene des Versorgungsstrahles angeordneten Austrittsöffnungen sind durch den Keil oder „Splitter" voneinander getrennt. Am Keil befindet sich meist eine Ausnehmung, im Englischen mit „Cusp" bezeichnet. Das ganze Element ist somit symmetrisch zur Mittenebene des Versorgungsstrahles aufgebaut. Der von den Haftwänden und dem Keil umgrenzte Raum ist der Schaltraum — im Englischen „Interaction Room".

9.2. Geforderte Eigenschaften der Haftstrahlelemente

Das Haftstrahlelement ist ein Schalter für Fluidströme, in dem keine zusätzlichen festen Teile bewegt werden. Beim Schalten entstehen Verluste, denn durch die nicht angesteuerten Öffnungen des Schaltraumes kann Fluid in die Umgebung austreten; ferner wird für das Haften eines Strahles in einer bestimmten Lage dauernd Leistung verbraucht, die vom Versorgungsstrahl nachgeliefert werden muß. Bei vielen Anwendungen wird gefordert, daß diese Verluste möglichst gering sind.

Weitere Forderungen beziehen sich auf andere Eigenschaften des Elementes. So soll die Schaltzeit möglichst kurz und die zum Schalten benötigte Leistung möglichst niedrig im Verhältnis zur gesteuerten Leistung sein. Ferner sollen die Eingänge voneinander entkoppelt sein. Die Haftlagen des Strahles sollen weitgehend stabil gegen äußere Einflüsse sein; so sollen sich z. B. Änderungen der Belastungen an den Ausgängen nicht auf den Schaltzustand des Elementes auswirken. Änderungen des Versorgungsdruckes in weiten Grenzen sollen die Schalteigenschaften des Elementes nur unwesentlich beeinflussen. Das Element soll mit verschiedenartigen Fluiden betrieben werden können. Schwankungen des Umgebungsdruckes und der Umgebungstemperatur sollen ebenfalls nur geringen Einfluß auf die Schalteigenschaften haben. Bei äußeren mechanischen Beanspruchungen, z. B. durch Stöße oder Schwingungen, soll das Element weitgehend betriebssicher sein. Schließlich sollen die Schalteigenschaften von Element zu Element möglichst wenig streuen, so daß in Schaltungen bei Bedarf Elemente ausgewechselt werden können, ohne daß zusätzliche Justierungen notwendig sind.

Die Schalteigenschaften des Haftstrahlelementes hängen in hohem Maße von Form und Größe des Schaltraumes ab. Ändert man eine der geometrischen Größen des Schaltraumes, so ändern sich meist damit auch andere geometrische Größen und damit in der Regel auch mehrere Schalteigenschaften des Elementes. Häufig verbessert sich dabei eine der Eigenschaften, während eine andere verschlechtert wird. Die Umgrenzung des Schaltraumes ergibt sich als Kompromiß zwischen den geforderten Schalteigenschaften und den praktischen Möglichkeiten, diese Forderungen zu erfüllen. Bei der Herstellung der Elemente (Abschnitt 17.1) ist zudem damit zu rechnen, daß deren tatsächliche Abmessungen von Exemplar zu Exemplar streuen. Im Idealfalle sollten daher alle Abmessungen so gewählt sein, daß geringe Schwankungen ihrer Werte die Elementeeigenschaften nicht nennenswert beeinflussen.

9.3. Ähnlichkeit in der Fluidik

In Abschnitt 3.5 wurde bereits darauf hingewiesen, daß Strömungen verschiedenartiger Fluide innerhalb verschieden großer, aber ähnlicher Umgrenzungen mit Hilfe der zugehörigen Reynolds-Zahlen miteinander verglichen werden können. Bei geometrisch ähnlichen Umgrenzungen verhalten sich die Strömungen innerhalb von einander entsprechenden Teilbereichen gleich, wenn die Reynolds-Zahlen $Re = bw/\nu$ der Strömungen übereinstimmen. In der Reynolds-Zahl ist b eine bestimmte, die Umgrenzung charakterisierende lineare Größe. Für die ebenen Elemente der Fluidik, bei denen sich alle wesentlichen Vorgänge in Ebenen abspielen, hat sich eingebürgert, die Breite der Versorgungsdüse als charakteristische Größe anzusetzen. Alle anderen Abmessungen des Elementes werden als Vielfache dieser Größe angegeben. Die Strömungen in zwei verschiedenen Elementen sind daher einander ähnlich, wenn ihre Reynolds-Zahlen an einander entsprechenden Orten gleich sind. In den folgenden Betrachtungen wird die Reynolds-Zahl des Versorgungsstrahls bei seinem Austritt aus der Versorgungsdüse als charakteristische Betriebsgröße benutzt.

9.4. Schaltraum in Haftstrahlelementen

9.4.1. Haftwände

Die Form und Anordnung der Haftwände („Coanda-Wände") in Haftstrahlelementen (Bild 9.1) sind einmal durch die Forderung an das Element und zum anderen durch die übrigen Abmessungen des Schaltraumes bedingt. So müssen die Wände eine bestimmte Mindestlänge haben, damit der Strahl einwandfrei haftet (Abschnitt 6.3). Erfahrungsgemäß ist dies der Fall, wenn die Länge der Haftwände mindestens

11 Düsenbreiten beträgt (Abschnitt 9.9). Wie bereits bei der Beschreibung des Haftvorganges erläutert, muß an der freien Seite des abgelenkten Strahles das Fluid aus der Umgebung ungehindert in den Strahl einströmen können; andernfalls kann auch hier ein Unterdruck auftreten. Dies ist aber unerwünscht. Die Haftwände sollten daher einen bestimmten Mindestabstand vom Strahl haben.

Die Austrittsöffnungen der Steuerkanäle sind gewöhnlich zu beiden Seiten unmittelbar neben der Austrittsöffnung des Versorgungsstrahles untergebracht, ihre Breiten legen also die Anfänge der Haftwände fest. Die Haftwände sind unter einem gewissen Winkel zur Mittenebene des Versorgungsstrahles geneigt. Der Winkel ergibt sich aus den notwendigen Mindestlängen der Haftflächen und der erforderlichen Breite des Schaltraumes an der Austrittsseite des Strahles. Diese Breite ist bestimmt durch die Breite der beiden Austrittsöffnungen und die der Ausnehmung im Keil. Die Breite jeder Austrittsöffnung beträgt in der Regel das 1,5-fache der Breite der Versorgungsdüse (zur Breite der Ausnehmung siehe Abschnitt 9.4.2.). Für den Neigungswinkel der Haftwände gegen die Mittenebene des Strahles ergibt sich daraus bei praktisch ausgeführten Elementen in der Regel ein Wert von 12° bis 15°.

Der Abstand des im Bilde unteren Teiles der Haftwand von der Mittenebene des Strahles, vermindert um die halbe Düsenbreite, wird in der Literatur als Versetzung — englisch „Offset" — bezeichnet. Die Lage der Haftwand im Element ist aber durch Versatz und Neigung nur bei geraden Haftwänden eindeutig festgelegt. Diese können auch gekrümmt sein. Zudem besagt die Angabe nichts über das Haftverhalten des Elementes. Dies ist, wie in Abschnitt 6.3 erläutert, bestimmt durch Länge, Breite und Form des abgelenkten Strahles sowie durch die längs seines Weges wirksam werdende Druckdifferenz quer zum Strahl. Strahlverlauf und Druckdifferenz quer zum Strahl werden außer durch die Haftwände noch durch die Eigenschaften der Steuerkanäle beeinflußt.

9.4.2. Keil, Ausgleichsöffnungen und Ausgangsöffnungen

Die Formen von Keil, Ausgleichsöffnungen und Ausgangsöffnungen haben entscheidenden Einfluß auf die charakteristischen Werte des Schalters, wie Stabilität, Druck- und Flußrückgewinn. Diese Werte sollten möglichst hoch sein. Der Einfluß dieser Formen wird ersichtlich, wenn man den weiteren Verlauf der Strömung im Element betrachtet, nachdem diese die Haftwand berührt hat.

Es wurde schon erwähnt (Abschnitt 6.3), daß nach dem Auftreffen des Strahles auf die Haftwand ein Bruchteil seiner Fluidmenge in den Unterdruckbereich zwischen Strahl und Haftwand zurückströmt. Der größere Strahlanteil fließt aber längs der Haftwand in Richtung auf die zugehörige Austrittsöffnung weiter. Ist diese Austrittsöffnung durch eine Last ganz oder teilweise blockiert, so kann Fluid nicht oder nur zum Teil durch sie abfließen. Es muß aber immer ein Fluidstrom im Schaltraum des Elementes vorhanden sein; andernfalls kommt kein Haften an der Haftwand zustande. Um dies zu ermöglichen, ist jedem Ausgang eine Ausgleichsöffnung zugeordnet, über die Fluid in die Umgebung abfließen kann.

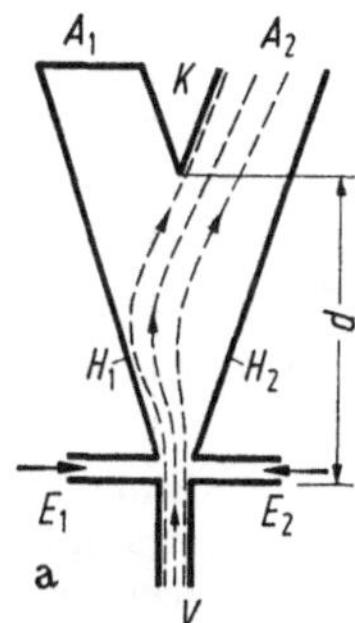

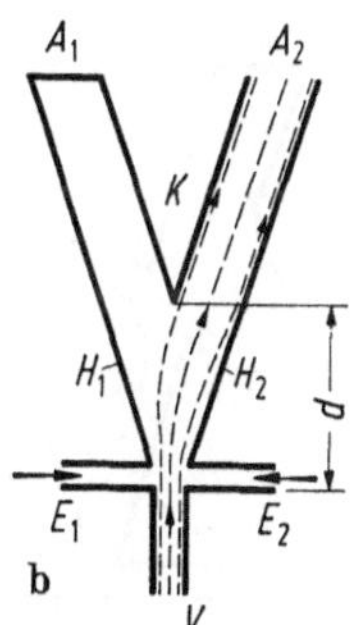

Bild 9.2. Haftstrahlelement ohne Ausgleichsöffnungen. Haftverhalten des Strahles, wenn der angesteuerte Ausgang A_B blockiert ist. a) Strahlverlauf bei $d/b > 10$; b) Strahlverlauf bei $d/b < 5$. d Abstand Keil-Versorgungsdüse.

Bei einigen Elementen sind keine Ausgleichsöffnungen vorgesehen; das Verhalten des Strahles hängt dann vom Abstand d (Bild 9.2) des Keiles von der Austrittsöffnung ab. Ist dieser Abstand klein ($d/b < 5$), so haftet der Strahl bei blockiertem Ausgang nicht mehr an der angesteuerten Wand, sondern klappt in die andere Haftlage um. Bei großen Keilabständen ($d/b > 10$) fließt bei blockiertem Ausgang das Fluid zwar durch den nicht angesteuerten Ausgang ab, der Strahl haftet aber weiterhin an der angesteuerten Wand. Er kehrt wieder zu dem angesteuerten Ausgang zurück, sobald dieser nicht mehr blockiert ist.

In der Regel sind jedoch Ausgleichsöffnungen vorhanden. Diese müssen so angeordnet und geformt sein, daß bei offenem Ausgang die gesamte Fluidmenge durch den angesteuerten Ausgang abströmt. Ist dieser Ausgang blockiert, so soll an ihm ein möglichst hoher Druck auftreten. Es hat sich gezeigt, daß sich die erste Forderung — Abfluß des gesamten Fluids durch den offenen Ausgang — ohne Schwierigkeiten erfüllen läßt. Der Fluidstrahl führt auf seinem Wege durch den Schaltraum meist noch zusätzlich Fluid mit sich fort, so daß der am Ausgang meßbare Fluß größer ist als der Versorgungsfluß. Der Flußrückgewinn liegt dann über 100% (Flußrückgewinn-Verhältnis der aus dem angesteuerten Ausgang austretenden Fluidmenge zu der über die Versorgungsdüse in das Element eintretenden Fluidmenge mal 100). Es ist jedoch schwieriger, die zweite Forderung, d. h. die nach einem hohen Druckrückgewinn zu erfüllen (Druckrückgewinn-Verhältnis des Drukkes am gesperrten angesteuerten Ausgang zu dem Versorgungsdruck mal 100). Voraussetzung hierfür ist, daß der Strahl seine Haftlage bei allen Belastungsänderungen beibehält, d. h., daß die Haftlagen stabil sind. Die Haftlagen werden in der Regel dadurch stabilisiert, daß am Keil zwischen den beiden Ausgängen eine Ausnehmung angebracht wird, die so geformt ist, daß sich im Betriebe in ihr eine Zirkulation ausbilden kann. Diese stützt den Strahl an seiner freien Seite ab und verhindert, daß dieser in die andere Haftlage umklappt (Bild 9.3).

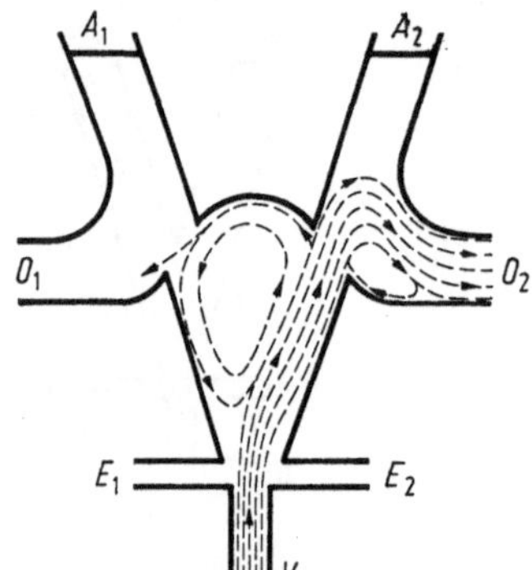

Bild 9.3. Zirkulation der Strömung beim Haftstrahlelement in der Ausnehmung vor dem Keil. Ausgänge blockiert.

Die Zirkulation entsteht, wenn sich an der freien Seite des Strahles ein Teil des Fluidstromes in Richtung auf den nicht angesteuerten Ausgang abzweigt. Dieser Anteil wird in der Ausnehmung vor dem Keil umgelenkt und in den Schaltraum zurückgeführt. Der Strahl im Schaltraum reißt dieses Fluid wieder mit sich fort und lenkt dessen Strömungsrichtung nochmals um, so daß dieses Fluid eine Zirkulation vor dem Keil ausführt. Diese übt mit ihrer Zentrifugalkraft einen Druck auf den Strahl aus und stabilisiert ihn somit in seiner jeweiligen Haftlage. In der Zirkulation stellt sich im Betriebe ein Gleichgewichtszustand zwischen ein- und ausströmender Fluidmenge ein.

Die Stärke der Zirkulation ist durch Form, Art und Größe der Ausnehmung im Keil bedingt. Sie wächst mit der Größe der Ausnehmung. Damit nimmt ihre stabilisierende Wirkung zu; gleichzeitig wachsen aber auch die Verluste im Schaltraum und zwar auf Kosten der am Ausgang verfügbaren Leistung. Außerdem wächst hierbei die zum Umsteuern des Elementes notwendige Steuerleistung. Die Ausnehmung sollte daher nicht größer sein, als für eine ausreichende Stabilität erforderlich ist. Die zweckmäßigste Form der Ausnehmung ist ein Kreisbogen. Die Zirkulation vor dem Keil verbessert nicht nur die Stabilität der Strahllage im Element, sie verhindert auch, daß Belastungsschwankungen über den Schaltraum auf die Eingänge zurückwirken. Dies kann in fluidischen Schaltungen von Vorteil sein.

Die Anordnung von Keil mit Ausnehmung, Austrittsöffnungen und Ausgleichsöffnungen beeinflußt auch den Druckrückgewinn des Elementes. Der Druckrückgewinn ist um so höher, je höher der Staudruck am angesteuerten blockierten Ausgang ist. In diesem Fall wird der Strahl vor dem Ausgang umgelenkt, und das gesamte Fluid strömt durch die zugehörige Ausgleichsöffnung ab. Bei der Umlenkung tritt eine Zentrifugalkraft im Strahl auf, die sich als Staudruck am Ausgang bemerkbar macht. Diese Zentrifugalkraft ist um so größer, je kleiner der Krümmungsradius des Strahles am Orte der Umlenkung ist. Die geometrische Form der Verzweigung zwischen Ausgang und Ausgleichsöffnung ist hierbei wichtig. Sie muß so gestaltet sein, daß das umgelenkte Fluid vor dem Ausgang mit kleinstmöglichem Krümmungsradius zur Ausgleichsöffnung abfließt, ohne daß dabei Fluid in das Element zurückgestaut wird. Der günstigste Kompromiß kann nur experimentell gefunden werden.

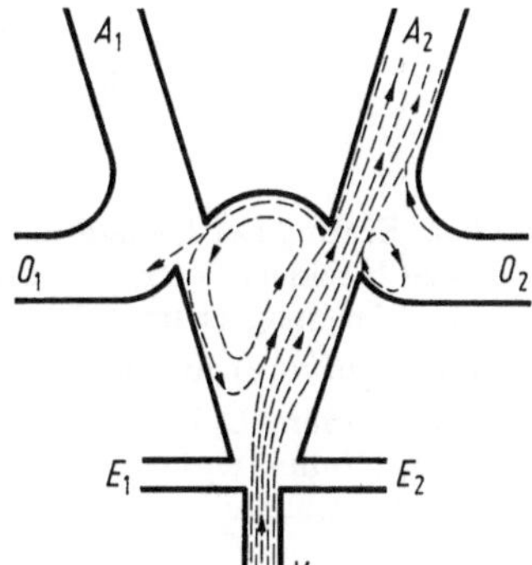

Bild 9.4. Zirkulation der Strömung bei offenen Ausgängen des Haftstrahlelementes.

Weiterhin von Wichtigkeit bei der Beurteilung der Schalteigenschaften des Haftstrahlelementes sind die am nicht angesteuerten Ausgang auftretenden Drücke und Flüsse. Es ist erwünscht, daß hier weder ein Unter- noch ein Überdruck vorhanden ist. Andernfalls könnte dies in Schaltungen zu Störsignalen, z. B. an den Eingängen anderer Elemente führen. Auch Belastungsänderungen an diesem Ausgang könnten dann die Vorgänge im Schaltraum des Elementes störend beeinflussen. Soll also am nicht angesteuerten Ausgang keine Druckdifferenz zur Umgebung auftreten, so darf kein Fluid aus der Zirkulation eintreten. In Abschnitt 4.5 wurde erörtert, daß aus einer Leitung dann kein Fluid in eine Abzweigleitung eindringt, wenn diese Abzweigung einen Winkel von etwa $\pi/2$ rad zur fluidführenden Leitung hat. Ähnliche Verhältnisse liegen auch hier vor (Bild 9.4); d. h., es findet kein Fluidaustausch zwischen Zirkulation und nicht angesteuer-

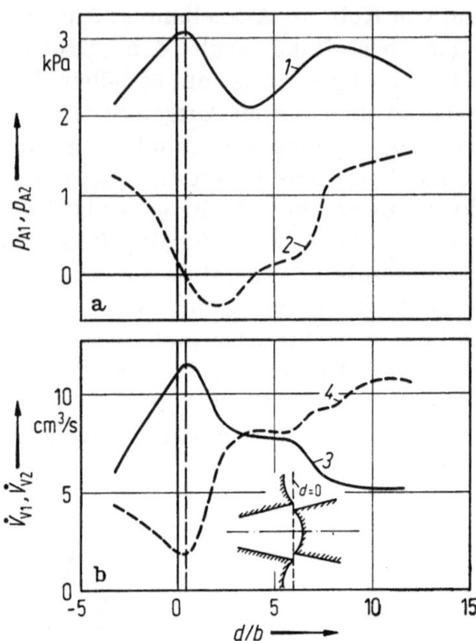

Bild 9.5. Einfluß der Keilstellung auf die Eigenschaften des Haftstrahlelementes. Ausgänge blockiert. Versorgungsdruck 7,7 kPa. a) Ausgangsdruck p_{A2} am angesteuerten Ausgang (Kurve *1*) und Ausgangsdruck p_{A1} am nicht angesteuerten Ausgang (Kurve *2*) in Abhängigkeit von der Keilstellung; b) Fluß $\dot{V}_{V2}$ in der Ausgleichsöffnung O_2 beim angesteuerten Ausgang (Kurve *3*) und Fluß $\dot{V}_{V1}$ in der Ausgleichsöffnung O_1 beim nicht angesteuerten Ausgang (Kurve *4*) in Abhängigkeit von der Keilstellung. $d = 0$, wenn die Spitzen von Haftflächen und Keil in einer Linie liegen.

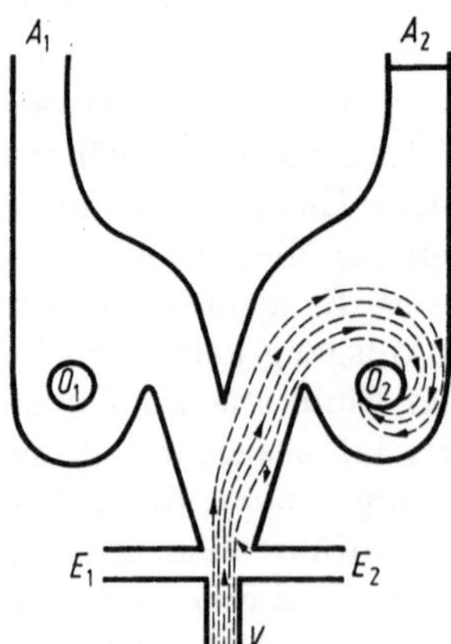

Bild 9.6. Haftstrahlelement mit zwei Zirkulationen.

tem Ausgang statt, wenn dieses Fluid unter einem Winkel von etwa $\pi/2$ rad an diesem Ausgang vorbeiströmt.

Hieraus ergeben sich Zusatzbedingungen für die Form der Ausnehmung im Keil und für die Stellung von Keil, Haftwand, Ausgängen und Ausgleichsöffnungen zueinander. Bild 9.5 zeigt, wie sich bei einem gegebenen Element die Druckdifferenz zur Umgebung am nicht angesteuerten Ausgang mit der Stellung des Keiles ändert. Bei einer bestimmten, experimentell zu ermittelnden Stellung geht dieser Wert durch Null. Gleichzeitig hat bei dieser Stellung der Druckrückgewinn am angesteuerten Ausgang ein Maximum. Ferner hat hier der Fluß durch die dem angesteuerten Ausgang zugeordnete Ausgleichsöffnung ein Maximum und der Fluß durch die andere Ausgleichsöffnung ein Minimum.

9.5. Andere Haftstrahlelemente mit Zirkulation

Bild 9.6 zeigt eine andere Anordnung eines stabilisierten bistabilen Fluidikelementes, bei dem jedem Ausgang eine zylindrische Kammer zugeordnet ist, in der sich eine Zirkulation ausbilden kann. Über den Mitten der Kammern befinden sich in einer der Deckflächen des Elementes Austrittsöffnungen zur Umgebung. Ist der angesteuerte Ausgang nicht belastet, so passiert der Strahl die zugehörige Kammer, ohne daß Fluid in diese eindringt. Ist eine Belastung vorhanden, so verringert sich der Fluß durch den Ausgang und Fluid dringt in die Kammer ein, durchströmt diese auf einem spiralenförmigen Weg und tritt über die Öffnung in der Deckfläche in die Umgebung aus. Mit wachsendem Belastungswiderstand am Ausgang wächst auch die in die Kammer eindringende Fluidmenge. Damit wächst aber auch die Zirkulation und mit ihr der Strömungswiderstand der Kammer. Der Druck am Kammereingang und damit auch am Elementeausgang erhöht sich somit mit dem Belastungswiderstand am Ausgang.

Bild 9.7 zeigt eine weitere Ausführung eines bistabilen Elmentes, bei dem der Strahl ebenfalls durch eine Zirkulation in seiner Lage stabilisiert wird (nach Bauer). Hierbei wird der Schaltraum durch zwei Schalen in Form von Halbellipsen begrenzt. Zwischen beiden Halbellipsen befinden sich Öffnungen, über die an einem Ende — in Bild 9.7 unten — das Fluid in den Schaltraum eintreten kann. Ein Steuerstrahl von rechts oder von links preßt den Versorgungsstrahl gegen eine der beiden Halbellipsen. Ein Bruchteil des Fluids wird vor dem Verlassen des Schaltraumes umgelenkt, strömt wieder in den Schaltraum zurück und bildet eine Zirkulation. Diese stabilisiert den Strahl in seiner Lage. Der Hauptteil des Strahles verläßt den Schaltraum über die für beide Strahllagen gemeinsame Austrittsöffnung, wobei jedoch die Austrittsrichtung für beide Strahllagen verschieden ist. Bei diesem Element liegen angesteuerter Ausgang und steuernder Eingang an der gleichen Seite des Elementes. Dies kann für die Leitungsführung in Schaltungen von Bedeutung sein. Einzelheiten über die Arbeitsweise des Elementes sind nicht bekannt geworden.

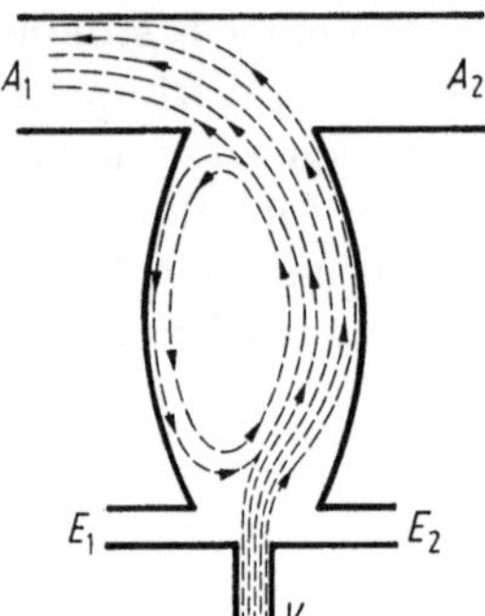

Bild 9.7. Haftstrahlelement (nach Bauer).

Eine ähnliche Ausführung zeigt Bild 9.8 (nach Pavlin/Facon). Hier hat der Schaltraum die Form eines gleichschenkligen Dreiecks. Der Versorgungsstrahl tritt über die Mitte der Basis in das Dreieck ein und über die gegenüberliegende Spitze wieder aus. Ein Steuerstrahl von rechts oder links preßt den Versorgungsstrahl gegen einen der Schenkel des Dreiecks. Ein Teil des Fluides wird am Ausgang wieder umgelenkt und bildet innerhalb des Dreieckes eine Zirkulation. Ist kein Steuersignal vorhanden, so nimmt der Versorgungsstrahl eine Mittenlage ein. Dieses Element ist also nicht bistabil. Der Versorgungsstrahl kann den Schaltraum in drei definierten Richtungen verlassen; zwei dieser Richtungen kann er aber nur einnehmen, wenn ein Steuersignal bestimmter Größe und Richtung vorhanden ist.

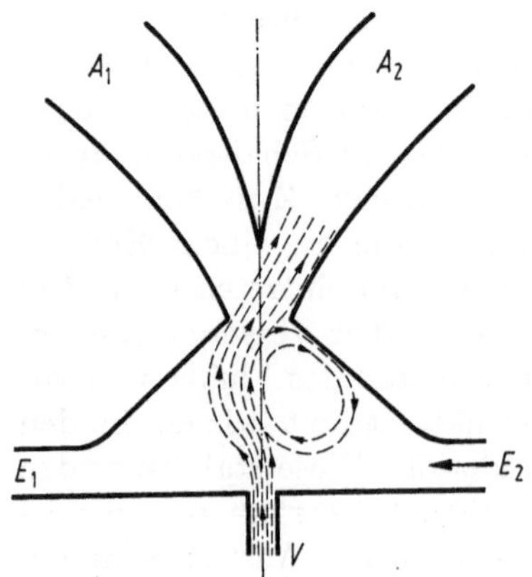

Bild 9.8. Strömungselement (nach Pavlin/Facon).

9.6. Schaltlagenstabilität

Im Gegensatz zu den anderen Kenngrößen des Elementes, die sich einwandfrei messen und definieren lassen, gibt es für die Stabilität der Schaltlagen weder ein Meßverfahren noch eine Definition. Es besteht jedoch die Möglichkeit, bei einem gegebenen Haftstrahlelement unter definierten Betriebsbedingungen festzustellen, wie stark das Beharrungsvermögen eines Strahles in einer Haftlage ist. So kann einmal auf den angesteuerten Ausgang ein Gegendruck gegeben und festgestellt werden, bei welchem Wert dieses Gegendruckes der Strahl auf den nicht angesteuerten Ausgang umschaltet. Das Verhältnis dieses Druckes zum Versorgungsdruck charakterisiert die Schaltlagenstabilität. Eine weitere Möglichkeit besteht darin, auf den nicht angesteuerten Ausgang einen Unterdruck zu geben und festzustellen, bei welchem Unterdruck der Strahl auf diesen Ausgang überwechselt. Auch das Verhältnis — Unterdruck am nicht angesteuerten Ausgang zum Versorgungsdruck — charakterisiert die Schaltlagenstabilität des Elementes.

Die Stabilität der Schaltlagen ist besonders dann von Bedeutung, wenn die Elemente im Betrieb mechanischen Beanspruchungen, wie Stößen und Schwingungen ausgesetzt sind. Sind die Elemente in Schaltungen mit Plastikschläuchen untereinander verbunden, so können sich diese bei Erschütterungen bewegen und ihre Krümmungsradien ändern. Dadurch können Druckschwankungen in den Leitungen entstehen, die sich als Störsignale auswirken und fehlerhafte Schaltvorgänge hervorrufen können. Integrierte Schaltungen mit mechanisch festen Verbindungen sind in diesen Fällen vorzuziehen. Versuche mit integrierten Schaltungen zeigten bei Schockprüfungen (Beschleuni-

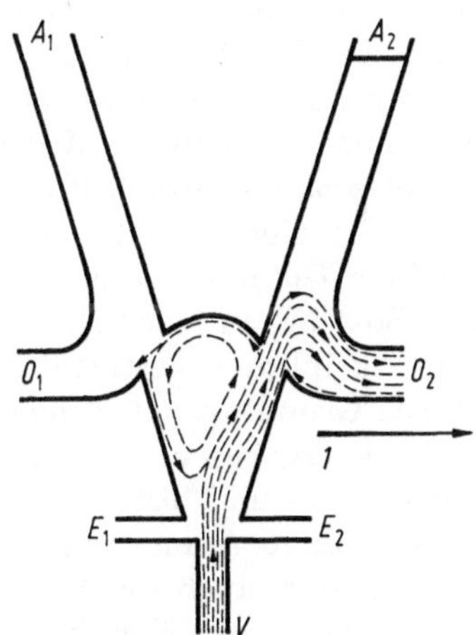

Bild 9.9. Schaltlagenstabilität des Haftstrahlelementes nach Bild 9.1. *1* kritische Bewegungsrichtung des Elementes.

gung 100 g) und Schwingprüfungen (Beschleunigung 9 g) im Betrieb praktisch keine Beeinträchtigung der Schalteigenschaften.

Kritisch ist hier nur der Fall, wenn ein Haftstrahlelement, das mit dem niedrigsten zulässigen Versorgungsdruck betrieben wird, gleichzeitig in seiner Arbeitsebene in Richtung seines Umschaltweges bewegt wird (Bild 9.9). Liegt dabei seine Geschwindigkeit in der Größenordnung seiner Strömungsgeschwindigkeit, so kann ein Fluidteil dann nach Durchlaufen des Schaltraumes am nicht angesteuerten Ausgang landen. Ein Element, das Erschütterungen dieser Art ausgesetzt ist, muß also mit einem höheren Versorgungsdruck betrieben werden als bei erschütterungsfreiem Betrieb noch zulässig wäre.

9.7. Unistabiles Haftstrahlelement, „Or-nor"-Verknüpfung

Bistabile Haftstrahlelemente sind meist völlig symmetrisch zur Mittenebene des Versorgungsstrahles aufgebaut. Ist keine Symmetrie vorhanden und überschreitet die Unsymmetrie einen bestimmten Grad, so haftet der Strahl nur noch an einer Haftwand. Er kann zwar durch ein Steuersignal hinreichender Größe auf die andere Wand umgesteuert werden, kehrt jedoch in seine Anfangslage zurück, sobald das Steuersignal verschwindet. Das Element ist „unistabil". Unistabile Elemente mit mindestens zwei Eingängen an der Steuerseite sind praktisch von Bedeutung, denn sie können als fluidische „Or-nor"-Verknüpfungen verwendet werden. Es hat sich gezeigt, daß sich „Or-nor"-Verknüpfungen vielseitig in fluidischen Schaltungen verwenden lassen.

Unistabilität kann auf verschiedene Weise erzeugt werden (Bild 9.10). So ist ein Element unistabil, wenn eine Haftwand kürzer ist als die andere (Bild 9.10a), oder wenn der Abstand der beiden Haftwände von der Mittenebene verschieden groß ist (Bild 9.10b). Weiterhin können unterschiedliche Widerstände der Steuereingänge Unistabilität zur Folge haben (Bild 9.10c). Schließlich kann das Haftvermögen des Strahles an einer Wand dadurch verschlechtert werden, daß bei dieser Wand ein Durchbruch zur Umgebung vorgesehen wird, z. B. in Form einer Bohrung in einer Deckfläche des Elementes (Bild 9.10d). Diese letzte Ausführung gestattet es, für uni- und bistabile Elemente den gleichen Grundtyp mit gleichen Kanalformen zu verwenden.

Damit ergeben sich auch Vorteile beim Aufbau von Schaltungen, in denen uni- und bistabile Elemente benutzt werden. Abgesehen davon, daß dann Abmessungen und Anschlüsse für beide Typen gleich sind, stimmen auch die Versorgungsdrücke völlig und die Ausgangsdrücke angenähert überein. Auch die Ansprechwerte des unistabilen

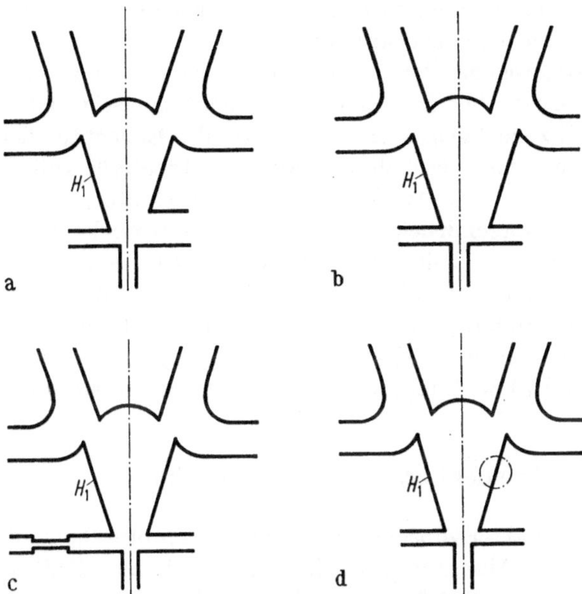

Bild 9.10. Unistabiles Haftstrahlelement. Unistabilität durch ungleiche Haftwandlängen (a), durch ungleich versetzte Haftwände (b), durch ungleiche Eingangswiderstände (c), durch Bohrung in einer Deckfläche (d).

Elementes können denjenigen des bistabilen Elementes weitgehend angenähert werden, wenn man Ort und Größe des Durchbruches in der Deckfläche geeignet wählt. Es besteht ferner die Möglichkeit, den Durchbruch entweder über der rechten oder über der linken Haftfläche anzuordnen. Dadurch hat man die Wahl, als Steuereingänge entweder die rechten oder linken Eingänge des Elementes zu benutzen. Dies kann die Leitungsführung in Schaltungen vereinfachen.

Über die an bistabile Elemente gestellten Bedingungen hinaus müssen die als „Or-nor“-Verknüpfungen betriebenen Elemente noch einige Zusatzbedingungen erfüllen. So kann z. B. das Steuersignal den zum Ansprechen nötigen Mindestwert zeitweilig oder dauernd um ein Vielfaches überschreiten. In diesem Falle soll sich der Druck am angesteuerten Ausgang nur unwesentlich gegenüber den beim Ansprechen vorhandenen Wert ändern (Schwankungen des Ausgangsdruckes könnten Störsignale an den nachgeschalteten Schaltelementen zur Folge haben). Ferner soll eine „Or-nor“-Verknüpfung eine Hysterese mit einem gewissen Mindestbetrag haben. Dies bedeutet: der Strahl soll erst dann wieder in seine Ursprungslage zurückkehren, wenn der Steuerfluß auf einen bestimmten Wert unterhalb seines Ansprechwertes abgesunken ist.

Wäre keine Hysterese vorhanden, so würde der Strahl immer wieder in die Ursprungslage zurückschalten, sobald im Betrieb der Ansprechwert des Eingangsdruckes kurzzeitig unterschritten würde. Dieses Rückschalten ist aber in Schaltungen nicht zulässig. Ist der Steuerfluß auf Null zurückgegangen, so müssen alle Elemente wieder auf die Ausgangslage zurückgeschaltet haben. Im Idealfalle sollte daher der Steuerdruck, bei dem das Element zurückschaltet, etwa gleich der Hälfte des Ansprechdruckes sein. Die Streubereiche von Ansprechwert und Abfallwert sollten von Element zu Element möglichst gering sein und einander nicht überschneiden. Man kann die Hysterese eines Elementes verändern, indem man die Haftwirkung für die „Or"-Stellung, d. h. den geschalteten Zustand, vergrößert oder verringert. Je größer die Haftwirkung, um so größer ist die Hysterese.

9.8. Haftstrahlelement erhöhter Empfindlichkeit

Es ist manchmal erwünscht, die Ansprechempfindlichkeit über die üblichen Werte (Abschnitt 9.11) hinaus zu erhöhen. Z. B. ist dies bei den in Abschnitt 15.1.2 beschriebenen Speichergliedern der Fall. Mit der Ansprechempfindlichkeit wächst auch die Störanfälligkeit eines Elementes; diese Maßnahmen sollten daher auf besondere Fälle beschränkt bleiben.

Man kann die Empfindlichkeit z. B. dadurch erhöhen, daß man die Haftwände möglichst nahe an den Strahl heranrückt. Dann kann an der freien Strahlseite das Fluid aus der Umgebung nicht mehr ungehindert nachströmen, und es bildet sich hier ein Unterdruck aus, so daß die für die Empfindlichkeit maßgebliche resultierende Druckdifferenz quer zum Strahl sich verringert. Man kann fernerhin die Empfindlichkeit dadurch erhöhen, daß man in einer der Deckflächen auf der Mittenebene und oberhalb des Zirkulationsbereiches eines Elementes einen Durchbruch anbringt (Bild 9.11). Als Folge des hierdurch hervorgerufenen Druckausgleiches mit der Umgebung verringert sich die Stabilität beider Haftlagen, und das Element kann mit einem

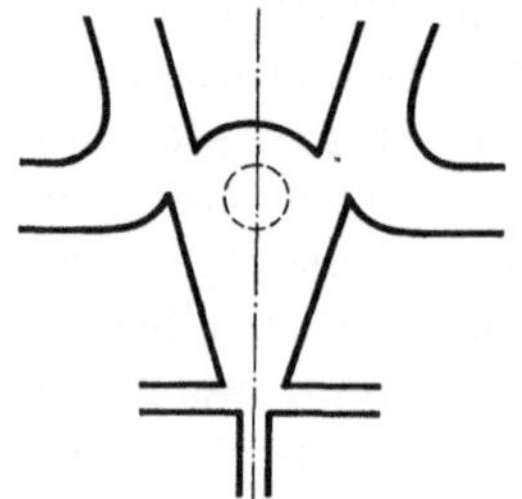

Bild 9.11. Bistabiles Element mit erhöhter Ansprechempfindlichkeit. Durchbruch in einer Deckfläche oberhalb des Zirkulationsbereiches.

gegenüber dem üblichen Wert verminderten Steuerdruck geschaltet werden.

Eine weitere Möglichkeit, die Ansprechempfindlichkeit zu erhöhen, wurde von Chadwick näher untersucht. Ist ein Steuersignal bereits vorhanden, wenn der Versorgungsfluß einsetzt, so wird dieser schon während seines Aufbaues vom Steuerfluß abgelenkt. Der Steuerfluß kann gering im Verhältnis zum Endwert des Versorgungsflusses sein. Das Verfahren setzt allerdings voraus, daß der Versorgungsfluß intermittierend vorhanden ist, wie dies z. B. in Teilerstufen der Fall ist.

9.9. Miniaturisierung von Haftstrahlelementen

Bei vielen Anwendungen der Fluidik werden kurze Schaltzeiten der Elemente gefordert. Die Schaltzeiten sind direkt den Abmessungen der Elemente proportional; auch die Längen der Verbindungsleitungen und damit die Laufzeiten der Signale auf diesen Leitungen hängen direkt von den Abmessungen der Elemente ab. Es besteht daher das Bestreben, diese Abmessungen möglichst klein zu halten. Mit der Verkleinerung verringert sich natürlich auch der Materialaufwand für die Elemente. Andrerseits wächst mit kleiner werdenden Abmessungen die Gefahr, daß die Kanäle im Betrieb verschmutzen; außerdem wirken sich Schwankungen in den Abmessungen der Elemente um so mehr auf die Schalteigenschaften aus, je kleiner die Elemente sind.

Es wird weiterhin, besonders bei Schaltungen mit vielen Elementen, ein niedriger Leistungsbedarf der Einzelelemente gefordert. Die Strahlleistung P (Abschnitt 5.4) ist das Produkt aus Geschwindigkeitsdruck (Staudruck) p_S und Fluß $\dot{V}$ (Volumenstrom) in der Zeiteinheit, beide Werte bezogen auf die Austrittsöffnung des Strahles [siehe (5.14) und (5.16)]. Geht man davon aus, daß immer das gleiche Fluid verwendet wird, d. h. $\eta/2\varrho^2$ konstant ist, und setzt man ferner voraus, daß die Reynolds-Zahl Re sowie das Tiefen-Breiten-Verhältnis a_r der Austrittsöffnung bei einer Verkleinerung konstant bleiben, so ändert sich die Strahlleistung und damit die Versorgungsleistung mit $1/b$ (5.16). Je kleiner das Element wird, um so größer müßte damit die aufzubringende Versorgungsleistung sein. Werden dagegen Tiefen-Breiten-Verhältnis des Strahles und seine mittlere Geschwindigkeit konstant gehalten, so nimmt die Strahlleistung mit dem Quadrat der Düsenbreite ab (5.14). Dabei verringert sich auch der Wert der Reynolds-Zahl und zwar direkt mit der Düsenbreite. Versuche haben gezeigt, daß eine Verringerung der Düsenbreite zulässig ist, ohne daß sich die Hafteigenschaften des Strahles verschlechtern, wenn für das Tiefen-Breiten-Verhältnis der Austrittsöffnung ein Wert über 5 gewählt wird (üblicher Wert 2 bis 3, siehe Abschnitt 6.3). In diesem Falle kann bei einer Verkleinerung des Elementes die Versorgungsleistung konstant gehalten und u. U. sogar verringert werden.

Die Versorgungsstrahlen in Haftstrahlelementen sind in der Regel turbulent; der Hafteffekt beruht auf der Tatsache, daß diese Strahlen Fluid aus der Umgebung mit sich fortführen. Beim Haften wird der Strahl aus seiner ursprünglichen Geradeausrichtung abgelenkt. Für den abgelenkten Strahl bildet sich ein Gleichgewichtszustand zwischen der Komponente des Strahlimpulses, die bestrebt ist, den Strahl in seiner urspünglichen Geradeausrichtung weiterzutreiben und der Komponente des Impulses, die der quer zur Strahlrichtung vorhandenen Druckdifferenz entspricht. Wird ein Element verkleinert, und dabei die Strömungsgeschwindigkeit konstant gehalten, so kann mit abnehmender Reynolds-Zahl die Strömung vom turbulenten in den laminaren Zustand übergehen. Auch laminare Strahlen führen Fluid mit fort, allerdings in geringerem Maße als turbulente Strahlen (Abschnitt 5.2).

Es erhebt sich daher die Frage, welchen Einfluß dieser mit einer Verkleinerung verbundene Übergang des Strahles in den laminaren Zustand auf den Ablenkvorgang haben kann. Aus (5.5) und (5.8) ergeben sich Anhaltspunkte für die bei laminaren und turbulenten Strahlen wirksamen Ablenkkräfte. Danach ist für den laminaren Strahl

$$\dot{V}_{\mathrm{L}} = \mathrm{konst}\left(\frac{I}{\varrho}\nu x\right)^{1/3} = \mathrm{konst}\,\overline{u}^{2/3}\,. \tag{9.1}$$

Für den turbulenten Strahl ist

$$\dot{V}_{\mathrm{T}} = \mathrm{konst}\left(\frac{I}{\varrho}\frac{x}{\sigma}\right)^{1/2} = \mathrm{konst}\,\overline{u}\,. \tag{9.2}$$

Das Verhältnis der von einem Strahl aus der Umgebung fortgeführten Fluidmenge zu der aus der Düse austretenden Fluidmenge ist also beim laminaren Strahl angenähert durch

$$\frac{\mathrm{konst}\,\overline{u}^{2/3}}{\mathrm{konst}\,\overline{u}} = \mathrm{konst}\,\overline{u}^{-1/3} \tag{9.3}$$

und beim turbulenten Strahl durch

$$\frac{\mathrm{konst}\,\overline{u}}{\mathrm{konst}\,\overline{u}} = \mathrm{konst} \tag{9.4}$$

bestimmt. Das bedeutet: Für den laminaren Strahl nimmt das Verhältnis der Impulskomponente quer zur Strahlrichtung zur Impulskomponente in Strahlrichtung mit $\overline{u}^{-1/3}$ ab. Der laminare Strahl wird also mit zunehmender Geschwindigkeit immer weniger abgelenkt. Für den turbulenten Strahl bleibt das Verhältnis der Impulskomponenten für alle Geschwindigkeiten konstant. Der turbulente Strahl wird also bei allen Geschwindigkeiten in der gleichen Weise abgelenkt.

Demnach ist beim laminaren Strahl der Ablenkeffekt bei niedrigen Geschwindigkeiten und damit niedrigen Reynolds-Zahlen am größten. Mit wachsender Geschwindigkeit verschiebt sich der Auftreffpunkt des Strahles auf der Haftwand in Strömungsrichtung. Beim turbulenten Strahl ist der Ablenkeffekt für alle Geschwindigkeiten und damit alle Reynolds-Zahlen gleich, und die Lage des Strahlauftreffpunktes auf der Haftwand ist unabhängig von der Strahlgeschwindigkeit. Bei niedrigen Geschwindigkeiten befindet sich damit der Auftreffort des Strahles in der Nähe der Austrittsstelle. Mit wachsender Geschwindigkeit verschiebt er sich in Strömungsrichtung und zwar so lange, bis die Strömung vom laminaren in den turbulenten Zustand übergeht. Mit weiter wachsender Geschwindigkeit verschiebt sich der Auftreffort dann nicht weiter stromabwärts. Er kann sich sogar bei bestimmten Werten des Winkels zwischen Haftwand und ursprünglicher Strahlrichtung wieder ein Stück zurück in Richtung auf die Austrittsöffnung bewegen. Bild 9.12 veranschaulicht diese Zusammenhänge. Um sicherzustellen, daß der Strahl bei allen Geschwindigkeiten an der angesteuerten Wand haftet, muß diese Wand demnach ausreichend lang sein.

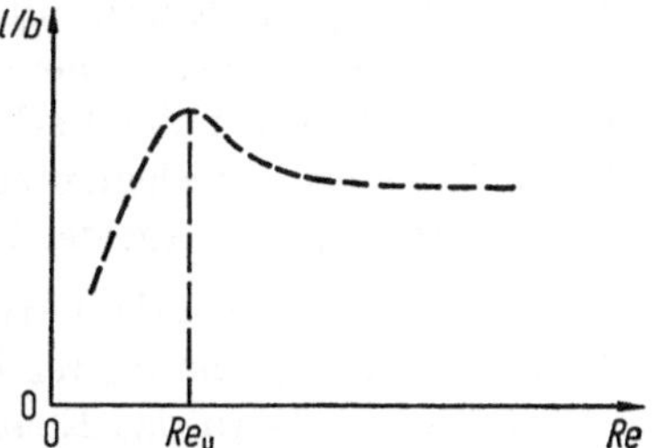

Bild 9.12. Haftstrahlelement. Auftreffort des Haftstrahles auf die Haftwand in Abhängigkeit von der Reynolds-Zahl des Strahles in der Austrittsöffnung. l Abstand des Auftreffortes von der Austrittsöffnung, Re_u Reynolds-Zahl beim Übergang laminar-turbulent.

Als kritisches Gebiet mit der geringsten Schaltlagenstabilität ist das Übergangsgebiet laminar-turbulent anzusehen. Hier wandert der Auftreffpunkt des Strahles auf der Haftwand am weitesten stromabwärts, und der Hafteffekt ist am schwächsten ausgeprägt. Um auch hier sicherzustellen, daß der Strahl haftet, muß, wie bereits in Abschnitt 6.3 erwähnt, das Tiefen-Breiten-Verhältnis der Versorgungsdüse hinreichend groß gewählt werden. Bild 9.13 gibt das an einem Element mit 0,135 mm Düsenbreite für verschiedene Werte des Tiefen-Breiten-Verhältnisses a_r gemessene Haftverhalten in Abhängigkeit von der Reynolds-Zahl wieder. Danach tritt bei niedrigen a_r-Werten im ganzen untersuchten Bereich kein Haften ein. Wächst der a_r-Wert, so kommt zunächst ein Haften bei niedrigen und hohen Reynolds-Zahlen zustande, d. h. wenn der Strahl entweder völlig laminar oder völlig turbulent ist. Wird der a_r-Wert weiter erhöht, so verbessert sich die Haftwirkung, und der Bereich des Nichthaftens schrumpft immer weiter zusammen. Für $a_r \geqq 10$ haftet der Strahl bei allen Strömungsgeschwindigkeiten, bzw. Reynolds-Zahlen.

Für den Mindestwert der Versorgungsleistung eines Elementes ergibt sich daraus folgendes: Vorgegeben sei ein Element mit normalen Abmessungen und einem bestimmten niedrigen a_r-Wert. Es werde mit einer Leistung betrieben, bei der der Strahl gerade noch haftet. Der Arbeitspunkt liege im turbulenten Bereich, d. h. auf der unteren rechten Flanke der Kurve in Bild 9.13. Dieses Element werde in verklei-

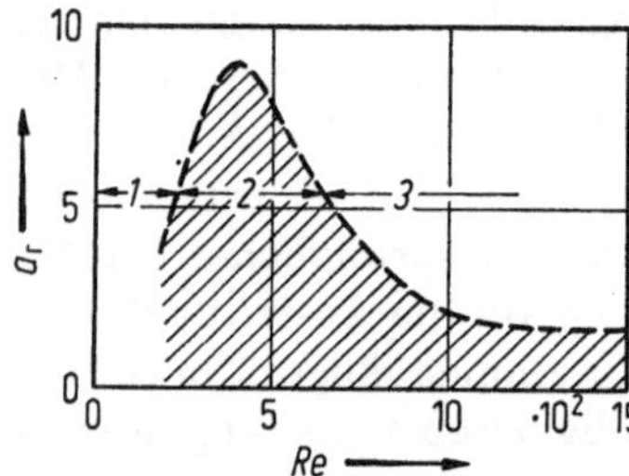

Bild 9.13. Haftverhalten des Strahles beim Haftstrahlelement in Abhängigkeit von der Reynolds-Zahl in der Austrittsöffnung und dem Tiefen-Breiten-Verhältnis der Austrittsöffnung. Bereich *1* Strahl ist laminar und haftet; Bereich *2* Übergangsgebiet laminar-turbulent, Strahl haftet nicht; Bereich *3* Strahl ist turbulent und haftet.

nerter Form hergestellt und mit der gleichen Düsenaustrittsgeschwindigkeit wie das Normalelement betrieben. Es sinkt dann die Reynolds-Zahl im Maßstab der Verkleinerung, und der Strahl haftet nicht mehr. Der a_r-Wert des Elementes muß demnach so weit erhöht werden, daß der Betriebspunkt auf der Kurve in Bild 9.13 liegt.

Beispiel: Beim nicht verkleinerten Element sei $Re = 1000$ und $a_r = 2$, und die Versorgungsleistung reiche gerade für ein einwandfreies Haften des Strahles aus. Wird das Element um den Faktor zwei verkleinert, so muß gemäß Bild 9.13 der Wert von a_r auf 8 erhöht werden, damit der Strahl haftet. Das Produkt $a_r b^2$ und damit die zum Haften notwendige Strahlleistung P (5.14) bleibt dabei konstant. Wird das Element um den Faktor 3 verkleinert, muß a_r auf den Wert 10 erhöht werden. Das Produkt $a_r b^2$ und damit die notwendige Strahlleistung verringern sich im Verhältnis $(10:2) \cdot (1/3)^2 = 0.55$, d. h. um 45%. Bei einer Verkleinerung des Elementes kann demnach die Mindestversorgungsleistung konstant bleiben oder auch niedriger werden als beim Element mit üblichen Abmessungen, wenn das Tiefen-Breiten-Verhältnis der Versorgungsdüse entsprechend erhöht wird.

Die in Bild 9.13 dargestellten Ergebnisse wurden an einem Element ohne Ausnehmung im Keil gemessen. Der Strahl haftete zwar in den angegebenen Bereichen an den Wänden, die Haftlage war aber nicht stabil gegen Belastungsschwankungen. Es zeigte sich, daß verkleinerte Elemente, auch mit Ausnehmungen im Keil, d. h. mit Zirkulation zur Strahlabstützung, nicht ausreichend stabil waren. Die zugehörigen Elemente üblicher Größe, von denen die Elemente durch lineares Verkleinern der Abmessungen abgeleitet waren, zeigten jedoch ein stabiles Verhalten.

Dies läßt vermuten, daß der Reynoldssche Ähnlichkeitssatz für den Vergleich der Strömungsverhältnisse in geometrisch ähnlichen Fluidikelementen nicht uneingeschränkt gültig ist. Geht man nämlich von einem Element mit bestimmten Dimensionen aus und stellt ein ähnliches aber verkleinertes Element her, so müßten sich beim zweiten Element die Krümmungsradien des Strahles längs seines Weges ebenfalls im Verkleinerungsmaßstab verringern. Nimmt man für beide Strahlen gleiche Strömungsgeschwindigkeiten u an entsprechenden Stellen des Strömungsweges an, so würde dies bedeuten, daß sich die Zentrifugalkräfte, die u^2/r proportional sind, beim verkleinerten Element umgekehrt proportional mit der Verkleinerung vergrößert haben. Die Fluidikteilchen werden demnach bei sonst gleichbleibenden Bedingungen bei einer Verkleinerung durch die Zentrifugalkraft aus ihren durch die Ähnlichkeitsbetrachtungen gegebenen Bahnen auf solche mit geringerer Krümmung abgelenkt. Der Strahl fächert also auf. Bei miniaturisierten Elementen kann dies zur Folge haben, daß der Strahl nicht mehr in ausreichendem Maße an der Wand haftet und das Element unstabil wird.

Eine Verbesserung ist möglich, wenn es gelingt, die Verluste in der Zirkulation vor dem Keil zu verringern. Diese Verluste müssen vom Strahl kompensiert werden, soll die Zirkulation aufrechterhalten bleiben. Die Verluste setzen sich zusammen aus Reibungsverlusten an den Umgrenzungen und innerhalb der Zirkulation, sowie aus Verlusten an Fluid, das an den Stellen aus der Zirkulation austritt, wo diese nicht durch eine Begrenzung geführt ist. In Bild 9.14 sind diese

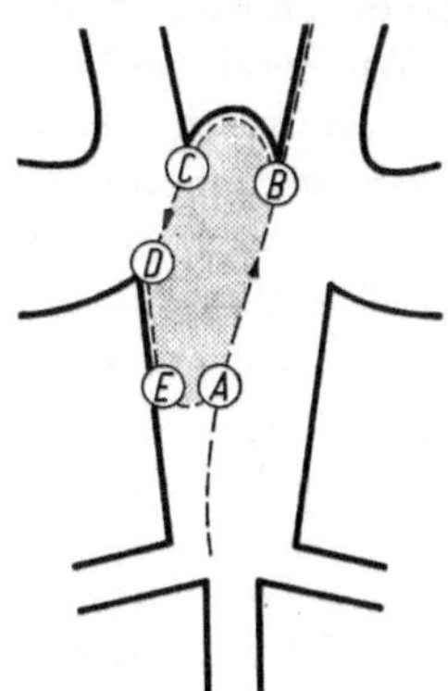

Bild 9.14. Bistabiles Haftstrahlelement. Umgrenzung der Zirkulation. B-C und D-E feste Umgrenzung, A-B Umgrenzung durch den Versorgungsstrahl, C-D und E-A Zirkulation nicht durch Begrenzung geführt.

Bereiche angedeutet (Bereiche C-D und E-A). Die Verluste an Fluid sind am stärksten im Bereich E-A, denn hier hat die Strömung eine scharfe Krümmung, und die Zentrifugalkräfte innerhalb der Zirkulation werden hier am stärksten wirksam.

Der stabilisierende Einfluß der Zirkulation kann erhöht werden, wenn es gelingt, die Verluste an dieser Stelle herabzusetzen. Hierfür kann man die Haftwände so ausbilden, daß sich die Krümmung im Bereich E-A verringert. Die geometrische Konfiguration des Elementes in anderen Bereichen des Schaltraumes darf dabei jedoch nicht verändert werden, da sich andernfalls die anderen Schalteigenschaf-

Bild 9.15. Miniaturisiertes bistabiles Haftstrahlelement mit Ausnehmungen in den Haftwänden. $b = 0{,}1$ mm.

ten des Elementes verschlechtern können. Bild 9.15 zeigt eine Ausführung des miniaturisierten Elementes mit Ausnehmungen in den Haftwänden. In diesen Ausnehmungen wird die Zirkulationsströmung mit einem vergrößerten Krümmungskreis umgelenkt. Versuche mit den eingangs erwähnten Stabilitätskriterien zeigten gute Ergebnisse. Die übrigen Schalteigenschaften des Elementes verschlechterten sich durch diese Maßnahmen nicht.

Wie bereits erörtert, geht der Versorgungsstrahl vom turbulenten in den laminaren Zustand über, wenn die Elementeabmessungen verringert werden, die Austrittsgeschwindigkeit des Strahles aber konstant gehalten wird. Dabei wird zunächst der Strahlbereich an der Düsenaustrittsöffnung laminar. Mit der Verkleinerung wächst der laminare Bereich. Der Strahlverlauf im Element für verschiedene Werte der Reynolds-Zahl ist in Bild 9.16 dargestellt. Für sehr kleine Werte der Reynolds-Zahl ist die Strömung längs ihres ganzen Weges laminar. Sie verläßt das Element durch den angesteuerten Ausgang; eine Zirkulation tritt kaum auf. Mit wachsender Reynolds-Zahl wandert der Auftreffpunkt des Strahles längs der Haftwand stromabwärts. Gleichzeitig beginnt der Strahl in den turbulenten Zustand überzugehen und sich dabei zu verbreitern. Infolgedessen gelangt ein Teil des Strahlfluides in die Ausnehmung vor dem Keil, wird umgelenkt und wieder auf den Versorgungsstrahl zurückgeführt. Die Haftlage bleibt eindeutig, die vom Strahl abgezweigte Fluidmenge reicht jedoch nicht aus, um die Zirkulation kontinuierlich aufrechtzuerhalten. Dies führt zu Unregelmäßigkeiten im Verlauf von Ausgangsdruck und Ausgangsfluß im Übergangsgebiet laminar-turbulent. Bei noch größeren Reynolds-

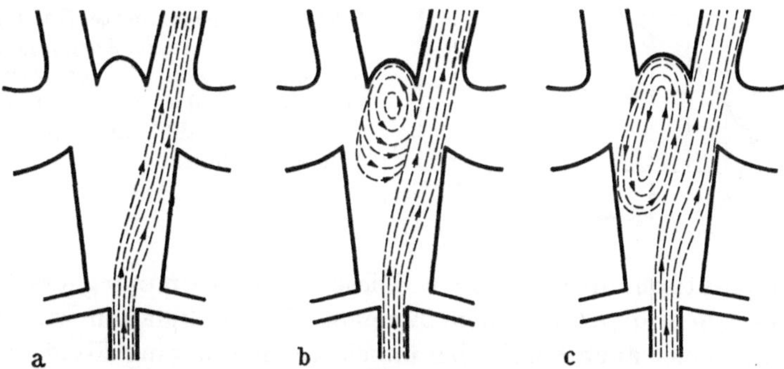

Bild 9.16. Strahlverlauf im miniaturisierten Haftstrahlelement. a) Strahl laminar, keine Zirkulation; b) Übergang Strahl laminar-turbulent, Zirkulation setzt ein; c) Strahl turbulent, Zirkulation voll ausgebildet.

Zahlen wird die Strömung völlig turbulent, und es bildet sich eine stationäre Zirkulation im Element aus. Damit hören auch die Unregelmäßigkeiten im Verlauf von Ausgangsdruck und Ausgangsfluß auf.

In Bild 9.17 sind die für ein Element mit 0,1 mm Düsenbreite an beiden Ausgängen gemessenen Drücke als Funktion der Reynolds-Zahl des Versorgungsstrahles aufgetragen. Im laminaren Bereich ($Re < 300$) stimmen die Drücke für beide Ausgänge praktisch überein und steigen angenähert linear mit der Reynolds-Zahl. Im Übergangsbereich ($300 < Re < 700$) treten Schwankungen im Kurvenverlauf auf, und die an beiden Ausgängen gemessenen Werte stimmen nicht überein. Die hier meßbaren Unterschiede der Ausgangswerte sind wahrscheinlich durch geringe Abweichungen von der Symmetrie im Elementeaufbau bedingt. Im turbulenten Bereich ($Re > 700$) stimmen die Drücke für beide Ausgänge wieder praktisch überein. Die Messungen wurden an Elementen mit dem Tiefen-Breiten-Verhältnis 5 ausgeführt. Betrachtet man zum Vergleich die an einem Element ohne Zirkulation gewonnenen Ergebnisse (Bild 9.13), so sieht man, daß bei diesen für $a_r = 5$ ein Bereich des Nichthaftens gemessen wurde, ($300 < Re < 700$), der mit dem in Bild 9.13 angegebene Übergangs-

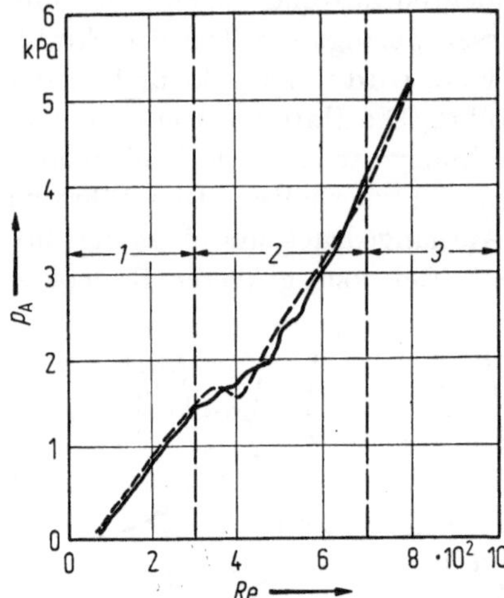

Bild 9.17. Miniaturisiertes Haftstrahlelement, $b = 0{,}1$ mm. Ausgangsdruck p_A in Abhängigkeit von der Reynolds-Zahl des Strahles. *1* Strahl laminar, *2* Übergang Strahl laminar-turbulent, *3* Strahl turbulent.

bereich praktisch übereinstimmt. Diese Übereinstimmung erscheint auch erklärlich, denn bei einem Element ohne Zirkulation würde im Übergangsgebiet auch bereits bei unbelastetem Ausgang Fluid in den nicht angesteuerten Ausgang abgezweigt werden. Hieraus wird wiederum die besondere Bedeutung der Zirkulation für die Schalteigenschaften des Elementes ersichtlich.

9.10. Grundtyp eines Haftstrahlelementes

In Bild 9.18 ist ein Grundtyp eines Haftstrahlelementes maßstabsgetreu dargestellt. Bei seiner Formgebung sind außer den bereits behandelten Gesichtspunkten für die Auslegung des Schaltraumes auch solche in Betracht gezogen, die für eine Serienfertigung von Bedeutung sind (Abschnitt 17.1). Das Tiefen-Breiten-Verhältnis der Versorgungsdüse ist 5:1. In der Umgebung des Schaltraumes sind die Toleranzgrenzen für die Einzelmaße eng; außerhalb dieses Raumes nimmt die erforderliche Maßhaltigkeit mit dem Abstand vom Schaltraum ab. Abweichungen von den Nennmaßen wirken sich weniger auf die Eigenschaften der Elemente aus, wenn sie symmetrisch zur Mittenebene des Elementes auftreten.

Das in Bild 9.18 dargestellte Element hat zwei Eingänge an jeder Seite. Die Ansprechempfindlichkeit Steuerdruck zu Versorgungsdruck (Abschnitt 7.3.2.1) ist für alle Eingänge praktisch gleich. Elemente mit mehr als zwei Eingängen werden zwar auch hergestellt, es ist jedoch schwierig, in diesem Falle die Eingänge so zusammenzuführen,

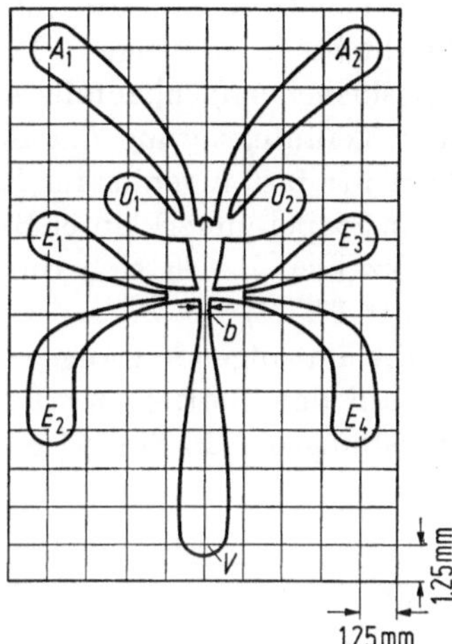

Bild 9.18. Haftstrahlelement. $b = 0{,}25$ mm, mit Anordnung der Anschlüsse auf einem Raster. Kanaltiefe 1,5 mm.

daß die Ansprechempfindlichkeit für alle Eingänge gleich ist. Zudem dürften in den meisten praktisch vorkommenden Fällen zwei Eingänge an jeder Seite genügen. Sind mehr Eingänge erforderlich, empfiehlt es sich, zwei Eingänge an jeder Seite zusammenzufassen und den Ausgang der beiden mit dem Ausgang von zwei anderen zusammengefaßten Eingängen zusammenzuführen.

9.11. Kennwerte eines Haftstrahlelementes für uni- und bistabilen Betrieb

Im folgenden sind die charakteristischen Werte dieses für uni- und bistabilen Betrieb geeigneten Elementes nach Bild 9.18 zusammengestellt. Außenabmessungen: 17 mm × 21 mm, d. h. Gesamtfläche 360 mm². Breite der Versorgungsdüse: 0,25 mm, Tiefe der Versorgungsdüse: 1,5 mm.

Die Eingänge des Elementes sind durch Bohrungen in den Deckflächen voneinander entkoppelt (Abschnitt 4.5). Das Element ist stabil gegen Belastungsschwankungen; es kann nicht durch große Eingangssignale übersteuert werden. Als Betriebsfluid kann Luft oder Wasser verwendet werden. Bei Betrieb mit Luft kann der Versorgungsdruck zwischen 3 kPa und 25 kPa schwanken. Die Zuführungen zum Element sind senkrecht zur Elementenebene angeordnet und dem 1,25 mm Raster der Elektronik angepaßt. Hierdurch wird die Auslegung der Leitungen bei der Herstellung integrierter Schaltungen erleichtert (Abschnitt 17.3). Wird das Element einzeln betrieben, so lassen sich Nippel für die Anschlüsse von Schläuchen von 3 mm × 5 mm Durchmesser anbringen. Die Ausgleichsöffnungen und die Befestigungslöcher sind ebenfalls auf dem 1,25 mm Raster angeordnet. Bei einer Teilintegrierung der Schaltung (Abschnitt 17.3) lassen sich die Elemente fast fugenlos im Rastermaß anordnen. Das Element ist aus einem Stapel unverklebter Bleche (Stärke 0.05 mm) aufgebaut. Größere Stückzahlen lassen sich durch Spritzen oder Gießen herstellen (Abschnitt 17.1.2).

Die im folgenden angegebenen charakteristischen Werte beziehen sich auf den Betrieb mit Luft bei Zimmertemperatur und normalem Umgebungsdruck. Sie gelten für den Vertrieb als bistabiles Element.

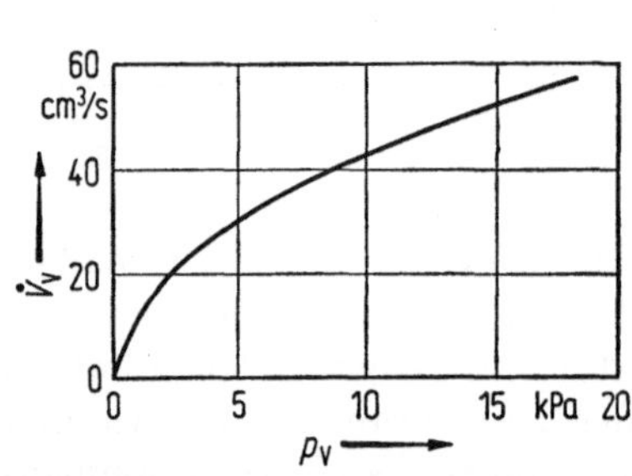

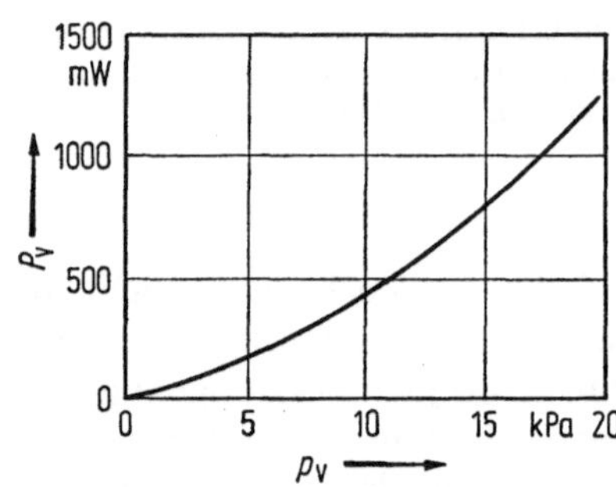

Bild 9.19. Bild 9.20.

Bild 9.19. Haftstrahlelement nach Bild 9.18. Versorgungsfluß $\dot{V}_V$ in Abhängigkeit vom Versorgungsdruck p_V.

Bild 9.20. Haftstrahlelement nach Bild 9.18. Leistungsaufnahme P_V in Abhängigkeit vom Versorgungsdruck p_V.

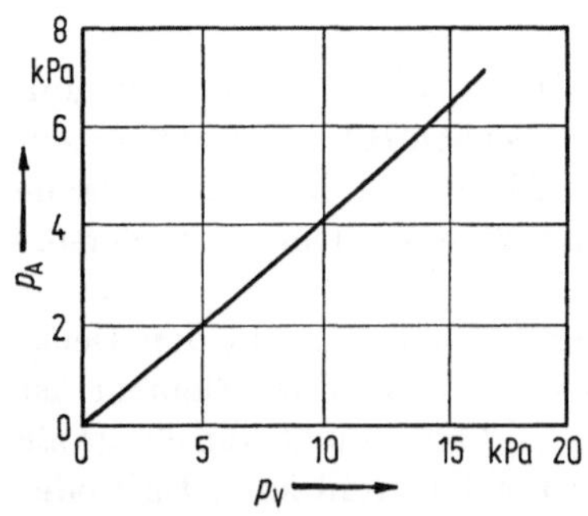

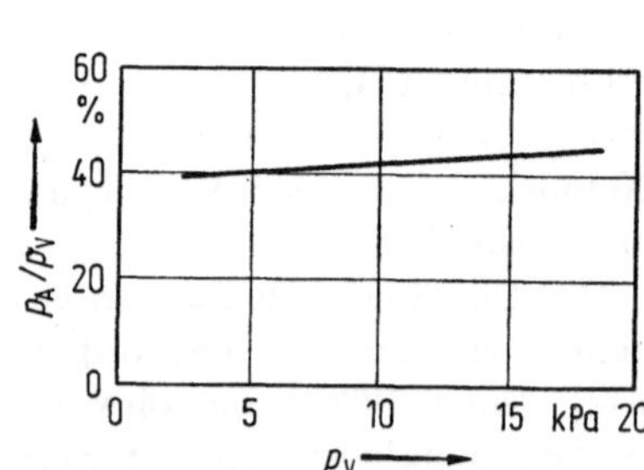

Bild 9.21. Bild 9.22.

Bild 9.21. Haftstrahlelement nach Bild 9.18. Ausgangsdruck p_A am angesteuerten blockierten Ausgang in Abhängigkeit vom Versorgungsdruck p_V (Ausgangsdruck am nicht angesteuerten Ausgang etwa Null).

Bild 9.22. Haftstrahlelement nach Bild 9.18. Druckrückgewinn p_A/p_V in Abhängigkeit vom Versorgungsdruck p_V.

Die Bilder 9.19 und 9.20 geben den Versorgungsfluß $\dot{V}_V$ und die Leistungsaufnahme P in Abhängigkeit vom Versorgungsdruck p_V wieder.

Bild 9.21 gibt den Ausgangsdruck p_A für den angesteuerten und den nicht angesteuerten Ausgang in Abhängigkeit vom Versorgungsdruck p_V wieder.

Bild 9.22 gibt den Druckrückgewinn (Ausgangsdruck bei blockiertem Ausgang geteilt durch Versorgungsdruck) in Abhängigkeit vom Versorgungsdruck p_V wieder. Der Wert ist im ganzen untersuchten

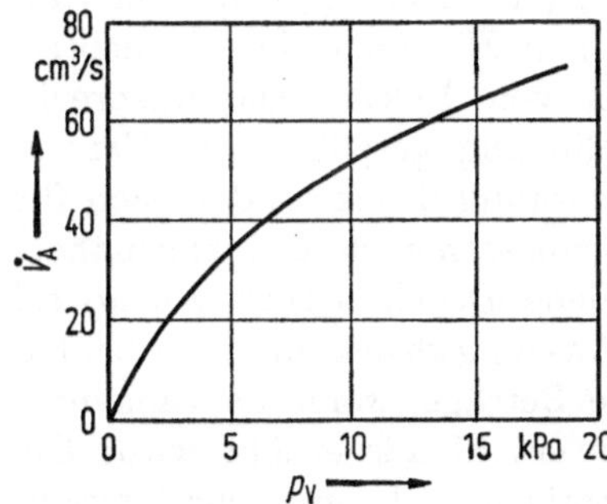

Bild 9.23.

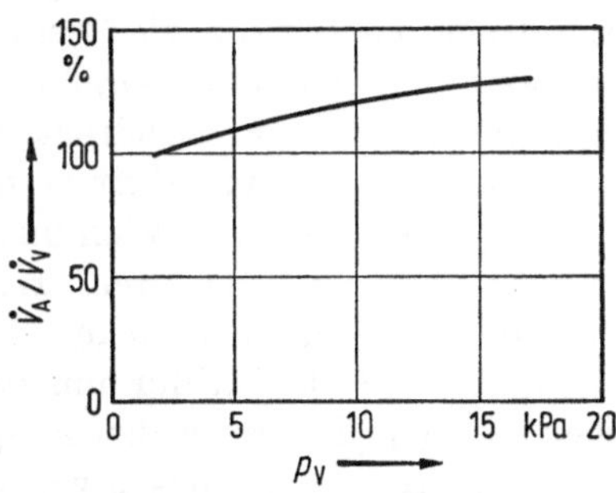

Bild 9.24.

Bild 9.23. Haftstrahlelement nach Bild 9.18. Ausgangsfluß $\dot{V}_A$ in Abhängigkeit vom Versorgungsdruck p_V. Ausgänge offen.

Bild 9.24. Haftstrahlelement nach Bild 9.18. Flußrückgewinn $\dot{V}_A/\dot{V}_V$ in Abhängigkeit vom Versorgungsdruck p_V.

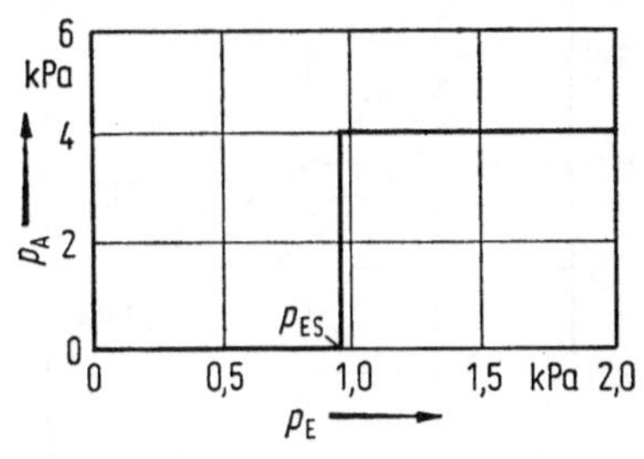

Bild 9.25.

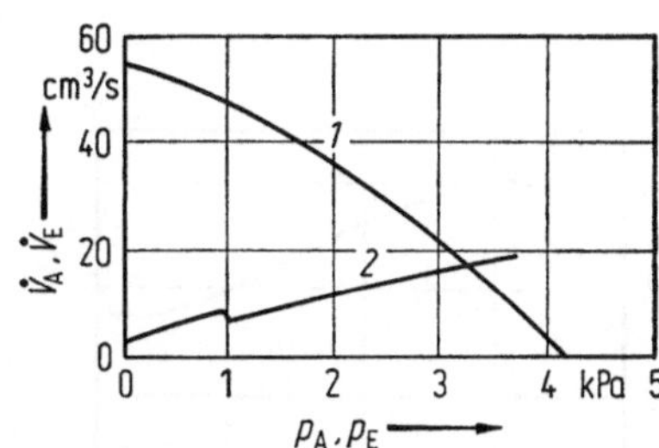

Bild 9.26.

Bild 9.25. Haftstrahlelement nach Bild 9.18. Ausgangsdruck p_A am angesteuerten Ausgang in Abhängigkeit vom Eingangsdruck p_E. Versorgungsdruck $p_V =$ 10 kPa. Eingangsschaltdruck p_{ES} gemittelt aus den an 4 Eingängen beobachteten Werten. $p_{ES} = 0{,}095\, p_V$.

Bild 9.26. Haftstrahlelement nach Bild 9.18. *1* Ausgangskennlinie: Ausgangsfluß $\dot{V}_A$ und Ausgangsdruck p_A am angesteuerten Ausgang in Abhängigkeit von der Belastung, Versorgungsdruck $p_V = 10$ kPa; *2* Eingangskennlinie, Eingangsfluß $\dot{V}_E$ in Abhängigkeit vom Eingangsdruck p_E.

Bereich nahezu konstant (40% bis 43%). Am nicht angesteuerten Ausgang ist der Druck vernachlässigbar klein; dieser Ausgang verhält sich also neutral.

Bild 9.23 zeigt den Ausgangsfluß $\dot{V}_A$ in Abhängigkeit vom Versorgungsdruck p_V. Der Ausgangsfluß ist höher als der Versorgungsfluß; der Flußrückgewinn (Bild 9.24, Ausgangsfluß bei offenem Ausgang geteilt durch Versorgungsfluß in Abhängigkeit vom Versorgungsdruck p_V) liegt im untersuchten Bereich zwischen 100% und 130%.

Bild 9.25 zeigt den Ausgangsdruck p_A in Abhängigkeit vom Eingangsdruck p_E für die vier verschiedenen Eingänge des Elementes, gemessen bei einem Versorgungsdruck von 10 kPa. Die Ansprechempfindlichkeit (Ansprechdruck am Eingang geteilt durch Versorgungsdruck) in Abhängigkeit vom Versorgungsdruck ist demnach für alle Eingänge praktisch gleich und im gemessenen Bereich angenähert konstant. Der zum Schalten erforderliche Druck beträgt im Mittel 9,6% des Versorgungsdruckes. Der Ausgangsdruck an den beiden Ausgängen ändert sich nur um geringe Beträge, wenn der Eingangsdruck beträchtlich über den Ansprechwert hinaus erhöht wird. Die Werte des Ansprechdruckes wurden statisch, d. h. mit sehr langsam steigenden Eingangsdrücken gemessen. Bei Messungen mit Pulsfolgen (Pulslänge 10 ms, Abschnitt 3.2.1) lagen die Werte für den Ansprechdruck um 20% bis 40% über den statischen Ansprechwerten.

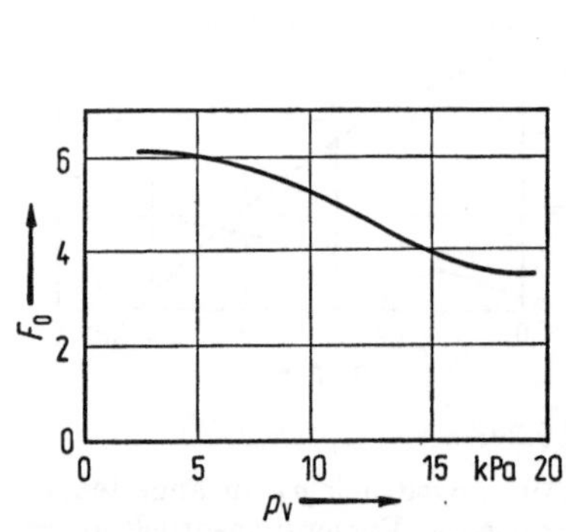

Bild 9.27.

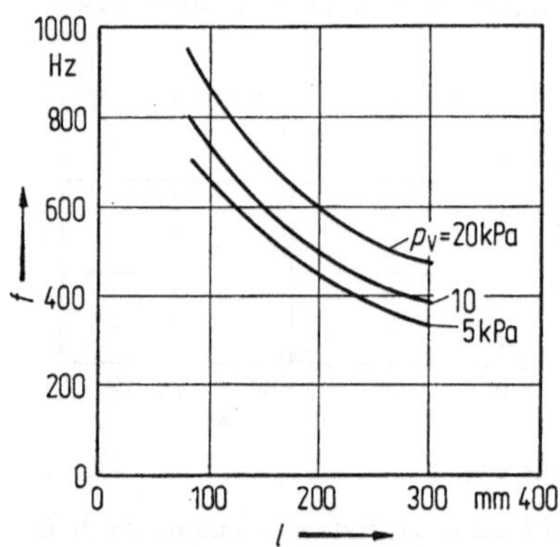

Bild 9.28.

Bild 9.27. Haftstrahlelement nach Bild 9.18. Rechnerisch ermitteltes Fan-out F_0 in Abhängigkeit vom Versorgungsdruck p_V.

Bild 9.28. Haftstrahlelement nach Bild 9.18. Eigenfrequenz f des rückgekoppelten Elementes in Abhängigkeit von der Länge l der Rückkopplungsleitung. Versorgungsdruck p_V als Parameter.

Bild 9.26 zeigt die Ausgangskennlinie Ausgangsvolumenfluß $\dot{V}_A$ in Abhängigkeit vom Ausgangsdruck p_A, gemessen bei einem Versorgungsdruck von 10 kPa. Bei dieser Messung wird die Ausgangsbelastung variiert. Im Bilde ist ferner die aus den Eingangskennlinien der vier Eingänge gemittelte Eingangskennlinie (Eingangsfluß $\dot{V}_E$ in Abhängigkeit vom Eingangsdruck) aufgetragen. Danach beträgt beim Schalten der Eigangsdruck im Mittel 0,96 kPa und der zugehörige Eingangsfluß im Mittel 9 cm³/s. Der Ausgangsfluß beträgt bei einem Ausgangsdruck von 0,96 kPa etwa 47 cm³/s. Der rechnerisch sich daraus ergebende Wert des Fan-out ist demnach 5. In Bild 9.27 ist der Fan-out-Wert in Abhängigkeit vom Versorgungsdruck aufgetragen; er nimmt im untersuchten Bereich von etwa 6 auf unter 4 ab.

In Bild 9.28 ist die Eigenfrequenz des als Rückkopplungsgenerator geschalteten Elementes in Abhängigkeit vom Versorgungsdruck für verschiedene Längen des Rückkopplungsweges aufgetragen. Die Eigenfrequenz steigt mit dem Versorgungsdruck und nimmt ab mit der Länge der Umwegleitung im Rückkopplungsweg. Die Eigenfrequenz steigt ferner mit abnehmender Schaltzeit des Elementes. Eine direkte Messung der Schaltzeit ist schwierig. Es ist auch nicht möglich, die Schaltzeit aus den Eigenfrequenzmessungen abzuleiten, da die Umschaltung schon einsetzt, bevor Druck und Fluß im angesteuerten Ausgang ihre Endwerte erreicht haben.

10. Wirbelkammerverstärker

10.1. Allgemeines

In der Fluidik wird als Wirbelkammer eine flache, kreiszylindrische Kammer bezeichnet, die Öffnungen am Umfang und in der Mitte der Deckflächen hat. Vom Umfang her strömt Fluid in die Kammer ein und über die Mittenöffnungen wieder aus. Die Strömung hat eine radiale und eine tangentiale Komponente; zusätzlich ist in der Nähe der Ausströmöffnungen noch eine Komponente in Achsrichtung vorhanden. Der Strömungsverlauf innerhalb der Kammer im einzelnen ist sehr verwickelt (Abschnitt 6.5).

Wirbelkammern werden in der Fluidik in verschiedener Weise angewendet. Es gibt zwei aktive Elemente, den Wirbelkammerverstärker und den Wirbelkammer-Drehgeschwindigkeitsanzeiger, und zwei passive Elemente, die Wirbelkammerdiode und den Wirbelkammerübertrager. Von diesen haben bisher die beiden aktiven Elemente praktische Bedeutung erlangt. Der Wirbelkammerverstärker wird im vorliegenden Abschnitt 10 behandelt. Wirbelkammer-Drehgeschwindigkeitsanzeiger und Wirbelkammerdiode werden in Abschnitt 13 (Aufnehmer) und Abschnitt 12 (passive fluidische Bauelemente) beschrieben. Über die Arbeitsweise des Wirbelkammerübertragers liegen in der Literatur praktisch keine Angaben vor; seine Verwendungsart wird in Abschnitt 16 (fluidische Schaltungen) erläutert.

10.2. Wirbelkammerverstärker

10.2.1. Aufbau und Arbeitsweise

Bei diesem Element (Bild 10.1) soll das Versorgungsfluid möglichst gleichmäßig vom Umfang her in die Kammer eintreten. Aus diesem Grunde strömt es vom Umfange entweder über einen porösen Ring oder über eine Vielzahl gleichmäßig über den Umfang verteilter Öffnungen in die Kammer ein. Das Steuerfluid strömt über zusätzliche, angenähert tangential zum Umfang gerichtete Öffnungen vom Umfang

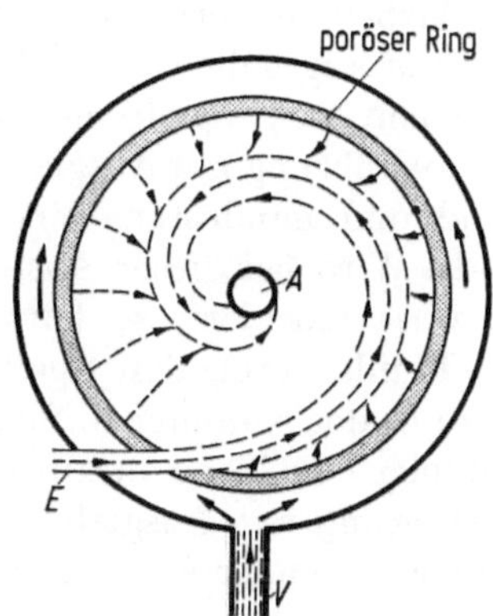

Bild 10.1. Prinzipaufbau des Wirbelkammerverstärkers.

in die Kammer ein. Radial- und Tangentialströmung vermischen sich zu einer spiralförmigen Strömung, deren Tangentialgeschwindigkeit sich auf dem Wege zum Ausgang kontinuierlich erhöht. Die Elemente haben entweder eine Ausgangsöffnung in der Mitte einer der Deckflächen oder zwei einander gegenüberliegende Ausgangsöffnungen in beiden Deckflächen. Die Strömung in der Kammer ist vorwiegend radial, so lange der Versorgungsdruck größer ist als der Steuerdruck und vorwiegend tangential, wenn der Steuerdruck größer ist als der Versorgungsdruck. D. h., diejenige Strömung, die beim Eintritt in die Kammer den größeren Druck hat, blockiert die andere Strömung. Einzelheiten über den Verlauf der spiralenförmigen Strömung in der Kammer sind in Abschnitt 6.5 angegeben.

Bild 10.2 zeigt eine andere Ausführung des Wirbelkammerverstärkers. Hier tritt die Versorgungsströmung parallel zur Achse in die Kammer ein, umströmt einen flachen Zylinder Z innerhalb der Kammer und verläßt diese über eine Ausströmöffnung in der Mitte der Kammerdeckfläche. Der Steuerfluß strömt aus dem Mantel des Zylinders Z tangential in den vorbeiströmenden Versorgungsfluß ein und vermischt sich mit diesem zu einer spiralenförmigen Strömung innerhalb der Kammer.

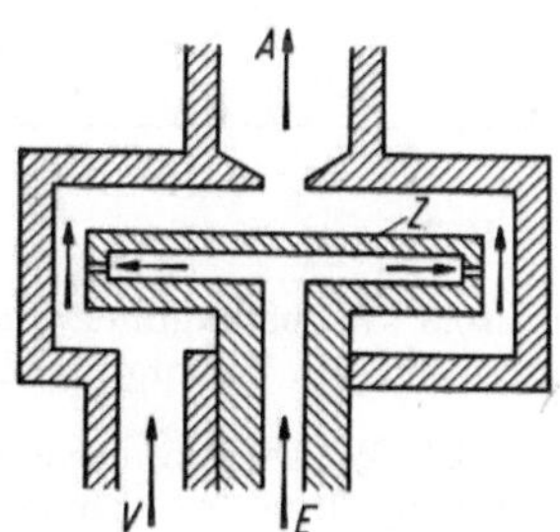

Bild 10.2. Wirbelkammerverstärker mit zylindrischem Körper Z im Einströmweg des Versorgungsfluids.

Wirbelkammerverstärker werden mit und ohne Ausgleichsöffnung am Ausgang gebaut. Bei der Ausführung ohne Ausgleichsöffnung ist an jedem Ausgang ein gerader oder konischer Stutzen angebracht. Bei der Ausführung mit Ausgleichsöffnung befindet sich zwischen Kammerwand und mindestens einem der Ausgangsstutzen ein ringförmiger Spalt. Wird bei dieser Ausführung der zugehörige Ausgang ganz oder teilweise blockiert, so tritt ein mit der Belastung wachsender Teil des Fluids durch den Spalt in die Umgebung aus. Bewegt sich das Fluid in der Kammer in Spiralenform, so hat es beim Austritt aus der Kammer eine Tangentialbeschleunigung. In diesem Falle tritt bei der Ausführung mit Ausgleichsöffnung ein mit der Tangentialbeschleunigung wachsender Anteil des Fluids in die Umgebung aus.

10.2.2. Kennwerte

Bild 10.3 gibt den Ausgangsfluß in Abhängigkeit vom Steuerdruck – mit dem Versorgungsdruck als Parameter – wieder. Der Ausgangsfluß hat einen vom Versorgungsfluß und einen vom Steuerfluß herrührenden Anteil. Der Ausgangsfluß fällt abrupt auf einen niedrigen Wert ab, sobald der Steuerdruck den Versorgungsdruck überschreitet.

Der wechselseitige Einfluß von Versorgungsdruck und Steuerdruck auf den Ausgangsfluß wird besonders in Bild 10.4 deutlich, wo der Ausgangsfluß in Abhängigkeit vom Versorgungsdruck – mit dem Steuerdruck als Parameter – dargestellt ist. Die obere Begrenzungs-

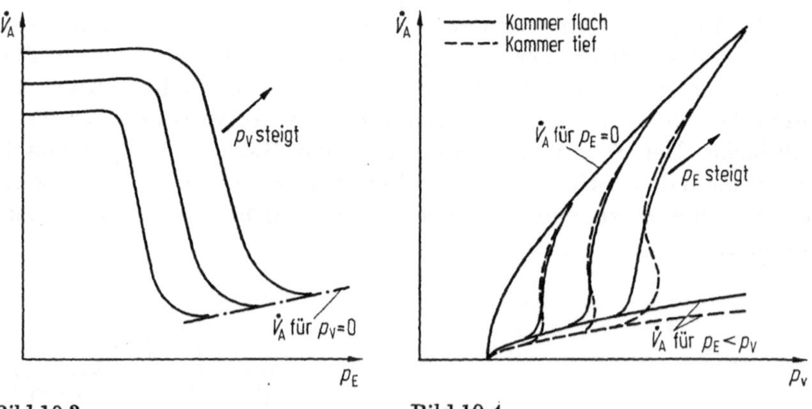

Bild 10.3. Bild 10.4.

Bild 10.3. Wirbelkammerverstärker. Ausgangsfluß $\dot{V}_A$ in Abhängigkeit vom Eingangsdruck p_E. Versorgungsdruck p_V als Parameter.

Bild 10.4. Wirbelkammerverstärker. Ausgangsfluß $\dot{V}_A$ in Abhängigkeit vom Versorgungsdruck p_V. Eingangsdruck p_E als Parameter.

kurve gibt hier den Ausgangsfluß in Abhängigkeit vom Versorgungsdruck wieder für den Fall, daß kein Steuerdruck vorhanden ist, die Strömung also radial gerichtet ist. Diese Kurve ist in ihrem Verlauf im wesentlichen durch den Durchflußwiderstand der Kammeraustrittsöffnung bestimmt. Die untere Begrenzungskurve gibt den Ausgangsfluß für den Zustand wieder, bei dem der Versorgungsdruck kleinere Werte als der Steuerdruck hat. Überschreitet der Wert des Versorgungsdruckes denjenigen des Steuerdruckes, so steigt die Kurve für den Ausgangsdruck sehr rasch mit dem Versorgungsdruck an und mündet asymptotisch in die obere Begrenzungskurve ein. Die Kurven für konstante Steuerdrücke ähneln einander in ihren Verläufen. Sie sind in ihren mittleren Abschnitten — dem Übergangsgebiet von radialer zu tangentialer Strömung — sehr steil. Überschreitet das Verhältnis Tiefe zu Durchmesser der Wirbelkammer bestimmte Werte, und ist der Eingangswiderstand der Versorgung niedrig im Verhältnis zum Austrittswiderstand der Kammer, so kann die Fluß-Druck-Kurve des Elements den in Bild 10.4 strichliert angedeuteten Verlauf haben. Das Element stellt dann für einen begrenzten Bereich des Steuerdruckes einen negativen Widerstand dar. In diesem Falle können für bestimmte Ausgangsbelastungen zeitliche Schwankungen des Ausgangsflusses auftreten. Das Verhältnis von Ausgangsfluß $\dot{V}_{max}$ (Steuerdruck Null) zu Ausgangsfluß $\dot{V}_{min}$ (Versorgungsdruck kleiner als der Steuerdruck) wird in der angelsächsischen Literatur als „Turn-down ratio" (Drosselverhältnis) bezeichnet.

Bild 10.5 gibt nach Messungen von Taplin für den Druck p_A in der Kammermitte (Ausgangsdruck) in Abhängigkeit vom Steuerdruck p_E wieder. Parameter ist hierbei der Versorgungsdruck p_V. Liegt der Wert des Steuerdruckes unter dem des Versorgungsdruckes, so hat der Ausgangsdruck einen festen Wert. Dieser Wert ist dem Versorgungsdruck direkt proportional. Überschreitet der Wert des Steuer-

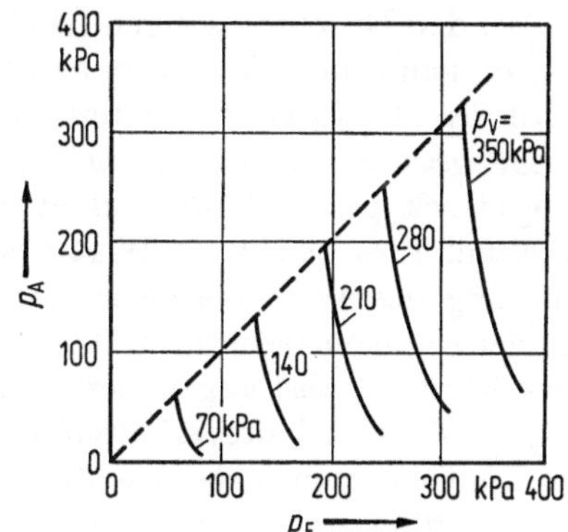

Bild 10.5. Wirbelkammerverstärker. Ausgangsdruck p_A in Abhängigkeit vom Eingangsdruck p_E. Versorgungsdruck p_V als Parameter.

druckes den des Versorgungsdruckes, so sinkt der Ausgangsdruck rasch auf einen niedrigen Wert ab. Das Verhältnis Änderung des Ausgangsdruckes zur zugehörigen Änderung des Steuerdruckes ist im Bereich des sinkenden Ausgangsdruckes größer als 1; das Element arbeitet in diesem Bereich also als Druckverstärker. Für konstante Versorgungsdrücke ähneln sich auch diese Kurven.

Der Druck in der Kammermitte ist nicht konstant über die Flächen der Ausgänge verteilt, denn — wie bereits in Abschnitt 6.5 erläutert — die Strömung hat hier von Ort zu Ort verschiedene radiale, tangentiale und axiale Komponenten, und das Verhältnis dieser Komponenten zueinander ändert sich mit dem Verhältnis von Versorgungsdruck zu Steuerdruck. Der Wert des in der Kammermitte gemessenen Druckes hängt daher von der Größe der Aufnahmefläche des Druckmessers ab. Bei einer bestimmten Größe dieser Fläche gibt der Meßwert angenähert den Mittelwert des Ausgangsdruckes wieder (siehe Abschnitt 13.3).

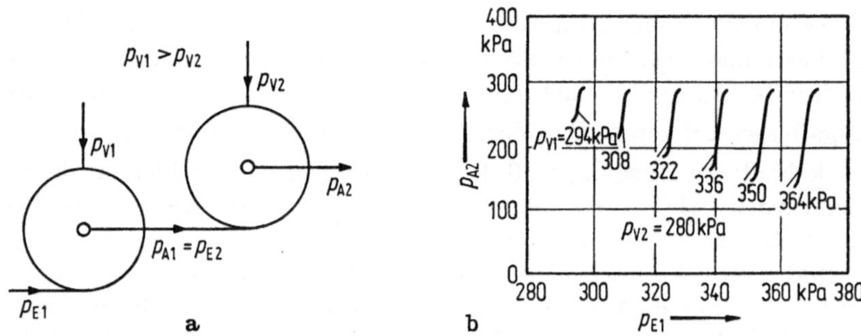

Bild 10.6. Zweistufiger Wirbelkammerverstärker. a) Prinzipaufbau; b) Ausgangsdruck p_{A2} in Abhängigkeit vom Eingangsdruck p_{E1} (nach Taplin). Versorgungsdruck p_{V1} als Parameter, Versorgungsdruck $p_{V2} = 280$ kPa.

Bei den Druckmessungen (Bild 10.5) war der Ausgang des Elementes, an dem gemessen wurde, blockiert; der andere Ausgang war offen. Wird der Meßausgang nur teilweise blockiert, so sinkt der maximale Ausgangsdruck ab, die Steilheit des Verlaufes der Kurve für den Ausgangsdruck p_A in Abhängigkeit vom Steuerdruck p_E bleibt jedoch erhalten. Dies bedeutet: Wert und Linearitätsbereich der Druckverstärkung des Wirbelkammerverstärkers ändern sich praktisch nicht mit der Ausgangsbelastung. Die Ausgangsimpedanz des Wirbelkammerverstärkers ist also angenähert gleich Null. Versuche haben ferner gezeigt, daß das Arbeitsverhalten der Elemente nicht durch Änderungen des Umgebungsdruckes nachteilig beeinflußt wird; maßgeblich ist nur die Differenz zwischen Versorgungsdruck und Umgebungsdruck.

Die geringe Belastungsabhängigkeit der Elemente gestattet auch, mehrere Wirbelkammerelemente ohne zusätzliche Hilfsmittel in Reihe zu schalten (Bild 10.6a). Der Versorgungsdruck der ersten Stufe muß höher sein als derjenige der zweiten Stufe. Ist an der ersten Stufe kein Eingangsdruck vorhanden, so liegt der Ausgangsdruck der ersten Stufe über dem Versorgungsdruck des zweiten Elementes. Der Ausgangsdruck des zweiten Elementes hat dann einen niedrigen Wert. Wird das erste Element durch einen Steuerdruck am Eingang blockiert, so sinkt der Steuerdruck am Eingang des zweiten Elementes; damit steigt der Ausgangsdruck des zweiten Elementes. Mit den in Bild 10.6b angegebenen Meßwerten nach Taplin hat die erste Stufe eine zehnfache und die zweite eine fünffache Druckverstärkung. Die Gesamtverstärkung beträgt $5 \cdot 10 = 50$. Bei einem vierstufigen Verstärker wurde eine Druckverstärkung von 1400 erzielt.

Es sind theoretische Ansätze gemacht worden mit dem Versuch, den Zusammenhang zwischen Ausgangs- und Eingangswerten eines Wirbelkammerverstärkers rechnerisch zu bestimmen. Sarpkaya gelangt dabei zu der Beziehung

$$\bar{\dot{V}} = \frac{C_{\mathrm{d}}}{C_{\mathrm{dm}}} \sqrt{\frac{1}{2} \pm \sqrt{\frac{1}{4} - K^2\lambda^2 \left(\frac{C_{\mathrm{dm}}}{C_{\mathrm{dc}}} \frac{C_{\mathrm{dm}}}{C_{\mathrm{d}}}\right)^2 \bar{\dot{V}}_{\mathrm{c}}^4}}\,. \tag{10.1}$$

Hierin ist $\bar{\dot{V}} = \dot{V}/\dot{V}_{\mathrm{m}}$, $\bar{\dot{V}}_{\mathrm{c}} = \dot{V}_{\mathrm{c}}/\dot{V}_{\mathrm{m}}$, $\dot{V}$ der Ausgangsfluß, $\dot{V}_{\mathrm{c}}$ der Steuerfluß, $\dot{V}_{\mathrm{m}}$ der maximale Ausgangsfluß bei rein radialer Strömung, $K^2 = (A_{\mathrm{e}}/A_{\mathrm{c}})^2\,[(d_1/d_2)^2 - 1]$, A_{e} die Fläche der Ausgangsöffnung, A_{c} die Fläche der Steueröffnung, d_1 der Durchmesser der Kammer, d_2

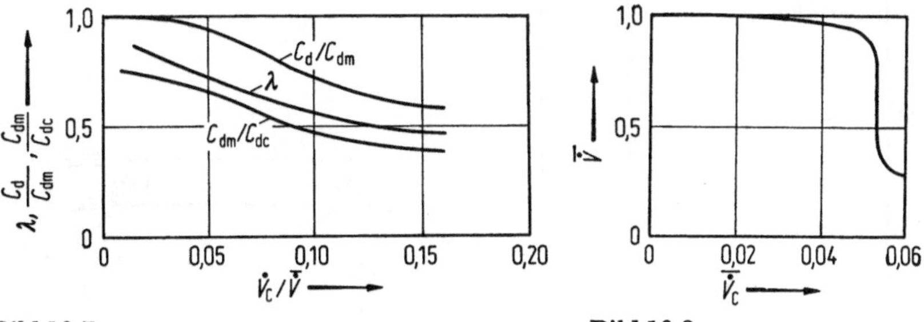

Bild 10.7. Bild 10.8.

Bild 10.7. Wirbelkammer. Charakteristische Daten (nach Sarpkaya). λ Mischzahl der Kammer, C_{dm} und C_{d} Durchflußzahlen des Kammerausganges, C_{dc} Durchflußzahl für den Kammereingang, $\dot{V}_{\mathrm{C}}$ Eingangsfluß, $\dot{V}$ Ausgangssfluß, $\dot{V}_{\mathrm{M}}$ maximaler Ausgangsfluß, $\bar{\dot{V}}_{\mathrm{C}} = \dot{V}_{\mathrm{C}}/\dot{V}_{\mathrm{M}}$, $\bar{\dot{V}} = \dot{V}/\dot{V}_{\mathrm{M}}$.

Bild 10.8. Wirbelkammer. Theoretisch ermittelte Abhängigkeit des normierten Ausgangsflusses $\bar{\dot{V}}$ vom normierten Eingangsfluß $\dot{V}_{\mathrm{C}}$ (nach Sarpkaya).

der Durchmesser der Austrittsöffnung, C_d die Durchflußzahl des Kammerausganges, C_{dm} der Maximalwert der Durchflußzahl des Kammerausganges, C_{dc} die Durchflußzahl der Steueröffnung, λ die Mischzahl (sie charakterisiert den Leistungsverlust der Strömung beim Mischen von Steuer- und Versorgungsfluß).

Die Durchflußzahlen und die Mischzahl sind vom Verhältnis des Steuerflusses zum Ausgangsfluß abhängig. Aus einer Reihe von Messungen an Wirbelkammern mit verschiedenen Abmessungen wurden Mittelwerte für C_d/C_{dm} und C_d/C_{dc} sowie für λ in Abhängigkeit von $\dot{V}_C/\dot{V}_M$ ermittelt (Bild 10.7). Eine mit Hilfe dieser Werte und der angegebenen Formel errechnete Kurve ist in Bild 10.8 wiedergegeben. Der Verlauf dieser Kurve stimmt gut mit den gemessenen Werten überein; (10.1) kann daher als Anhalt für die Vorausbestimmung der Elementekenndaten dienen. Eine exakte Analyse, die alle das Verhalten des Elementes bestimmenden Faktoren einschließt, dürfte kaum möglich sein.

10.2.3. Rauschen

Wie aus den Bildern 10.3, 10.4 und 10.5 ersichtlich, findet im Wirbelkammerverstärker der eigentliche Verstärkungsvorgang in einem verhältnismäßig geringen Bereich des Steuerdruckes statt. In diesem Bereich tritt am Ausgang ein Rauschen auf, das sich störend bemerkbar macht, wenn das Element als Analogverstärker benutzt wird. Es wurde beobachtet, daß die Rauschamplitude mit dem „Turn-down-

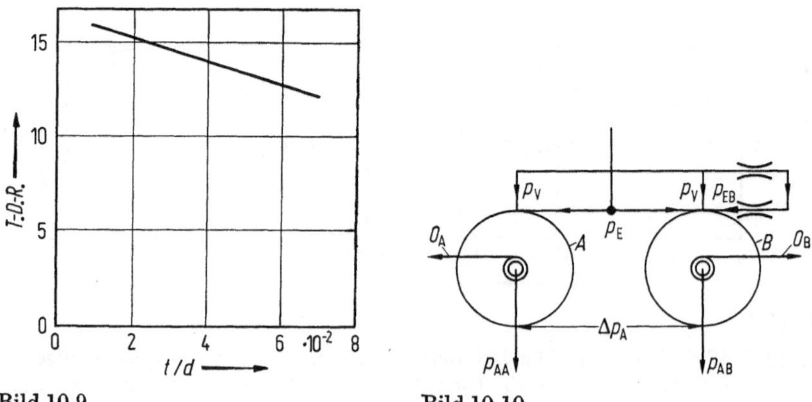

Bild 10.9. Bild 10.10.

Bild 10.9. „Turn-down-ratio“ einer Wirbelkammer in Abhängigkeit vom Tiefen Durchmesser-Verhältnis t/d der Kammer.

Bild 10.10. Prinzipaufbau des Gegentakt-Wirbelkammerverstärkers. p_{EB} Eingangsvordruck, p_{AA} und p_{AB} Ausgangsdrücke.

ratio" wächst, und ferner, daß die Rauschamplitude um so größer ist, je weniger die Kanten der Ein- und Ausgangsöffnungen verrundet sind.

Das „Turn-down-ratio" ist um so größer, je flacher die Kammer ist. Es wird ferner erhöht, wenn die Ausgänge mit Diffusoren bestimmter Form versehen sind. Bild 10.9 zeigt die für verschiedene Ausgänge gemessenen „Turn-down-ratio"-Werte in Abhängigkeit von der Tiefe der Kammer. Der Rauschpegel — das Verhältnis der maximalen Rauschamplitude zum Eingangsdruck — betrug maximal 2% bei einem Element mit dem „Turn-down-ratio" 12:1 und maximal 10% bei einem Element mit dem Wert 20:1.

10.2.4. Gegentaktverstärker

In Bild 10.10 ist ein Wirbelkammer-Gegentaktverstärker dargestellt. Er besteht aus zwei Elementen A und B gleicher Größe, die gemeinsam mit dem gleichen Versorgungsdruck betrieben werden. An eines der Elemente (B) ist ein Steuervordruck gelegt. Dieser erzeugt in dem Element eine Tangentialströmung, die entgegengesetzt der eigentlichen Steuerströmung gerichtet ist. Beide Elemente werden parallel mit dem gleichen Steuerdruck gesteuert. Steigt der Steuerdruck, so sinkt der Ausgangsdruck beim Element A; im gleichen Maße steigt der Ausgangsdruck beim Element B. Die Differenz der Ausgangsdrücke ist das Aus-

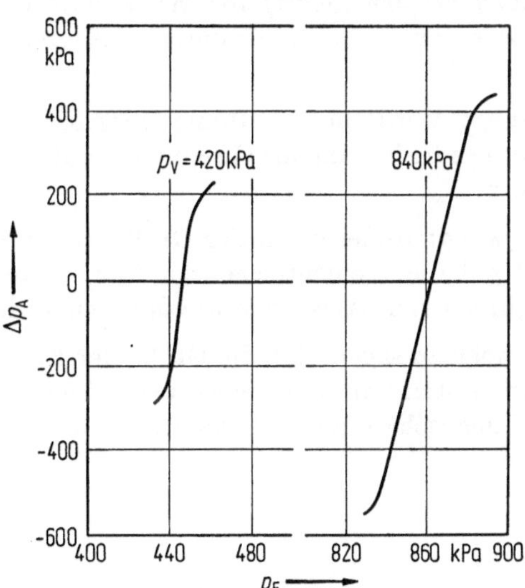

Bild 10.11. Gegentakt-Wirbelkammerverstärker. Differenz der Ausgangsdrücke Δp_A in Abhängigkeit vom Eingangsdruck p_E. Versorgungsdruck p_V als Parameter.

gangssignal des Gegentaktverstärkers; dieses Signal (Bild 10.11) ist in einem bestimmten Bereich direkt den Änderungen des Eingangssignals proportional. Wie Bild 10.11 zeigt, ändert sich die Verstärkung nicht, wenn der Versorgungsdruck schwankt.

10.2.5. Weitere Eigenschaften des Wirbelkammerverstärkers

Der Wirbelkammerverstärker weist, wie die vorangegangenen Darlegungen gezeigt haben, einige Eigenschaften auf, durch die er sich grundlegend von anderen Fluidikelementen unterscheidet. Eine genaue Deutung dieser Eigenschaften ist jedoch schwierig, da eine größere Anzahl von Variablen im Spiel sind. Im folgenden sind noch einige meist experimentell gewonnene Einzelerkenntnisse zusammengestellt, die bei Untersuchungen an den Elementen ermittelt wurden.

Mischbereich: Der Bereich, in dem sich Steuer- und Versorgungsfluß mischen, erstreckt sich über beinahe ein Drittel des Radius; er ist um so kleiner, je mehr Einlaßöffnungen für den Steuerfluß über den Umfang verteilt sind.

Grenzschicht: Die Dicke der Grenzschicht an den Deckflächen des Elementes erreicht bei $2x/d = 0{,}25$ (x Abstand vom Rand, d Durchmesser der Kammer) ein Maximum und geht zur Mitte des Elementes hin gegen Null.

Eingangsöffnung für den Steuerfluß: Wird diese Öffnung verkleinert, so steigt der für einen bestimmten Steuerfluß erforderliche Druck.

Ausgangsöffnung: Wird diese Öffnung vergrößert, so steigt der Steuerfluß der notwendig ist, um den Gesamtfluß auf einen bestimmten Wert zu verringern.

Versorgungsöffnung: Änderungen der Größe dieser Öffnung haben geringen Einfluß auf die Elementeeigenschaften, solange die Versorgungsöffnung mehr als viermal so groß wie die Steueröffnung ist.

Allgemein ist noch zu sagen, daß die Größe der Elemente sowie die Betriebsdrücke in weiten Grenzen schwanken können, ohne daß sich die wesentlichen Eigenschaften der Elemente in entscheidendem Maße ändern.

11. Andere aktive Strömungselemente

Neben den in den Abschnitten 8 bis 10 behandelten Strömungselementen sind noch einige andere fluidische Elemente ohne bewegte Teile in der Literatur bekannt geworden, die bislang keine größere Verbreitung gefunden haben. Die Gründe hierfür sind verschiedener Art. So haben diese Elemente z. T. besondere Eigenschaften, die nur für bestimmte Anwendungen von Interesse sind. Durchweg sind sie schwierig zu bauen und für eine Massenfertigung kaum geeignet. Das Wissen über die Eigenschaften der Elemente ist lückenhaft und beruht meist auf den Angaben der Erfinder dieser Elemente.

11.1. Gegenstrahlelement

Diese Elemente sind unter der Bezeichnung „Impact Modulator“ in der amerikanischen Literatur beschrieben worden (Bild 11.1). Sie gehören zur Gruppe der Freistrahlelemente. Bei ihnen treffen zwei Versorgungsstrahlen mit gemeinsamer Achse aus verschiedenen Richtungen aufeinander. An der Auftreffstelle werden sie gleichmäßig nach allen Seiten abgelenkt und vereinigen sich dabei zu einer ebenen Scheibe, die senkrecht zur ursprünglichen Strahlrichtung steht. Innerhalb der beiden Strahlen tritt gleichzeitig ein Rückstau auf, der bei dem schwächeren der beiden Strahlen ausgeprägter ist als bei dem stärkeren Strahl. Der Rückstau beim schwächeren Strahl kann dadurch gesteuert werden, daß der Impuls des stärkeren Strahles um einen bestimmten Betrag geändert wird. (Abschnitt 7.3.1.1).

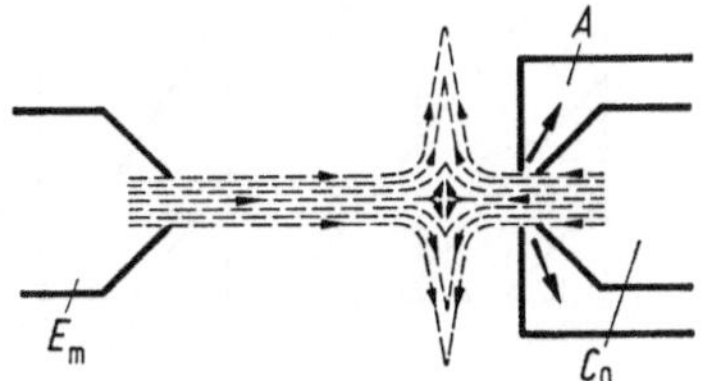

Bild 11.1. Gegenstrahlelement. E_M und C_O-Versorgung.

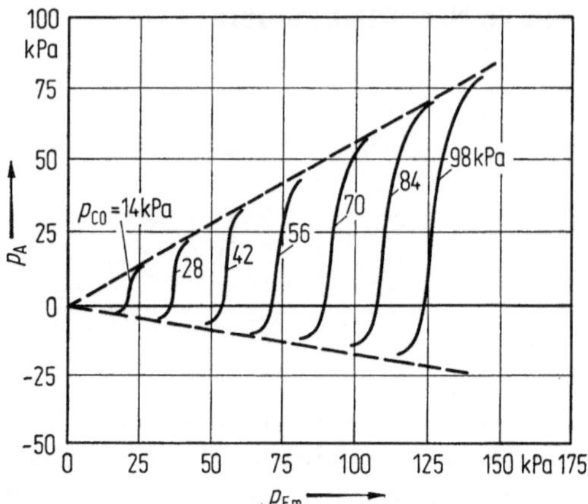

Bild 11.2. Gegenstrahlelement. Ausgangsdruck p_A in Abhängigkeit vom Versorgungsdruck p_{EM}, Versorgungsdruck p_{CO} als Parameter.

Die mit der Änderung des Rückstaus verbundene Druckänderung kann beim schwächeren Strahl („Kollektor") mit Hilfe einer konzentrisch um die Düse angebrachten ringförmigen Auffangdüse angezeigt werden. Bild 11.2 zeigt den hier gemessenen Druck in Abhängigkeit vom Druck an der Seite des stärkeren Strahles („Emitter"), mit dem Kollektordruck als Parameter. Wie aus dem Bild ersichtlich, ist die Beziehung Ausgangsdruck zu Emitterdruck nur in einem beschränkten Gebiet linear. In der praktischen Ausführung werden die beiden Versorgungsdrücke meist konstant gehalten und der Druck an der Emitterseite über eine zusätzliche Steuerdüse verändert.

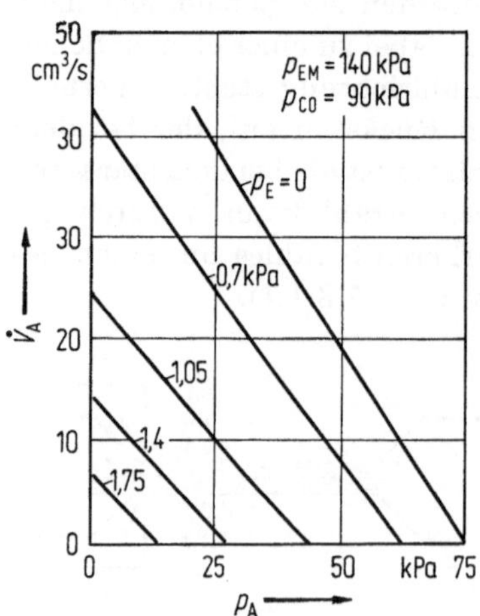

Bild 11.3. Ausgangskennlinie des Gegenstrahlelementes. Ausgangsfluß $\dot{V}_A$ und Ausgangsdruck p_A in Abhängigkeit von der Ausgangsbelastung. Eingangsdruck p_E als Parameter.

Von dem Gegenstrahlelement sind zwei Ausführungen bekannt geworden, die sich durch die Art ihrer Steuerung unterscheiden. Beim „Direct Impact Modulator“ (Bild 7.4a) wird der Steuerstrahl über eine ringförmige um die Emitterdüse angeordnete Düse zugeführt. Beim „Transverse Impact Modulator“ ist der Steuerstrahl von der Seite her auf den Emitterstrahl gerichtet (Bild 7.4b). Diese letzte Anordnung wird in der Praxis bevorzugt, da sie konstruktiv einfacher ist. Bild 11.3 zeigt Ausgangskennlinien des Gegenstrahlelementes, den Ausgangsfluß in Abhängigkeit vom Ausgangsdruck bei veränderlicher Belastung, gemessen bei konstanten Versorgungsdrücken mit dem Steuerdruck als Parameter. Die Kennlinien sind angenähert linear; ihr Verlauf kann durch Ändern der Form der Auffangdüse verändert werden.

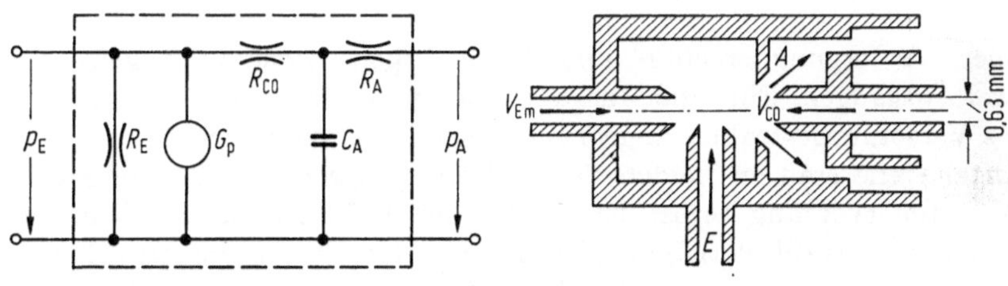

Bild 11.4. Bild 11.5.

Bild 11.4. Ersatzschaltbild des Gegenstrahlelementes. R_E Widerstand der Eingangsdüse, R_{CO} Widerstand der Kollektordüse, R_A Widerstand der Ausgangsdüse, C_A Ausgangsvolumen, G_p Verstärkung.

Bild 11.5. Praktische Ausführung eines Gegenstrahlelementes.

Lechner und Sorenson haben für ein Gegenstrahlelement folgende Verstärkungswerte gemessen: „Transverse Impact Modulator“: Druckverstärkung 20 bis 100, Flußverstärkung 5 bis 30; „Direct Impact Modulator“: Druckverstärkung 200.

Das Frequenzverhalten des Gegenstrahlelementes ist an Hand eines Ersatzschaltbildes gedeutet worden (Bild 11.4). Es enthält Widerstände für die Steueröffnung, die Ausgangsöffnung und die Ausgangsbelastung, sowie einen kapazitiven Widerstand für das Volumen der Auffangdüse. Die Verstärkung wird durch eine Ersatzstromquelle dargestellt. Der Frequenzbereich wächst mit kleiner werdendem Volumen der Auffangdüse. Bild 11.5 gibt die Abmessungen eines praktisch ausgeführten Elementes wieder.

11.2. Induktionselement

Das Element wurde von Reilly unter der Bezeichnung „Induction Fluid Amplifier“ angegeben (Bild 11.6). Es ist ein ebenes Element mit

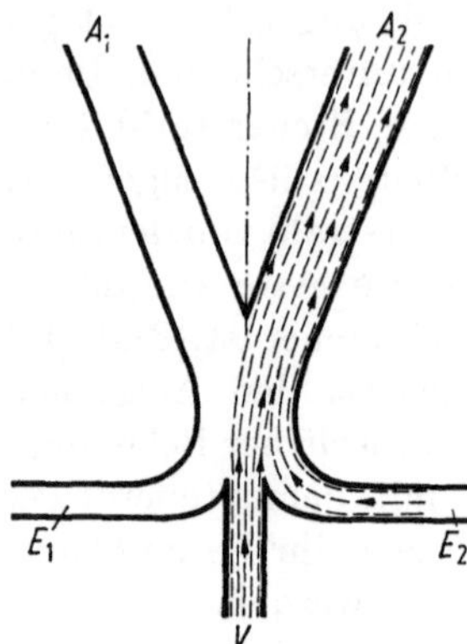

Bild 11.6. Induktionselement (nach Reilly).

einer Versorgung, rechts- und linksseitigen Steuereingängen und zwei Ausgängen. Ein- und Ausgang sind symmetrisch zur Mittenebene des Versorgungsstrahles angeordnet. Ebenfalls symmetrisch zu dieser Mittenebene sind zu beiden Seiten feste Umgrenzungen angebracht. Der Steuervorgang selbst ist in Abschnitt 7.3.1.4 beschrieben. Ist kein Steuerstrahl vorhanden, so nimmt der Versorgungsstrahl eine Mittenlage ein. Ein Steuerstrahl legt sich an die zugehörige Umgrenzung an (Bild 11.6) und saugt dabei den Versorgungsstrahl zu sich herüber.

Über das Induktionselement sind keine weiteren Einzelheiten bekannt geworden. Ein anderes Element, dessen Arbeitsweise auf dem gleichen Prinzip, d. h. der Ablenkung eines Strahles durch die Saugwirkung eines anderen Strahles, beruht, ist die von Swarz angegebene „Und-Exclusiv-oder"-Verknüpfung (Bild 11.7). Das Element hat zwei getrennte Eingänge A und B, zwei getrennte Ausgänge a und b

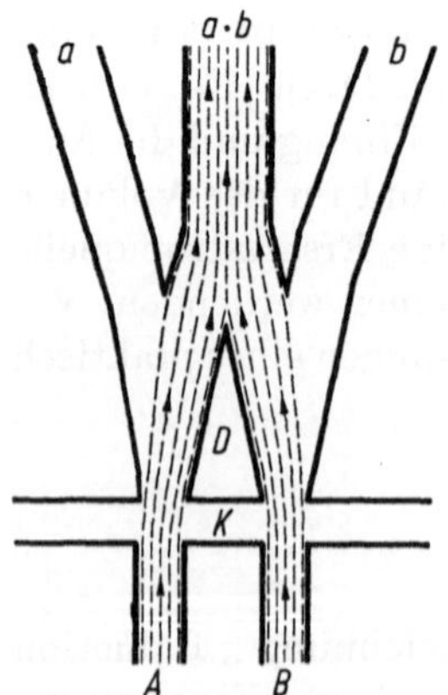

Bild 11.7. „Und-Exclusiv-oder"-Verknüpfung nach Swarz. A und B Eingänge, a und b Einzelausgänge, a · b gemeinsamer Ausgang, K Verbindungskanal, D dreieckiges Trennstück der Flußwege.

und einen gemeinsamen Ausgang a · b. Ferner sind mehrere Ausgleichsöffnungen zur Umgebung vorgesehen. Strömt Fluid durch einen der Eingänge in das Element, so wird es durch eine diesem Eingang zugeordnete Haftwand in einer definierten Lage gehalten und verläßt das Element durch den zugehörigen Ausgang. So fließt z. B. die Strömung vom Eingang A zum Ausgang a (entsprechend den Verhältnissen in Haftstrahlelementen ist der Hafteffekt durch die Reynolds-Zahl der Strömung mitbedingt). Strömt Fluid durch beide Eingänge A und B in das Element, so bildet sich in dem Verbindungskanal K zwischen den beiden Strömungswegen ein Unterdruck aus. Überschreitet dieser Unterdruck einen bestimmten Wert, so werden beide Strahlen aus den ursprünglichen Haftlagen abgelenkt, legen sich an die Schenkel des gleichschenkligen inneren Dreiecks D im Element an und verlassen das Element durch den gemeinsamen Ausgang a · b. Das Umschalten auf den gemeinsamen Ausgang geht schlagartig vor sich, sobald das Verhältnis des kleineren der beiden Eingangsdrücke zum größeren Eingangsdruck einen bestimmten Wert überschreitet. Dieser Wert liegt bei praktisch ausgeführten Elementen bei etwa 1/6. Wird

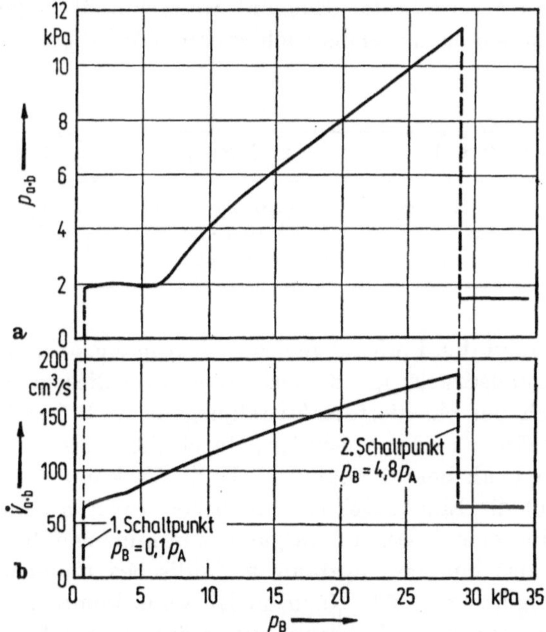

Bild 11.8. Kennwerte einer „Und-Exclusiv-oder"-Verknüpfung nach Bild 11.7. Druck p_{ab} am gesperrten gemeinsamen Ausgang a · b (a), und Fluß $\dot{V}_{ab}$ im offenen gemeinsamen Ausgang a · b (b), in Abhängigkeit von p_B. Druck p_A am Eingang A konstant (6 kPa), Druck p_B am Eingang B veränderlich.

also z. B. der Eingangsdruck bei A konstant auf den Wert p gehalten, so verläßt die Strömung das Element über den gemeinsamen Ausgang a · b, so lange der Eingangsdruck bei B zwischen den Werten (1/6) p und $6p$ liegt.

Bild 11.8 gibt einige an diesem Element gemessenen Werte wieder (bei dem Versuchsmuster betrug die Breite der Eingänge 0,74 mm und ihre Tiefe 1,4 mm). Bild 11.8a zeigt den Druck am gesperrten Ausgang a · b, gemessen mit variablem Eingangsdruck p_B und konstant gehaltenem Eingangsdruck p_A. Danach beträgt bei kleinen Werten des Eingangsdruckes p_B der Ausgangsdruck bei a · b nur wenige Prozent des Eingangsdruckes p_A und steigt angenähert proportional mit p_B an. Hat p_B ungefährt den Wert (1/6) p_A erreicht, so schaltet die von A kommende Strömung vom Ausgang a nach dem Ausgang a · b um (1. Schaltpunkt), und der Druck $p_{a \cdot b}$ erhöht sich wesentlich. Wird der Druck p_B weiter erhöht, so bleibt der Druck $p_{a \cdot b}$ zunächst angenähert konstant, so lange bis p_B gleich p_A ist. Oberhalb dieses Wertes erhöht sich $p_{a \cdot b}$ ungefähr proportional mit p_B bis p_B den Wert $6p_A$ erreicht hat. Bei diesem Wert schaltet die von B kommende Strömung plötzlich auf den Ausgang b um (2. Schaltpunkt). Nur die von A kommende Strömung verläßt das Element weiterhin über den Ausgang a · b. Man kann demnach drei deutlich voneinander abgesetzte Bereiche unterscheiden:

	1. Bereich	2. Bereich	3. Bereich
	$p_B < (1/6)\, p_A$	$(1/6)\, p_A < p_B < 6p_A$	$p_B > 6p_A$
Strömung	A → a	A → a · b	A → a · b
Strömung	B → a · b	B → a · b	B → b

Bild 11.8b zeigt den Fluß am geöffneten Ausgang a · b in Abhängigkeit vom Eingangsdruck p_B. Bemerkenswert an diesem Element ist noch, daß auch bei blockiertem Mittelausgang a · b das Fluid nicht durch die Ausgänge a oder b, sondern durch die Ausgleichsöffnungen abströmt. Anders als bei der analogen „Und"-Verknüpfung werden bei diesem Element die Eingangssignale auch bei größeren Abweichungen voneinander im gemeinsamen Ausgang zusammengefaßt. Die Verknüpfung ist also ein leistungsfähiges fluidisches Bauelement, z. B. für Addiererschaltungen. Als Nachteil ist seine komplizierte Bauart anzusehen. So läßt es sich kaum aus geätzten Blechen aufbauen (Abschnitt 17.1.1), da das Dreieck D in der Mitte des Elementes keine mechanische Verbindung mit den anderen Teilen der Kanalwände hat, und daher nach dem Ätzen nicht in seiner Lage fixiert ist.

11.3. Strahlablöseelement

Dieses verwickelt aufgebaute Element wurde unter der Bezeichnung „Double Leg Elbow Amplifier“ in der amerikanischen Literatur beschrieben (Bild 11.9). Es hat eine Versorgung, einen Eingang und zwei Ausgänge. Außerdem sind mehrere Ausgleichsöffnungen zur Umgebung vorhanden. Vom Versorgungsfluß wird unmittelbar nach dessen Eintritt in das Element ein Teil abgezweigt. Dieser Nebenfluß strömt durch einen gekrümmten Kanal („Elbow“) und trifft weiter strom-

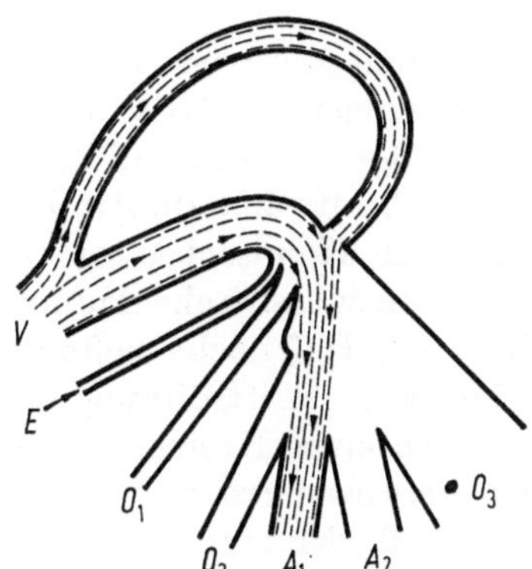

Bild 11.9. Strahlablöseelement.

abwärts unter einem angenähert rechten Winkel wieder auf den Hauptfluß. Bei diesem Zusammentreffen lenkt er den Hauptfluß in Richtung auf eine konkav gekrümmte Haftwand hin ab. Anschließend verläßt der gesamte Fluß das Element durch den zur Haftwand gehörigen — im Bild linken — Ausgang A_1. An der Stelle, wo im Element der Nebenfluß auf den Hauptfluß trifft, ist der Hauptflußkanal stark gekrümmt. An der Innenseite der Krümmung ist der Steuereingang angebracht; er ist der Richtung des Hauptflusses entgegengesetzt gerichtet. Ein Steuerfluß hebt den Versorgungsstrahl teilweise von der inneren gekrümmten Wand und damit auch von der Haftwand ab. Dadurch wird ein dem Steuerfluß proportionaler Teil des Hauptflusses auf den im Bilde rechten Ausgang A_2 abgezweigt. Für dieses Element werden Flußverstärkungen bis zu 200 angegeben. Einzelheiten über die Abmessungen des Elementes und seine Arbeitsweise in Abhängigkeit von den Betriebsdaten sind nicht bekannt geworden.

11.4. Fokussierelement

Dieses Element wurde unter der Bezeichnung „Focussed Jet Amplifier“ in der amerikanischen Literatur beschrieben (Bild 11.10). Es handelt sich um ein Haftstrahlelement mit einer stabilen Lage. Die

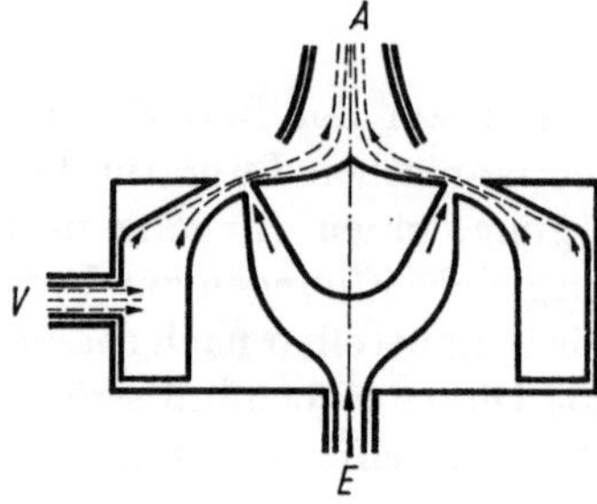

Bild 11.10. Fokussierelement.

Versorgungsdüse ist als kreisförmiger Ringschlitz ausgebildet. Der Versorgungsstrahl tritt in Form eines Konusmantels mit Richtung auf die Konusspitze aus und legt sich anschließend an eine koaxiale konusförmige Haftwand an. Am Ende der Haftwand bildet sich ein in Richtung der Konusachse abströmender Strahl aus, der das Element über eine zylindrische Auffangöffnung verläßt. Zwischen Versorgungsdüse und Haftfläche befindet sich die ebenfalls als Ringschlitz ausgebildete Austrittsöffnung für den Steuerstrahl. Der Steuerstrahl tritt in Form eines Kreiszylinders parallel zur Konusachse aus und hebt den Versorgungsstrahl von der Haftfläche ab. Das Fluid strömt dann außerhalb der Haftfläche in die Umgebung ab. Fließt keine Steuerströmung mehr, so kehrt der Versorgungsstrahl wieder in seine Haftlage zurück. Das Element stellt demnach eine „Nor"-Verknüpfung dar. Es soll möglich sein, bis zu vier Eingänge und bis zu vier Ausgänge an das Element anzuschließen, die alle voneinander entkoppelt sind. Auch bei diesem Element sind keine Einzelheiten über die Abmessungen und seine Arbeitsweise in Abhängigkeit von den Betriebsdaten bekannt geworden.

11.5. Schneidentonelement

Dieses Element wurde unter der Bezeichnung „Edge Tone Amplifier" in der amerikanischen Literatur beschrieben. Wird eine Schneide von einem in ihrer Symmetrieebene verlaufenden Strahl getroffen, so treten Schwingungen senkrecht zur Fortpflanzungsrichtung des Strahles auf (Bild 11.11). Diese haben ihre Ursache darin, daß der Strahl infolge geringer Unsymmetrien — entweder in der Anordnung oder im Strahl selbst — längs einer Schneidenseite abströmt. Dabei entsteht an der anderen Seite der Schneide ein geringer Unterdruck, und dieser lenkt den Strahl auf die andere Seite der Schneide ab. Anschließend bildet sich an der ursprünglichen Abströmseite ein Unterdruck aus und der Strahl kehrt wieder in seine Anfangslage zurück. Der Vorgang

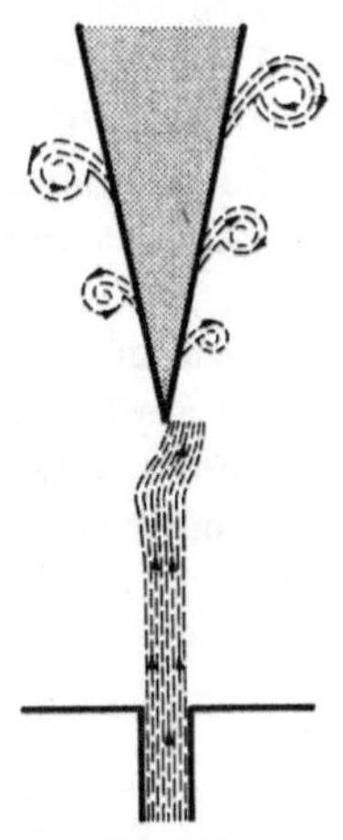

Bild 11.11.

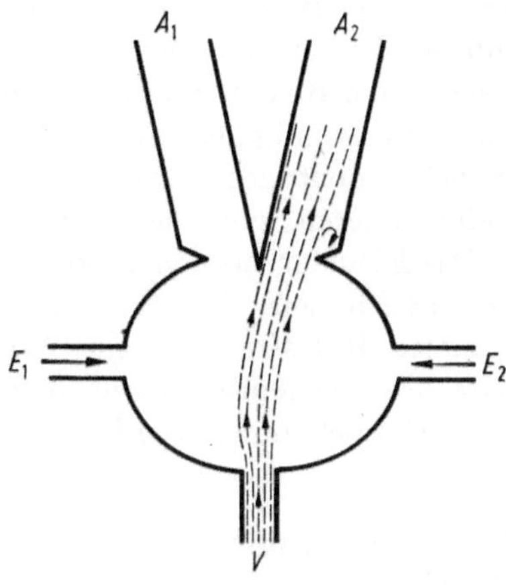

Bild 11.12.

Bild 11.11. Entstehung von Tönen an einer Schneide durch Ablösung von Wirbeln.

Bild 11.12. Schneidentonelement.

wiederholt sich periodisch mit der Frequenz f in Hertz nach der Zahlenwertgleichung:

$$\frac{f}{\text{Hz}} = 0{,}466\, j \left(\frac{u}{\text{cm/s}} - 40\right)\left(\frac{1}{\text{h/cm}} - 0{,}07\right). \qquad (11.1)$$

Hierbei ist u die Düsenaustrittsgeschwindigkeit, h der Abstand Düse-Schneide und $j = 1;\ 2;\ 3;\ 3{,}8$ oder $5{,}4$ eine experimentell bestimmte Konstante.

Diese Anordnung wird in Musikinstrumenten, z. B. Orgeln, zur Erzeugung von Tönen verwendet. Das Schneidentonelement der Fluidik (Bild 11.12) beruht ebenfalls auf diesem Effekt. Das Element ist eben und hat eine Versorgung, zwei Eingänge und zwei Ausgänge. Die Eingänge und Ausgänge sind symmetrisch zur Mittenebene des Versorgungsstrahles angeordnet. Die Ausgänge sind von dem als Schneide ausgebildeten Keil in der Mittenebene des Versorgungsstrahles und zwei aus den Seitenwänden rechts und links herausragenden Schneiden flankiert. Die Schneiden an den Seitenwänden sind ungefähr senkrecht zur Strömungsrichtung des Strahles angeordnet. Sie haben die Aufgabe, den Strahl in seiner jeweiligen Lage zu halten, d. h., das periodische Umschalten des Strahles von einem Ausgang auf den anderen zu verhindern. Strömt Fluid durch einen der beiden Ausgänge ab, so bildet sich an der zugehörigen seitlichen Schneide ein Unterdruck aus. Der damit entstehende Druckabfall quer zur Strömungsrichtung des

Strahles hält diesen in seiner augenblicklichen Lage fest. Wird von der Anliegeseite des Strahles her ein Eingangssignal auf das Element gegeben, so wird der Strahl auf den anderen Ausgang geschaltet. Die Schaltgeschwindigkeit ist in erster Linie bestimmt durch die Frequenz des Schneidentones, der an der inneren Schneide bei Abwesenheit der beiden äußeren Schneiden auftreten würde.

Das Element kann mehrere, voneinander unabhängige Eingänge und Ausgänge haben. Die Flußverstärkung ist angeblich größer als beim normalen Haftstrahlelement. Weitere Einzelheiten über die Arbeitsweise des Elementes, sowie über dessen Anwendung in Schaltungen sind nicht bekannt geworden.

11.6. Speicher mit Gedächtnis

Soll in einem fluidischen Strömungselement eine Information gespeichert bleiben, so muß dem Element dauernd Energie über den Versorgungsstrahl zugeführt werden. Eine Speicherung ohne dauernde Energiezufuhr ist möglich mit einem Element, das ein flüssiges und ein gasförmiges Fluid enthält. Hierzu wird die zwischen den beiden in verschiedenen Aggregatzuständen befindlichen Fluiden auftretende Oberflächenspannung benutzt. Der in Bild 11.13 dargestellte Speicher arbeitet nach diesem Prinzip. Er besteht aus zwei über einen engen Kanal miteinander verbundenen Kammern gleicher Größe und Form. Eine der Kammern ist mit einer Flüssigkeit gefüllt. Diese muß beim Benetzen der Kammerinnenwand Kapilardepression zeigen (dies ist z. B. bei den Flüssigkeiten Glyzerin oder Quecksilber und einer Glaswand der Fall). Eine derartige Flüssigkeit dringt dann von sich aus

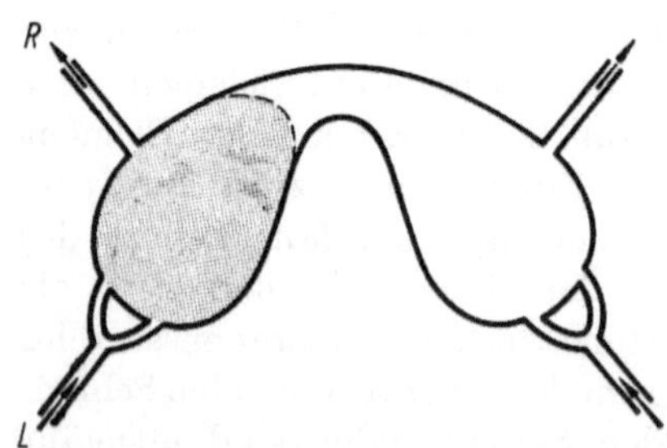

Bild 11.13. Strömungselement mit Gedächtnis. *S* Speichern, *L* Löschen, *R* Lesen.

nicht in die andere Kammer ein. Erst wenn über einen der im Bilde mit „Speichern“ oder „Löschen“ bezeichneten Kanäle mit Hilfe eines gasförmigen Fluids Druck auf die mit Flüssigkeit gefüllte Kammer gegeben wird, tritt die Flüssigkeit in die andere Kammer über. Der Gasdruck muß groß genug sein, um die am Eingang zum Verbindungskanal wirksame Oberflächenspannung zu überwinden. Der Druck braucht nur während des Zeitintervalls vorhanden zu sein, in dem das flüssige Fluid von der einen in die andere Kammer übertritt.

Der Zustand des Speichers, d. h., ob eine Kammer mit Flüssigkeit gefüllt ist oder nicht, kann über einen — im Bilde links mit „Lesen“ bezeichneten — Kanal mit Hilfe eines Gasdruckimpulses abgefragt werden. Der Speicher ändert beim Lesen seinen Zustand nicht. Auch über diesen Speicher sind keine Einzelheiten über Arbeitsweise und praktische Anwendungen bekannt geworden.

12. Passive Strömungselemente

12.1. Allgemeines

Passive fluidische Bauelemente benötigen im Betriebe keine Versorgung. Zu ihnen gehören fluidische Widerstände, Induktivitäten und Kapazitäten, fluidische Gleichrichter und verschiedene Elemente, die logische Verknüpfungen ausführen.

Im Gegensatz zur Elektronik gibt es in der Fluidik keine Bausteine, die praktisch als reine Widerstände, Induktivitäten oder Kapazitäten angesehen werden können. Bei den fluidischen Gleichrichtern ist nur mit mechanischen Fluidikelementen ein höheres Sperr-Durchlaß-Verhältnis erzielbar. Für als Gleichrichter arbeitende Strömungselemente liegt dieser Wert um Größenordnungen unter dem elektronischer Gleichrichter. Fluidische passive logische Verknüpfungen gibt es in verschiedenen Ausführungen. Sie werden meist in Schaltungen eingesetzt, bei denen der Leistungsverbrauch möglichst niedrig sein soll.

12.2. Fluidische Widerstände

Wie bereits in Abschnitt 4 erörtert, tritt in allseitig geführten Fluidströmen ein Abfall des Druckes längs des Strömungsweges auf. Dieser Druckabfall ist abhängig von der Zähigkeit des Fluids, der Form und Größe des durchströmten Querschnittes, der Länge des Strömungsweges und der Strömungsgeschwindigkeit. Für ein inkompressibles Fluid läßt sich der Strömungswiderstand für eine bestimmte Weglänge definieren als der Quotient aus Druckabfall längs des Wegstückes l, geteilt durch die Masse m des Fluids, das in der Zeit t in das Wegstück eintritt, bzw. aus diesem austritt. Die Gesetzmäßigkeiten für den fluidischen Widerstand bei einer Leitung mit nicht konstantem Querschnitt sind sehr verwickelt und mathematisch schwierig zu behandeln. Nur für den geraden glatten langen Leiter mit konstantem, kreisförmigen Querschnitt besteht bei laminarer Strömung ein linearer Zusammenhang zwischen Druckabfall und durchströmender Fluidmasse (Abschnitt 4.2).

Hiervon jedoch ausgenommen ist der Leiteranfang, die sogenannte Einlaufstrecke (Abschnitt 4.2.2), denn hier bildet sich die laminare Strömung erst aus. Die Länge der Einlaufstrecke ist proportional dem Produkt aus Leitungsdurchmesser d und dem Quadrat der mittleren Strömungsgeschwindigkeit u. Fluidische Widerstände, die in einem größeren Bereich linear sein sollen, müssen also möglichst lang im Verhältnis zu ihrem Durchmesser sein. Die Widerstandswerte derartiger Leiter sind für praktische Anwendungen häufig zu groß; in diesen Fällen ordnet man eine Anzahl von Kapillaren gleicher Länge und von gleichem Querschnitt parallel nebeneinander an.

Der Leitungswiderstand für den langen geraden Leiter bei laminarer Strömung errechnet sich nach dem Hagen-Poiseuilleschen Gesetz (Abschnitt 4.1) zu

$$R = \frac{\mathrm{d}p}{\mathrm{d}x}\frac{1}{\dot{V}} = \frac{128}{\pi d^4}\nu l = \frac{8\pi}{A^2}\nu l \,. \tag{12.1}$$

Für kürzere Leiter macht sich der Einfluß der Einlaufstrecke bemerkbar, und der Widerstand erhöht sich dementsprechend (Bild 12.1a). Für rechteckige Leiter erhöht sich der Widerstand bei konstantem Querschnitt mit wachsendem Tiefen-Breiten-Verhältnis gemäß Bild 12.1b. Im turbulenten Bereich steigt der Widerstand mit wachsender Strömungsgeschwindigkeit nach einer mathematisch nicht exakt formulierbaren Gesetzmäßigkeit an; d. h. der Widerstand ist hier nicht mehr linear.

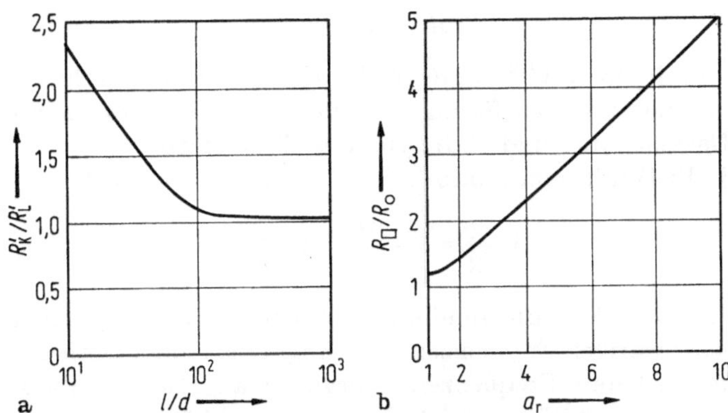

Bild 12.1. a) Widerstandserhöhung bei kurzen Leitungen (nach Multrus). Längenbezogener Widerstand R'_K der kurzen Leitung, bezogen auf den Widerstand R'_L der langen Leitung, in Abhängigkeit von der Leitungslänge; b) Widerstandserhöhung bei langen, rechteckigen Leitungen (nach Schädel). Widerstand $R'_\square$ der längenbezogenen rechteckigen Leitung, bezogen auf den Widerstand $R'_\bigcirc$ der längenbezogenen kreisförmigen Leitung gleichen Querschnittes. a_r Tiefen-Breiten-Verhältnis der rechteckigen Leitung.

12.3. Fluidische Induktivitäten, Kapazitäten und Helmholtz-Resonatoren

Ändert sich der Bewegungszustand eines Fluid-Elementarteilchens mit der Zeit, so gilt die allgemeine Bewegungsgleichung der Mechanik: Kraft gleich Masse mal zeitlicher Geschwindigkeitsänderung:

$$\Delta pA = \frac{\mathrm{d}}{\mathrm{d}t}(\varrho l \cdot A\bar{u}) . \tag{12.2}$$

(l Länge des Teilchens im Leiter, A Leitungsquerschnitt).
Setzt man

$$\varrho A\bar{u} = \varrho A \frac{\mathrm{d}l}{\mathrm{d}t} = \dot{m} ,$$

wobei $\dot{m} = \mathrm{d}m/\mathrm{d}t$ die durch den Querschnitt transportierte Masse darstellt, und setzt man ferner $l/A = L$, so ist

$$\Delta p = L \frac{\mathrm{d}\dot{m}}{\mathrm{d}t} . \tag{12.3}$$

(L fluidische Induktivität des Leiters). Der Wert der Induktivität hängt nur von den Abmessungen des Leiters ab.

Wird das für ein Elementarteil eines Fluids zur Verfügung stehende Volumen innerhalb eines Zeitintervalls verändert, so ändert sich die Fluiddichte ϱ und es ist

$$\frac{\mathrm{d}\varrho}{\mathrm{d}t} = \frac{\mathrm{d}\varrho}{\mathrm{d}p}\frac{\mathrm{d}p}{\mathrm{d}t} . \tag{12.4}$$

Hierbei ist $\mathrm{d}\varrho/\mathrm{d}p = 1/c_\mathrm{a}^2 = 1/(nR_\mathrm{G}T)$. c_a ist die Schallgeschwindigkeit in dem betreffenden gasförmigen Fluid, n der Polytropenexponent, R_G die Gaskonstante und T die absolute Temperatur.

Wird (12.4) mit dem Faktor $Al = V$ erweitert, so wird

$$V\frac{\mathrm{d}\varrho}{\mathrm{d}t} = \frac{V}{c_\mathrm{a}^2}\frac{\mathrm{d}p}{\mathrm{d}t} = C\frac{\mathrm{d}p}{\mathrm{d}t} . \tag{12.6}$$

Hierbei ist $C = V/c_\mathrm{a}^2$ die fluidische Kapazität. Der Polytropenexponent ist bei niedrigen Frequenzen (Vorgänge angenähert isotherm) etwa 1 und bei höheren Frequenzen (Vorgänge angenähert adiabatisch) etwa 1,4; der Kapazitätswert ist also frequenzabhängig.

Aus den Gleichungen $L = l/A$ für die fluidische Induktivität und $C = Al/c_\mathrm{a}^2$ für die fluidische Kapazität geht hervor, daß der Scheinwiderstand einer engen Leitung vorwiegend induktiv und der Scheinwiderstand einer weiten Leitung vorwiegend kapazitiv ist. Führt man kurze Leitungsstücke verschiedener Weite zusammen, so entstehen fluidische Schwingungskreise, sogenannte Helmholtz-Resonatoren. Hiervon gibt es zwei Typen: den Reihen- und den Parallelschwingkreis. Beim ersten Typ (Bild 12.2a) ist das zeitabhängige Eingangssignal am Eingang des engen Leitungsstückes wirksam; in der widerstandstreuen elektrischen Analogie (Abschnitt 4.7) ist der entsprechende elektrische Schaltkreis eine Reihenschaltung einer Induktivität mit

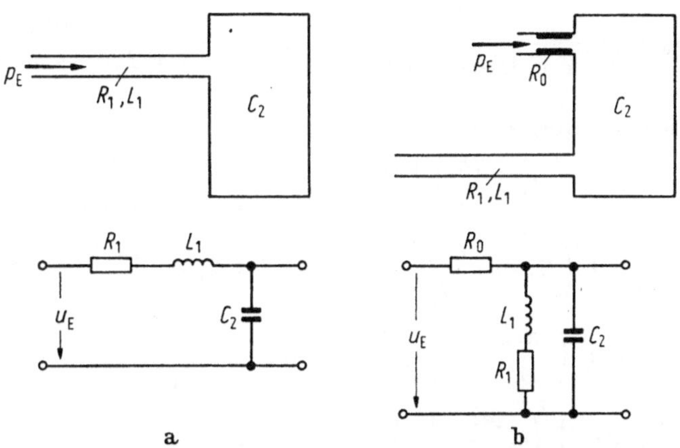

Bild 12.2. Helmholtz-Resonatoren. a) Reihen-Resonanzkreis und elektrisches Ersatzschaltbild; b) Parallel-Resonanzkreis und elektrisches Ersatzschaltbild.

einer Kapazität. Beim zweiten Typ (Bild 12.2b) ist das Eingangssignal über einen Widerstand am Eingang des weiten Leitungsstückes wirksam; der entsprechende elektrische Schaltkreis enthält die Parallelschaltung einer Induktivität mit einer Kapazität.

Bei der Reihenanordnung ist der komplexe Widerstand

$$Z_R = R_1 + j\omega\left(L_1 - \frac{1}{\omega^2 C^2}\right) = R_1 + j\omega L_1\left(1 - \frac{1}{\omega^2 L_1 C_2}\right). \quad (12.7)$$

Der Widerstand der vorwiegend kapazitiven Leitung ist gering und wird daher vernachlässigt.

Die Kennfrequenz ist

$$\omega_0 = \sqrt{\frac{1}{L_1 C_2}} = \sqrt{\frac{c_a^2}{A_2 l_2} \frac{A_1}{l_1}} = c_a \sqrt{\frac{A_1}{A_2} \frac{1}{l_1 l_2}}. \quad (12.8)$$

Bei dieser Frequenz ist

$$Z_R = R_1 = \frac{8\pi\nu l_1}{A_1^2}. \quad (12.9)$$

Die Kennfrequenz ist um so höher, je größer der Querschnitt der induktiven Leitung im Verhältnis zu derjenigen der kapazitiven Leitung ist. Sie ist um so niedriger, je höher das Produkt der beiden Leitungslängen ist.

Die Güte des Reihen-Resonanzkreises ist

$$\frac{\omega_0 L_1}{R_1} = \frac{1}{R_1}\sqrt{\frac{L_1}{C_2}} = c_a \frac{A_1^2}{8\pi\nu l_1}\sqrt{\frac{l_1}{l_2}\frac{1}{A_1 A_2}}. \tag{12.10}$$

Für die Parallelanordnung ist der komplexe Widerstand

$$Z_P = R_0 + \frac{1}{j\omega C_2 + 1/(R_1 + j\omega L_1)} = R_0 + \frac{R_1 + j\omega L_1}{1 - \omega^2 L_1 C_2 + j\omega C_2 R_1}. \tag{12.11}$$

Bei der Kernfrequenz ist

$$Z_P = R_0 + \frac{R_1 + j\omega_0 L_1}{j\omega_0 C_2 R_1} = R_0 + \frac{L_1}{C_2 R_1} + \frac{1}{j\omega_0 C_2}. \tag{12.12}$$

$$|Z_P| = \sqrt{\left(R_0 + \frac{L_1}{C_2 R_1}\right)^2 + \frac{1}{\omega_0^2 C_2^2}} = \sqrt{\left(R_0 + \frac{L_1}{C_2 R_1}\right)^2 + \frac{L_1}{C_2}}$$

$$= \sqrt{\left(\frac{8\pi\nu l_0}{A_0^2} + \frac{l_1}{l_2}\frac{c_a^2}{A_1 A_2}\frac{A_1^2}{8\pi\nu l_1}\right)^2 + \frac{l_1}{l_2}\frac{c_a^2}{A_1 A_2}}$$

$$\approx c_a \sqrt{\left(c_a \frac{A_1}{A_2}\frac{1}{8\pi\nu l_2}\right)^2 + \frac{l_1}{l_2}\frac{1}{A_1 A_2}}. \tag{12.13}$$

Die Güte des Parallel-Resonanzkreises bei der Kennfrequenz ist

$$\frac{Z_p}{\omega_0 L_1} = \frac{1}{\sqrt{\frac{L_1}{C_2}}} \approx \frac{c_a \sqrt{\left(c_a \frac{A_1}{A_2}\frac{1}{8\pi\nu l_2}\right)^2 + \frac{l_1}{l_2}\frac{1}{A_1 A_2}}}{c_a \sqrt{\frac{l_1}{l_2}\frac{1}{A_1 A_2}}}, \tag{12.14}$$

$$\frac{Z_p}{\omega_0 L_1} \approx \sqrt{\left(c_a \frac{A_1}{A_2}\frac{1}{8\pi\nu l_2}\right)^2 \frac{l_2}{l_1}(A_1 A_2) + 1}. \tag{12.15}$$

Für die Reihenanordnung hat der Scheinwiderstand bei $\omega = \omega_0$ ein Minimum und der Fluß damit ein Maximum. Umgekehrt hat bei der Parallelanordnung der Scheinwiderstand für $\omega = \omega_0$ einen hohen Wert und der Fluß einen niedrigen Wert. Bei praktischen Anordnungen ist ein möglichst hoher Scheinwiderstand erwünscht; hier wird daher der Parallel-Helmholtz-Resonator bevorzugt.

12.4. Fluidische Strömungsgleichrichter

12.4.1. Fluidische Strömungsgleichrichter allgemein

Bei einem fluidischen Gleichrichter mit bewegten Teilen preßt ein Druck in Sperrichtung ein mechanisches Teil (Kolben, Membran, Kugel) gegen eine abdichtende feste Sitzfläche und blockiert dabei den Fluß in dieser Richtung. An dem festen Teil baut sich dann ein Druck auf. Ein Druck in Durchlaßrichtung bewegt das feste Teil in entgegengesetzter Richtung und preßt es gegen eine nicht abdichtende andere Sitzfläche. In diesem Falle wird der Strömungsweg nicht versperrt, und das Fluid strömt mit geringem Druckabfall durch den Gleichrichter.

Anders liegen die Verhältnisse bei den fluidischen Strömungsgleichrichtern. Bei diesen lassen sich voneinander verschiedene Widerstände für entgegengesetzte Strömungsrichtungen nur durch geeignete Formen der Umgrenzungen des Strömungsweges erzielen. Bei Einweggleichrichtern ist es praktisch nicht möglich, ein hohes Sperr-Durchlaß-Verhältnis zu erreichen. Fluidische Strömungsdioden haben daher in der Schaltkreistechnik keine besondere Bedeutung erlangt. Fluidische Doppelweg-Gleichrichter, die für einige Schaltungen der fluidischen Übertragungstechnik benutzt werden, arbeiten in diesen Anordnungen in zufriedenstellender Weise.

12.4.2. Tesla-Diode

Bild 12.3a zeigt die von Tesla im Jahre 1920 angegebene Anordnung zur Gleichrichtung von Fluidströmen. Im Bilde verläuft die Sperrichtung der Ströme von links nach rechts. Von dem Hauptkanal des Strömungsweges zweigt in regelmäßigen Abständen ein Teil des Fluids in Nebenkanäle ab und wird nach dem Durchfließen von Schleifen unter einem Winkel von etwa $(3/4)\pi$ rad wieder auf den Hauptkanal zurückgeführt. Dabei bremst dieses Fluid die Strömung im Hauptkanal ab. Fließt die Strömung in Durchlaßrichtung, d. h. im Bilde von rechts nach links, so tritt praktisch kein Fluid in die Nebenkanäle ein, und das Fluid durchströmt den Gleichrichter im wesentlichen ungehindert.

Eingehende Untersuchungen an einer einzelnen Stufe einer Diode haben gezeigt, daß das theoretisch zu erwartende und praktisch erzielbare höchste Sperr-Durchlaß-Verhältnis zwischen 4 und 5 liegt. Bei diesen Untersuchungen wurden Breite des Nebenkanals bei der Zusammenführung und Richtung des Hauptkanals an der Verzweigung variiert. Mit wachsendem Sperrwiderstand vergrößert sich auch der Durchlaßwiderstand; der angegebene Wertebereich stellt den günstigsten erzielbaren Kompromiß zwischen Sperr- und Durchlaßwert dar.

12.4.3. Wirbelkammerdiode

Bild 12.3b zeigt den Aufbau der als Diode arbeitenden Wirbelkammer. Eine flache zylindrische Kammer hat eine Öffnung E in der Mitte einer der Deckflächen. Die Zuführung A ist tangential zum Umfang

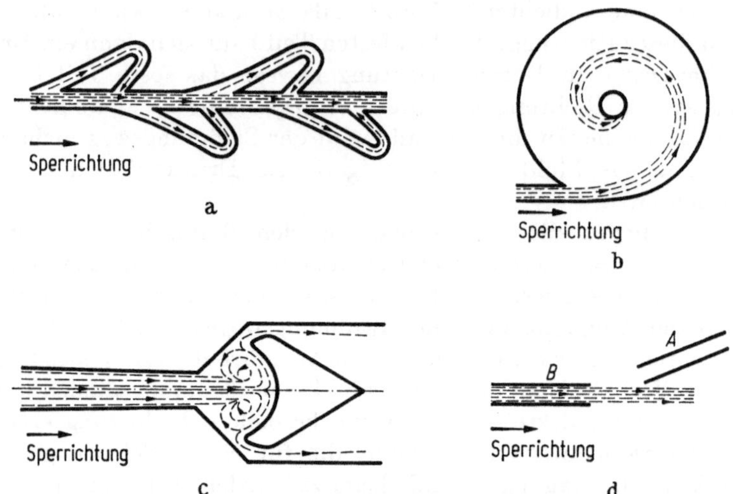

Bild 12.3. Fluidische Einweggleichrichter (Dioden). a) Tesla-Diode; b) Wirbelkammerdiode; c) Diode mit Körper im Strömungsweg; d) Zweirohrdiode.

der Kammer gerichtet. Strömt Fluid über diese Öffnung in die Kammer ein, so durchsetzt sie diese auf einem spiralenförmigen Weg, bevor sie die Kammer über E verläßt (Sperrichtung). Ein Strom in umgekehrter Richtung von E nach A durchsetzt die Kammer in radialer Richtung (Durchlaßrichtung). Der Widerstand in der Durchlaßrichtung ist geringer als in der Sperrichtung. Für das Sperr-Durchlaß-Verhältnis ist bei praktisch ausgeführten Elementen ein Wert von etwa 9 erzielt worden.

12.4.4. Andere Strömungsdioden

Bei der in Bild 12.3c gezeigten Anordnung befindet sich im Strömungsweg eine Erweiterung, in deren Mitte ein Körper angebracht ist. Dieser hat an einer Seite eine Ausnehmung und läuft an der anderen Seite in eine Spitze aus. Strömt Fluid gegen die Ausnehmung, so bilden sich in ihr Zirkulationen aus, die das Umströmen des Körpers erschweren. Eine Strömung in entgegengesetzter Richtung trifft auf die Spitze und wird wenig behindert. Es sollen mit dieser Anordnung Sperr-Durchlaß-Werte von etwa 8 erzielt worden sein.

Ein Gleichrichtereffekt ergibt sich ferner mit der in Bild 12.3d gezeigten Einrichtung. Zwei Düsen A und B stehen einander unter verschiedenen Winkeln gegenüber. Strömt Fluid aus der Düse A, so trifft es auf den Eingang der Düse B und wird von dieser aufgenommen. Fluid aus der Düse B hingegen strömt an der Düse A vorbei. Diese

Anordnung dürfte nur bei laminarem Strahl wirksam sein. Es ist fraglich, ob sie als Gleichrichter angesehen werden kann; denn der Strömungswiderstand ist für beide Richtungen angenähert gleich.

12.4.5. Doppelweggleichrichter

Fluidische Doppelweggleichrichter entsprechen elektrischen in ihrer Wirkungsweise (Bild 12.4). Der Wechseldruck wird auf die Eingänge E_1 und E_2 gegeben. An diese sind zwei Düsen angeschlossen, aus denen abwechselnd Strahlen austreten. Diese werden von einer gemeinsamen Auffangöffnung aufgenommen, die in der Mittenebene der beiden Strahlen angebracht ist. Die Düsenaustrittsöffnungen sind so zueinander angeordnet, daß keine Rückwirkung von einem Strahl auf den anderen Eingang vorhanden ist.

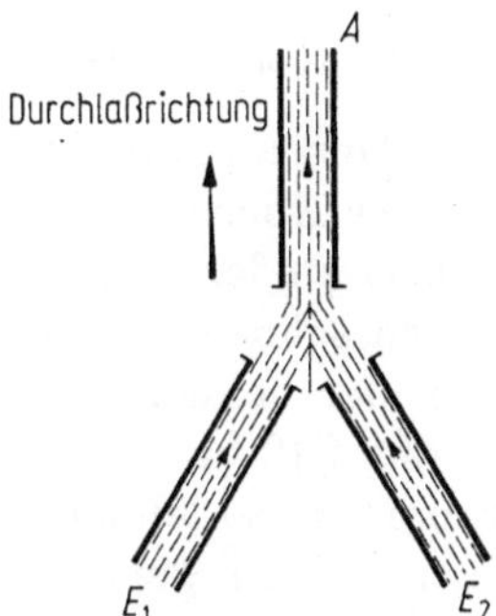

Bild 12.4. Fluidischer passiver Doppelweggleichrichter.

Von dem Element ist eine aktive und eine passive Ausführung bekannt. Bei der passiven Ausführung (Bild 12.4) tritt in der Auffangöffnung ein Drucksignal auf, wenn auf einen der beiden Eingänge ein Drucksignal gegeben wird. Als aktives Element kann ein Strahlablenkelement mit Mittenausgang (Abschnitt 8.3.1) verwendet werden (Bild 8.5b), wenn bei diesem Element das Ausgangssignal an der Mittenöffnung abgenommen wird. Ist kein Eingangsdruck vorhanden, so hat der Ausgangsdruck ein Maximum. Mit wachsendem Druck am rechten oder linken Eingang nimmt der Ausgangsdruck ab. Das Element arbeitet also als invertierender Doppelweggleichrichter mit überlagertem Gleichflußanteil. Es findet Anwendung in Demodulatorschaltungen für fluidische Trägerfrequenzsysteme.

12.5. Passive logische Verknüpfungen

12.5.1. Passive logische Verknüpfungen allgemein

Eine Reihe logischer Verknüpfungen wurde bereits in den Abschnitten 9 bis 11 beschrieben. Ihnen gemeinsam ist, daß sie eine dauernde

Druckversorgung benötigen (Ausnahme Induktions„Exclusiv-oder"-Verknüpfung nach Swarz). Ihre Ausgangssignale sind meist größer und können von längerer Dauer sein als die Eingangssignale (aktive Elemente). Bausteine dieser Art können daher in beliebiger Zahl in Reihe geschaltet werden, ohne daß das zu übertragende Signal degeneriert.

Im Gegensatz hierzu haben passive logische Verknüpfungen keine Versorgung, und ihre Ausgangssignale sind daher schwächer als die Eingangssignale. Es ist nicht möglich, eine größere Anzahl passiver Bauelemente in Reihe zu schalten. Ihre Anwendung beschränkt sich daher auf Fälle, in denen vor allem der Leistungsverbrauch der Schaltung gering sein soll. Es sind bisher nur einige „Und"-Verknüpfungen und „Oder"-Verknüpfungen bekannt geworden.

12.5.2. „Und"-Verknüpfungen

Zwei Düsen A und B (Bild 12.5a) mit den gleichen Abmessungen sind in einer Ebene angeordnet und unter einem Winkel von etwa $\pi/2$ rad gegeneinander gerichtet. In der Nähe des Ortes, wo sich beide Düsenachsen schneiden, befindet sich eine Auffangöffnung a · b. Ist nur in einer der beiden Düsen eine Strömung vorhanden, so geht der Strahl an der Öffnung vorbei in die Umgebung. Führen beide Düsen eine Strömung, so lenken sich die Strahlen gegenseitig ab und strömen in einer beiden gemeinsamen Richtung weiter. Die Abströmrichtung wird durch das Verhältnis der Impulse beider Strahlen bestimmt (Abschnitt 7.3.1). Sind beide Impulse gleich, so trifft der resultierende Strahl genau auf die Auffangöffnung a · b. Mit wachsendem Unterschied der Impulse wird der von a · b aufgenommene Strahlanteil

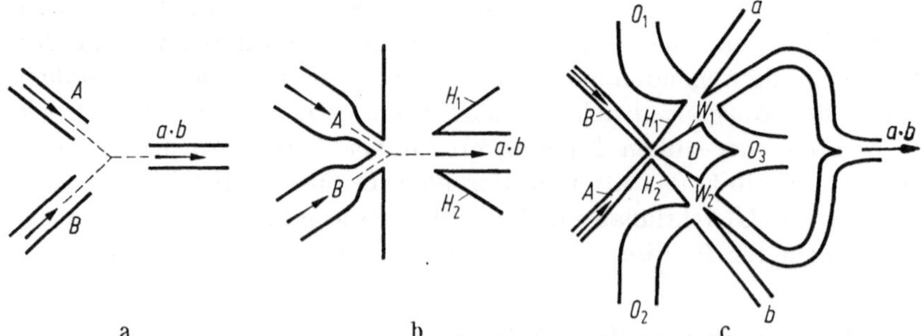

Bild 12.5. Fluidische passive „Und"-Verknüpfungen. a) Analoge „Und"-Verknüpfung, A und B Eingänge, a · b Ausgang; b) „Und"-Verknüpfung mit Haftwänden; c) weitere „Und"-Verknüpfung mit Haftwänden. A und B Eingänge, a · b Ausgang, H_1 und H_2 Haftwände, W_1 und W_2 alternative Führungswände für den gemeinsamen Strahl. D Führungsdreieck.

immer geringer. In Schaltungen mit „Und"-Verknüpfungen sollten daher die beiden Eingangssignale möglichst gleich groß sein.

Bild 12.5b zeigt eine andere Ausführung einer „Und"-Verknüpfung. Hierbei ist die Auffangöffnung a · b verhältnismäßig groß und der Abstand zwischen den Eingangsdüsen A und B und der Auffangöffnung gering. Ist nur ein Eingangssignal vorhanden, so haftet der Strahl an einer der beiden Außenwände H_1 bzw. H_2 der Auffangöffnung. Das Ausgangssignal dieser Elemente schwankt bei nicht allzu großen Unterschieden der Eingangssignale nur in geringen Grenzen; erst wenn das Verhältnis der Eingangsflüsse den Wert 2 übersteigt, fließt auch der resultierende Ausgangsfluß in wachsendem Maße durch eine der Ausgleichsöffnungen ab. Der Druckrückgewinn ist bei gleichen Eingangsdrücken etwa 80%; hierbei ist der Ausgangsdruck auf den größeren der beiden Eingangsdrücke bezogen. Das Element arbeitet im laminaren und turbulenten Bereich.

Eine weitere Ausführung einer „Und"-Verknüpfung zeigt Bild 12.5c. Ist hier nur ein Eingangssignal vorhanden, so haftet der Strahl an der Wand H_1 bzw. H_2 und verläßt das Element durch den jeweils zugehörigen Ausgang a bzw. b. Ein zweites Eingangssignal hebt den bereits vorhandenen Strahl von der Wand ab und lenkt ihn auf die Wand W_1 bzw. W_2 des in der Mitte des Elementes angebrachten Dreiecks D um. Strömungen längs W_1 oder W_2 werden zum gemeinsamen Ausgang a · b geführt. Die Strahlen schalten auf die Wände des mittleren Dreiecks D um, sobald der schaltende Eingangsdruck mehr als ein Fünftel des Eingangsdruckes des geschalteten Strahles beträgt.

12.5.3. Passive „Oder"-Verknüpfungen

„Inclusiv-oder"-Verknüpfung: Eine aktive „Oder"-Verknüpfung in Form eines Haftstrahlelementes wurde bereits in Abschnitt 9.7 behandelt. Hierbei sind zwei Eingänge so zusammengeführt, daß ein Eingang nicht auf die Vorgänge im anderen Eingang zurückwirkt. In den Fällen, wo keine bestimmte Mindestgröße des Ausgangssignales erforderlich ist, kann auch die einfache Zusammenführung zweier Eingänge als „Oder"-Verknüpfung benutzt werden. Wie beim aktiven Element müssen auch hier die Eingänge voneinander entkoppelt sein.

„Und-Exclusiv-oder"-Verknüpfung: Von dieser Verknüpfung gibt es mehrere Ausführungen. Das Induktions-„Und-Exclusiv-oder"-Element wurde bereits in Abschnitt 11.2 (Bild 11.7) im Zusammenhang mit dem Induktionselement nach Reilly beschrieben. Auch das in Bild 12.5c dargestellte „Und"-Element kann als „Und-Exclusiv-oder"-Verknüpfung benutzt werden, wenn die beiden Ausgänge a und b zu einem gemeinsamen Ausgang zusammengeführt werden.

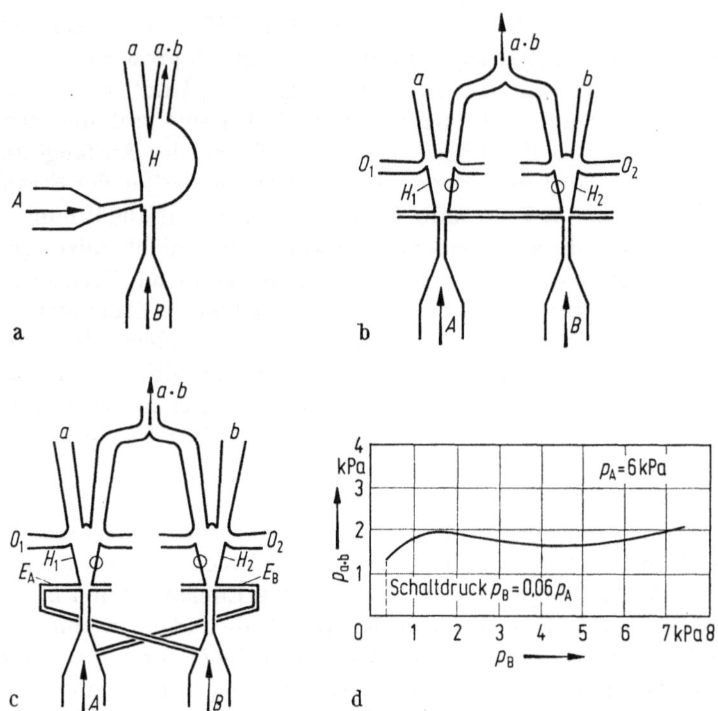

Bild 12.6. Fluidische passive „Oder"-Verknüpfungen. a) „Und-Exclusiv-oder"-Verknüpfung („Hook-Type"); b) Induktions-„Und-Exclusiv-oder"-Verknüpfung mit zwei unistabilen Haftstrahlelementen; c) „Und-Exclusiv-oder"-Verknüpfung mit zwei unistabilen Haftstrahlelementen; d) Element nach Bild 12.6c. Druck p_{ab} am gemeinsamen Ausgang a · b in Abhängigkeit vom Eingangsdruck p_B. Eingangsdruck p_A als Parameter. A und B Eingänge, a und b Ausgänge für Einzelsignale, H_1 und H_2 Haftwände.

Bild 12.6a zeigt ein anderes „Und-Exclusiv-oder"-Element, das in der amerikanischen Literatur als „Hook-type"-Element bezeichnet wird. Ist am Eingang B ein Druck vorhanden, so tritt aus der zugehörigen Austrittsöffnung im Element ein Strahl aus, der sich an die Haftwand H anlegt und das Element durch den Ausgang a verläßt. Ein Druck bei A erzeugt einen Strahl, der in der Auskehlung der gegenüberliegenden Wand um etwa $(3/4)\pi$ rad umgelenkt wird und dann ebenfalls durch den Ausgang a das Element verläßt. Sind an den beiden Eingängen gleichzeitig Drücke vorhanden, so werden beide Strahlen auf den gemeinsamen Ausgang a · b abgelenkt. Die Eigenschaften des Elementes hängen weitgehend von seinen Dimensionen ab. Die Strahlen werden in den verschiedenen Lagen durch Zirkulationen stabilisiert, die sich in der Ausnehmung vor der — im Bilde rechten — Wand und der Zusammenführung der beiden Ausgänge ausbilden.

Die „Und-Exclusiv-oder"-Verknüpfung nach Bild 11.7 ist schwer herzustellen, denn das Dreieck D in der Mitte des Elementes hat mit der äußeren Kontur des Elementes keine Verbindung. Beim „Hook-Typ"-Element nach Bild 12.6a ist die Dimensionierung schwierig. Keine besonderen Probleme ergeben sich jedoch, wenn man die „Und-Exclusiv-oder"-Verknüpfung aus zwei Grundbausteinen des Haftstrahlelementes zusammenstellt.

Bild 12.6b zeigt eine Induktions„Und-Exclusiv-oder"-Verknüpfung, bestehend aus zwei nebeneinander angeordneten unistabilen Haftstrahlelementen (Abschnitt 9.7). In den Deckflächen der einander zugekehrten Haftflächen der Elemente sind Durchbrüche zur Umgebung angebracht; Strömungen von den Versorgungseingängen der Elemente haften also an den voneinander abgekehrten Haftwänden der Elemente. Zwei der einander zugekehrten Eingänge der Elemente sind miteinander verbunden; die anderen Eingänge sind frei. Die einander zugekehrten Ausgänge sind ebenfalls miteinander verbunden und bilden den gemeinsamen Ausgang $a \cdot b$. Die Eingangssignale werden auf die Versorgungseingänge A und B gegeben. Ist nur ein Eingangssignal vorhanden, so legt sich der Strahl an die zugehörige Haftwand an (H_1 bzw. H_2) und verläßt das Element über den zugehörigen Ausgang a bzw. b. Sind beide Eingangssignale vorhanden, so entsteht in der Verbindung über die beiden einander zugekehrten Eingänge ein Unterdruck; die Strahlen werden auf die einander zugekehrten Seiten der Elemente gesaugt und verlassen diese über den gemeinsamen Ausgang $a \cdot b$. Versuche zeigten, daß das Umklappen auf den Mittelausgang eintrat, sobald der kleinere der beiden Eingangsdrücke mindestens 35% des größeren Eingangsdruckes betrug.

Die Anordnung nach Bild 12.6c verwendet ebenfalls zwei unistabile Elemente. Jeder Versorgungseingang eines Elementes ist hier mit einem Steuereingang E_a und E_b an der Haftseite des anderen Elementes verbunden. Die Eingangssignale werden wiederum auf die Versorgungseingänge der Elemente gegeben. Ist nur ein Signal vorhanden, so verläßt der Fluidstrahl das Element wieder durch den zugehörigen Ausgang. Sind beide Eingangssignale vorhanden, so schalten die auf die Steuereingänge E_a und E_b abgezweigten Flüsse die Strahlen aus ihren Haftlagen auf den gemeinsamen Mittenausgang $a \cdot b$. Versuche ergaben, daß Umschalten bereits erfolgte, wenn der Druck des kleineren Eingangssignals weniger als 1/10 des Druckes des größeren Eingangssignales betrug. Bild 12.6d gibt den Druck am gemeinsamen Ausgang für den Fall wieder, daß ein Eingangsdruck geändert und der andere konstant gehalten wird.

13. Fluidische Aufnehmer (Fühler, Sensoren, Wandler)

13.1. Allgemeines

Fluidische Aufnehmer erkennen physikalische Zustände oder Vorgänge und leiten aus diesen fluidische Signale ab. Die Signale werden fluidischen Steuerschaltungen zugeführt und von diesen zu Signalen für angeschlossene Einrichtungen verarbeitet.

Eine Reihe dieser Zustände oder Vorgänge werden unmittelbar von den fluidischen Aufnehmern erkannt. Hierzu gehören Drücke in Gasen oder Flüssigkeiten, Anwesenheit oder Bewegungen fester Teile, Niveauänderungen von Flüssigkeiten. Bei einer Reihe anderer Zustände oder Vorgänge mit thermischen, optischen, akustischen oder elektrischen Begleiterscheinungen setzen fluidische Aufnehmer diese Erscheinungen in fluidische Signale um. Fluidische Aufnehmer haben also mannigfaltige Aufgaben. Es gibt sie in vielen Ausführungsarten; denn zu den allgemeinen physikalischen Forderungen an die Aufnehmer kommen häufig noch besondere, durch das jeweilige Problem bedingte Forderungen. So soll z. B. der Abstand des Aufnehmers vom Ort des zu registrierenden Effektes einmal möglichst groß, ein anderes Mal möglichst gering sein. Häufig sind auch Umwelteinflüsse vorhanden, wie Erschütterungen, starke Verschmutzungen des Umgebungsfluids oder Strahlungen; diese Einflüsse sollen sich nicht nachteilig auf den Aufnehmer und das abzugebende Signal auswirken. Der Aufnehmer muß daher auf die jeweils vorliegende Aufgabe zugeschnitten sein; diese ist andrerseits manchmal nur dann zu lösen, wenn einwandfrei arbeitende fluidische Aufnehmer verfügbar sind.

13.2. Näherungsfühler

13.2.1 Düsen-Prallplatten Systeme

Fluidische Näherungsfühler zeigen an, daß sich feste Gegenstände innerhalb eines bestimmten Bereiches befinden. Der Anzeigebereich steigt mit der Größe des Gegenstandes einerseits und der Größe des Fühlers andrerseits. Bei diesen Fühlern tritt ein Strahl aus einer

Sendedüse aus und wird unterbrochen, wenn sich ein Gegenstand im Strahlengang befindet. Diese Unterbrechung wird angezeigt. Bei der Ausführung nach Bild 13.1 wird zur Anzeige eine Empfangsdüse benutzt, die in einem bestimmten Abstand vor der Sendedüse angebracht ist. Die Tiefe des anzuzeigenden Gegenstandes darf hierbei den Abstand Sendedüse-Empfangsdüse nicht überschreiten. Staubteilchen im umgebenden Fluid können in die Empfangsdüse gelangen und sie mit der Zeit verstopfen.

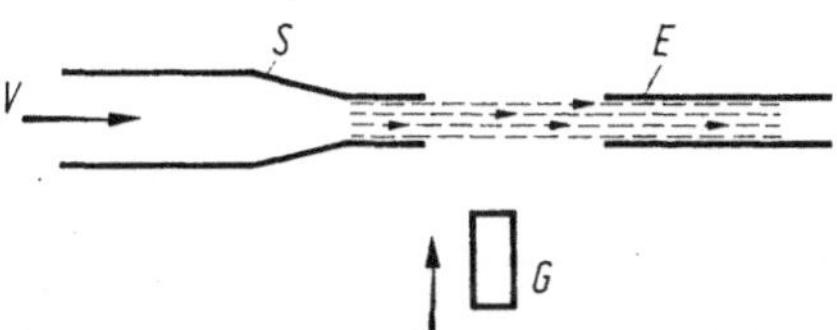

Bild 13.1. Fluidischer Näherungsfühler. Anordnung mit Sende- und Empfangsdüse. S Sendedüse, E Empfangsdüse, G anzuzeigender Gegenstand.

Bei der Anordnung nach Bild 13.2a wird der Rückstau angezeigt, den ein Gegenstand im Sendestrahl hervorruft. Hierfür befindet sich an der Sendedüse ein Druckmesser. Ferner ist in der Zuführung von der Versorgungsquelle zur Düsenaustrittsöffnung eine Verengung angebracht, längs der ein erhöhter Druckabfall im Fluidstrom statt-

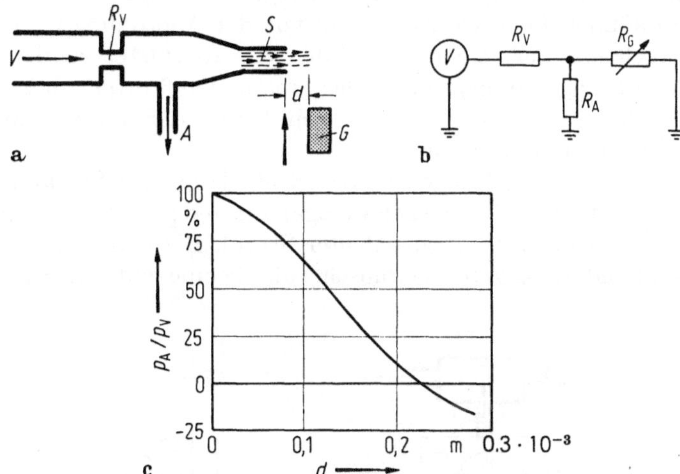

Bild 13.2. Fluidischer Näherungsfühler. Anordnung mit einer Düse (Düsen-Prallplattensystem). a) Aufbau; b) Ersatzschaltbild; c) Druckrückgewinn p_A/p_V am Ausgang A in Abhängigkeit vom senkrechten Abstand d des Gegenstandes von der Düse (nach Multrus). S Sendedüse, E Empfangsdüse, R_V Widerstand in der Versorgungsleitung, R_G vom Gegenstand herrührender Widerstand im Strahlweg.

findet. Gelangt ein Gegenstand in den Strahlweg, so erhöht sich der Druckabfall vor der Düse. Damit ändert sich der Druck am Druckmesser (Ersatzschaltbild 13.2b). Die Empfindlichkeit dieses Druckmessers ist am größten, wenn der Druckabfall an der Verengung gleich dem Druckabfall im Strahl ist. Bild 13.2c gibt für Elemente üblicher Größe die Abhängigkeit des angezeigten Staudruckes vom Abstand d des anzuzeigenden Gegenstandes von der Sendedüse wieder. Die Kurve ist in ihrem mittleren Bereich linear; in diesem Bereich kann — immer den gleichen Gegenstand vor der Düse vorausgesetzt — die Anordnung

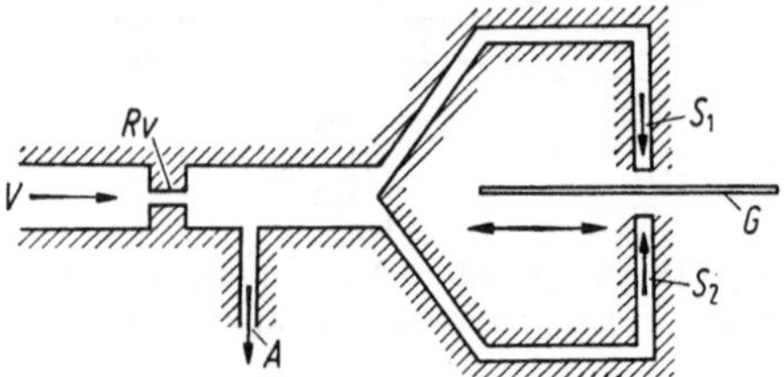

Bild 13.3. Fluidischer Näherungsfühler. Anordnung mit zwei Düsen zur Dickenmessung von Bändern. R_V Widerstand in der Versorgungsleitung, S_1, S_2 Sendedüsen, G durchlaufendes Band.

als Abstandsmesser benutzt werden. Es ist ferner möglich, die Oberfläche eines sich an der Düse vorbeibewegenden Gegenstandes abzutasten. So können Lochstreifen sowohl mit der Anordnung nach Bild 13.1 als auch mit derjenigen nach Bild 13.2 abgetastet werden. Die zweite Anordnung hat gegenüber der ersten den Vorteil, daß keine Düsen verschmutzen können. Ferner kann bei ihr der Gegenstand eine beliebige Tiefenausdehnung haben.

Für Fühler der beschriebenen Art ist ein laminarer Strahl vorzuziehen, denn er breitet sich seitlich weniger aus und gestattet daher eine genauere Abtastung als ein turbulenter Strahl. Bei manchen Anwendungen sind andere Angaben erwünscht, als sie eine einfache Fühldüse

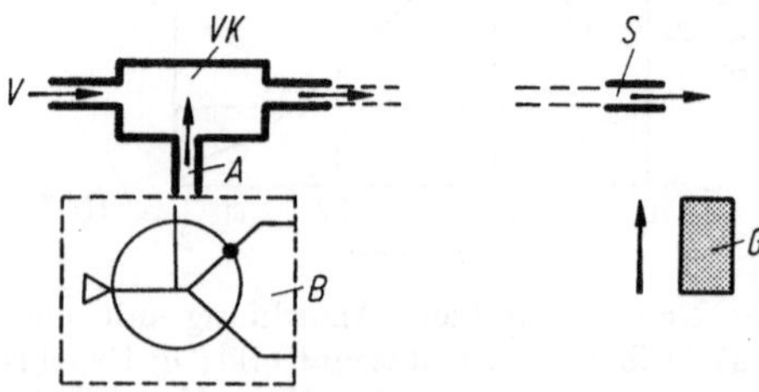

Bild 13.4. Fluidischer Näherungsfühler. Anordnung mit beweglicher Sendedüse. S Sendedüse, VK Vorkammer, G Gegenstand, A Verbindung zur „Or-nor"-Verknüpfung B.

zu liefern vermag. Bild 13.3 zeigt als Beispiel eine Anordnung mit zwei Fühldüsen, mit der Dickenschwankungen eines vorbeilaufenden Bandes registriert werden können. Die Düsen haben eine gemeinsame Druckversorgung und sind koaxial aus entgegengesetzten Richtungen auf das zwischen ihnen durchlaufende Band gerichtet. Die zu registrierenden Abstandsschwankungen zwischen der Vorder- und Rückseite des Bandes liegen innerhalb der linearen Empfindlichkeitsbereiche beider Düsen. Weicht das Band während des Laufes um geringe Beträge von der Mittenlage ab, so ändert dies den Betrag des von den parallel geschalteten Düsen gemessenen Widerstandes nicht. Ändert sich jedoch die Dicke des an den Düsen vorbeilaufenden Bandes, so ändert sich der meßbare Widerstand im gleichen Maße. Diese Änderung wird angezeigt.

Ist am Abtastort wenig Raum für einen Fühler vorhanden, so kann die im Bild 13.4 gezeigte Anordnung Verwendung finden. Hierbei strömt Fluid über eine Vorkammer und einen Schlauch zur Fühldüse. Die Vorkammer ist über einen Seitenkanal A mit einem Steuereingang eines als „Or-nor"-Verknüpfung B arbeitenden Strömungselementes verbunden. Befindet sich kein Gegenstand vor der Fühldüse, so strömt Fluid durch den Schlauch und reißt in der Vorkammer Fluid mit sich fort. Über den Seitenkanal A strömt dann Fluid in die Vorkammer nach. Ein Gegenstand vor der Fühldüse erhöht den Strömungswiderstand für den Strahl und verringert damit die Menge des in der Zeiteinheit die Vorkammer durchströmenden Fluids. Von einem bestimmten Wert des Strahlwiderstandes ab strömt überhaupt kein Fluid mehr durch den Schlauch ab. Damit kehrt sich die Strömungsrichtung im Seitenkanal um. Dies wird in der angeschlossenen „Or-nor"-Verknüpfung angezeigt.

Die beschriebenen Ausführungsbeispiele fluidischer Näherungsfühler eignen sich für Anwendungen, bei denen der Abstand zwischen Fühldüse und Oberfläche des anzuzeigenden Gegenstandes gering ist (kleiner als 1 mm). In manchen Fällen sollen Gegenstände angezeigt werden, die einen größeren Abstand von der Fühldüse haben. Hierfür kommen ringförmige Fühldüsen zur Anwendung (Bild 13.5a). Die Düsenzuführung hat entweder die Form eines Zylindermantels oder die eines sich nach außen öffnenden Konusmantels. Der aus der Düse strömende Ringstrahl reißt Fluid mit sich fort und ruft dabei in dem von ihm umschlossenen Innenbereich eine Druckverringerung hervor. Über einen Kanal E längs der Strahlachse strömt dann dauernd Fluid in den Innenbereich ein. Ein Gegenstand vor der Düse bremst den Strahl ab, und ein Teil des Strahlfluids strömt in den Innenbereich ein. Damit sinkt hier der Unterdruck, und die in E einströmende Fluidmenge vermindert sich, bzw. die Strömungsrichtung kehrt sich hier

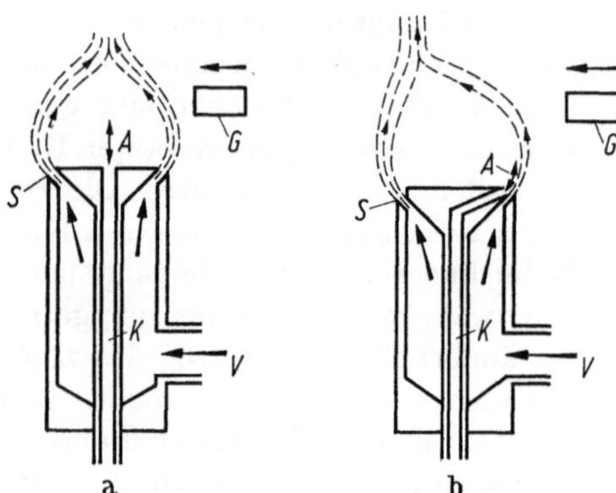

Bild 13.5. Fluidischer Näherungsfühler mit Ringdüse. a) Konzentrische Anordnung; Aufnehmerdüse A in der Achse der ringförmigen Sendedüse S, Ausgangskanal E; b) exzentrische Anordnung; Aufnehmerdüse A exzentrisch zur Sendedüse S, G Gegenstand.

um. Diese Änderung wird angezeigt. Die Reichweite dieses Fühlertyps ist etwa gleich dem Durchmesser der Ringdüse. Anordnungen mit einer konischen Ringdüse und einer exzentrisch angebrachten Fühldüse (Bild 13.5b) sollen über Abstände von 2 und 3 Ringdurchmessern noch Gegenstände wahrnehmen können.

13.2.2. Anwendungsbeispiele für Näherungsfühler

Feintaster. Bild 13.6 zeigt einen Feintaster, der ein Düsen-Prallplattensystem zur Anzeige benutzt. Die Prallplatte ist in einem festen Abstand vor der Düse angebracht und ist quer zur Strahlrichtung verschiebbar. Sie enthält eine Bohrung, über die der Druck des auf sie treffenden Strahles gemessen werden kann. An der Prallplatte ist ein Fühlstift angebracht. Wird die Prallplatte mit dem Fühlstift bewegt, so ändert sich der an der Prallplatte auftretende Druck. Diese Ände-

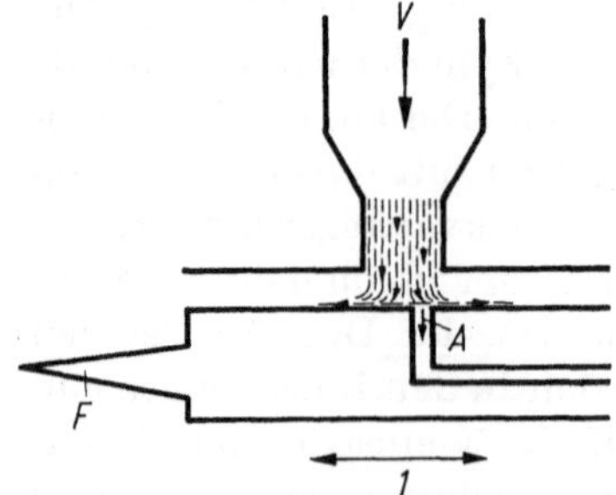

Bild 13.6. Feintaster mit fluidischem Näherungsfühler. Pfeil *1* gibt die Tastrichtung an. F Fühlstift.

rung ist am stärksten, wenn sich die Bohrung in der Platte über dem Rande des Strahles befindet. Sie beträgt hier bei einem praktisch ausgeführten Element etwa 1,4 kPa je Mikrometer Tastweg.

Aufnehmer für einen fluidischen Decodierer. Die Information ist in codierter Form, z. B. auf einem Lochstreifen oder in Form von Nockenreihen, vorhanden. Bewegt sich der Informationsträger gleichmäßig in einer Richtung, so kann die Information mit Hilfe von Fühldüsen abgelesen und in die fluidische Decodierschaltung eingegeben werden.

Flüssigkeits-Niveaufühler. Die Öffnung der mit einem Gas betriebenen Fühldüse befindet sich oberhalb des Flüssigkeitsniveaus. Steigt die Flüssigkeit bis zu der Düsenaustrittsöffnung an, so wird diese versperrt, und es kann kein gasförmiges Fluid mehr austreten. Dies wird mit Hilfe der an die Düse angeschlossenen Schaltung angezeigt.

Fühler für Drehzahlmesser. An einer rotierenden Welle befindet sich eine Nocke, die bei jeder Umdrehung an einer Fühldüse vorbeigeht. Die Zahl der auftretenden Fluidimpulse, bezogen auf ein gegebenes Zeitintervall, ist ein Maß für die Drehzahl der Welle. Schaltungen für fluidische Impulszähler werden in Abschnitt 15.1.3 behandelt.

13.3. Fühler für Winkelgeschwindigkeitsmesser

Der bekannteste Fühler dieser Art ist der Wirbelkammer-Drehgeschwindigkeitsfühler (englisch: „Vortex Angular Rate Sensor"), dessen Arbeitsweise Sarpkaya eingehend untersucht hat (Einzelheiten über die Wirbelkammer siehe Abschnitt 6.6). Der Fühler eignet sich in erster Linie für die Anzeige niedriger Drehgeschwindigkeiten (weniger als eine Umdrehung je Sekunde), die bei der Bewegung von Flugzeugen und Flugkörpern auftreten.

Den Aufbau des Fühlers zeigt Bild 13.7a. In eine flache, zylindrische Kammer strömt Fluid vom Kammerumfang her ein und über eine kreisförmige Öffnung in der Mitte einer der Deckflächen wieder aus. Ist die Kammer in Ruhe, so ist die Strömung zur Mitte gerichtet, d. h. radial. Wird die Kammer mit einer gewissen Geschwindigkeit um ihre Achse gedreht, so erfahren die Fluidteilchen eine Ablenkung in tangentialer Richtung. Die Drehbewegung des Fluids wächst mit der Drehgeschwindigkeit. An der Ausflußöffnung der Wirbelkammer ist ein zylindrischer Stutzen angebracht, der den Aufnehmer für einen Staudruckmesser enthält. Mit dieser Anordnung wird die Änderung des Staudruckes angezeigt, die auftritt, wenn die Kammer sich dreht. Ansprechempfindlichkeit, Linearitätsbereich und Rauschpegel

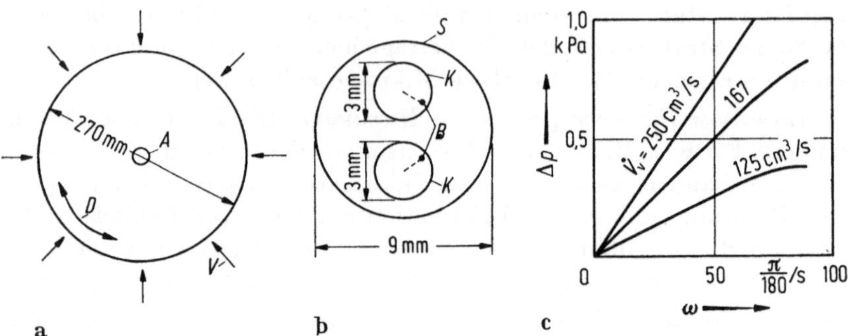

Bild 13.7. Wirbelkammer-Drehgeschwindigkeitsmesser. a) Wirbelkammer; D Drehrichtung, A Ausgang; b) Druckaufnehmer im Ausgangsstutzen (nach Sarpkaya), S zylindrischer Stutzen am Ausgang A, K Aufnehmerkugeln für den Ausgangsdruck, B Bohrungen in den Aufnehmerkugeln; c) Differenz Δp der an den Ausgängen der Aufnehmer gemessenen Drücke in Abhängigkeit von der Winkeldrehgeschwindigkeit ω (in rad/s).

des Staudruckmessers hängen von der Form und dem Anbringungsort des Aufnehmers ab. Die besten Ergebnisse wurden mit zwei kugelförmigen Aufnehmerköpfen erzielt, die im Aufnehmerstutzen angebracht sind (Bild 13.7b).

Für den Staudruck längs der Oberfläche einer umströmten Kugel gelten die Beziehungen

$$p - p_\infty = \text{konst } u_\infty^2 \left(1 - \frac{9}{4} \sin^2 \Theta\right), \tag{13.1}$$

$$\frac{\partial p}{\partial \Theta} = \text{konst } u_\infty^2 \frac{9}{4} 2 \sin \Theta \cos \Theta \tag{13.2}$$

(u_∞ Strömungsgeschwindigkeit der ungestörten Strömung). Der Differentialquotient $\partial p/\partial \Theta$ hat ein Maximum für $\Theta = \pi/4$ rad. Die Aufnehmeröffnungen sind daher unter diesem Winkel zur Anströmrichtung angeordnet. Der Aufnehmer soll den Strömungsvorgang möglichst wenig beeinträchtigen; die Kugeln sind daher so klein, wie dies praktisch möglich ist. Die Tangentialgeschwindigkeit im Stutzen hat ihren Höchstwert bei 0,3 r_s bis 0,4 r_s (r_s Radius des Auslaßstutzens). Die Mitten der Aufnehmerkugeln haben daher diesen Abstand von der Achse des Stutzens. Die Meßwerte der beiden Kugeln addieren sich. Für die Druckänderung Δp bei einer Drehbewegung gilt

$$\Delta p = \text{konst} \left(\frac{d}{2 r_s}\right)^2 \omega \frac{\dot{V}}{r_s}. \tag{13.3}$$

(d Durchmesser der Wirbelkammer, $\dot{V}$ Gesamtfluß).

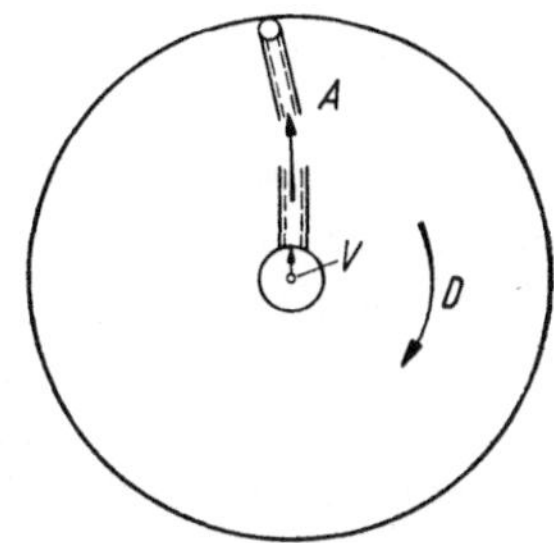

Bild 13.8. Fluidischer Drehgeschwindigkeitsmesser (nach Foster und Cleife). Messung mit Hilfe der Coriolisbeschleunigung eines sich drehenden Strahles. D Drehrichtung.

Die Empfindlichkeit ist um so größer, je größer die Fläche der Wirbelkammer im Verhältnis zur Fläche des Auslaßstutzens und je größer der Gesamtfluß ist. Bild 13.7c gibt praktisch gemessene Werte für $\Delta p = f(\omega)$ für die im Bild 13.7a dargestellte Wirbelkammer wieder. Wie man sieht, ist der Ausgangsdruck für Drehgeschwindigkeiten bis $\omega = \pi/3$ rad/s linear. Die Geräuschamplitude beträgt 3% der Signalamplitude. Wirbelkammer-Drehgeschwindigkeitsanzeiger können also auch noch verhältnismäßig geringe Drehgeschwindigkeiten anzeigen. Allerdings wachsen mit der Empfindlichkeit auch die Abmessungen und der Fluidverbrauch des Gerätes beträchtlich an. Außerdem steigt mit der Größe die Ansprechzeit des Gerätes. Sein Anwendungsbereich beschränkt sich daher in der Regel auf besondere Fälle.

Ein anderes Verfahren zur Messung von Drehgeschwindigkeiten mit fluidischen Hilfsmitteln benutzt zur Anzeige die Ablenkung, die ein Körper erfährt, der sich längs einer beliebigen Bahn bewegt. Diese Ablenkung wird durch die Coriolis-Beschleunigung hervorgerufen, deren Betrag dem Produkt aus den translatorischen und rotatorischen Geschwindigkeiten des Körpers proportional ist, und die tangential zur Bahn des Körpers wirksam ist. Bei dem Meßverfahren wird ein Fluidstrahl verwendet. Dieser Strahl wird auf dem sich drehenden Objekt senkrecht zu dessen Drehachse erzeugt (Bild 13.8). Durch die Coriolis-Beschleunigung wird er aus seiner Ursprungsrichtung um einen Betrag abgelenkt, der proportional zu der Drehgeschwindigkeit des Objektes ist. Eine Auffangöffnung ist seitlich unter einem Winkel zum Strahl angebracht und zwar dort, wo sich der Strahldruck angenähert linear mit dem Winkel zum Strahl ändert. Der Druck in der Auffangöffnung ändert sich dann proportional mit der Drehgeschwindigkeit des Objektes. Mit dieser Anordnung ist eine angenähert lineare Anzeige für Drehzahlen bis 50 Umdrehungen je Sekunde erzielt worden.

13.4. Aufnehmer für fluidische Regelschaltungen

Fluidische Regelschaltungen kommen in der Verfahrenstechnik und bei Antriebseinrichtungen zur Anwendung. Fluidische Aufnehmer liefern hierbei die Kennwerte, die in der fluidischen Schaltung verarbeitet werden. Diese Kennwerte sind meist von einer Frequenz oder einer Temperatur abgeleitet, die bestimmte Bezugswerte beibehalten sollen. Sie schwanken im Betrieb meist nicht um größere Beträge. Man erhöht die Regelempfindlichkeit dadurch, daß man an Stelle der Kennwerte deren Abweichungen von bestimmten vorgegebenen Werten als Eingangsgrößen des Regelkreises verwendet. So bildet man bei der Frequenzregelung die Schwebungsfrequenz aus der aufgenommenen Kennfrequenz und einer Bezugsfrequenz, und leitet aus dieser in einer Fluidikschaltung den Stellwert ab. Bei rotierenden Teilen können die Drehfrequenzen mit Hilfe von Näherungsfühlern aufgenommen werden. Bei Verbrennungsvorgängen werden vielfach Abgastemperaturen überwacht; die Werte liegen bei mehreren hundert Grad Celsius. Hierbei erzeugt man temperaturabhängige Frequenzwerte als Regelgrößen und vergleicht diese mit den Werten von Bezugsfrequenzen. Aus den Abweichungen beider Werte voneinander wird wiederum in einer fluidischen Schaltung die Stellgröße abgeleitet.

Als temperaturabhängige Frequenzgeneratoren dienen die in Abschnitt 12.3 beschriebenen Helmholtz-Resonatoren. Bei ihnen ist die Kennfrequenz angenähert der Schallgeschwindigkeit des gasförmigen Betriebsfluids proportional. Für die Schallgeschwindigkeit c_a gilt

$$c_a = \sqrt{\varkappa R_G T}\ ,$$

d. h., Schallgeschwindigkeit und Kennfrequenz des Helmholtz-Resonators sind der Wurzel aus der absoluten Temperatur des Gases proportional. Bei praktisch ausgeführten Geräten liegen die Kennfrequenzen der Helmholtz-Resonatoren bei einigen tausend Hertz.

13.5. Elektrofluidische Wandler

Diese Aufnehmer werden dort verwendet, wo elektrische Signale zur Verfügung stehen, deren Informationsinhalt in fluidischen Schaltungen verarbeitet werden soll. Für diese Aufgaben liegen Wandler mit bewegten Teilen vor; sie eignen sich vorzugsweise für digitale Signale. Sie werden bei mechanischen Fluidikelementen und Strömungselementen verwendet und öffnen oder schließen Strömungswege mit Hilfe mechanisch bewegter Teile. Es kann sich hierbei um Führungssteuerungen oder Haltegliedsteuerungen handeln. Als Wandlerprinzipien kommen die in der Elektromechanik bzw. Elektroakustik verwendeten Prinzipien in Frage (elektromagnetisch, elektrodynamisch, magnetostriktiv, piezoelektrisch), deren Eigenschaften seit langem bekannt sind. Einen nach dem piezoelektrischen Prinzip arbeitenden Wandler für ein Strömungselement zeigt Bild 13.9. Die Platte aus piezoelektri-

Bild 13.9. Piezoeleketrischer elektrofluidischer Wandler für die Steuerung fluidischer Elemente. E Eingang des fluidischen Elementes, P piezoelektrische Platte, El Elektroden.

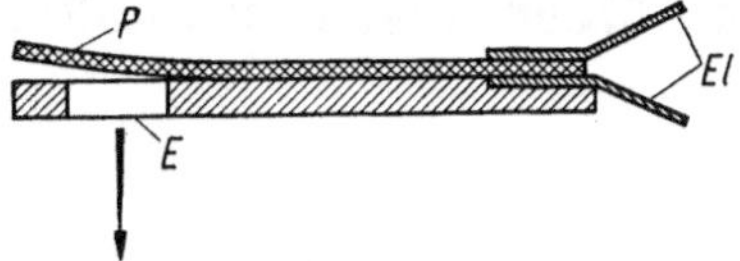

schem Material ändert ihre Form, wenn eine Spannung an die Elektroden gelegt wird und versperrt dabei den Steuereingang eines Strömungselementes.

Wandler mit bewegten Teilen arbeiten im Verhältnis zu Strömungselementen vielfach zu langsam; es besteht daher der Wunsch, für das Steuern von Strömungselementen schneller arbeitende Wandler ohne bewegte Teile zu verwenden. Zwei Wandlertypen dieser Art sind bisher untersucht worden. In beiden Fällen handelt es sich um die Steuerung von Haftstrahlelementen. Beim ersten ist an geeigneter Stelle innerhalb des Strömungselementes eine Funkenstrecke angebracht (Bild 13.10a). Über sie entlädt sich ein Funke (Entladedauer 1 μs bis 5 μs),

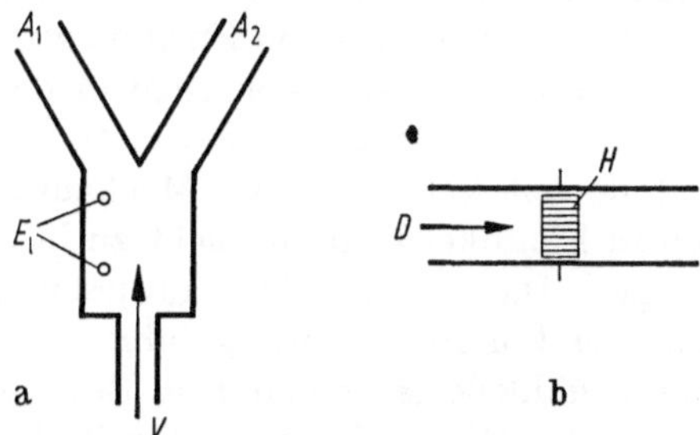

Bild 13.10. Elektrofluidische Wandler ohne bewegte Teile für die Steuerung von Strömungselementen. a) Wandler mit Funkenstrecke (nach Nyström und Brodin) El Elektroden; b) Wandler mit Heizelement (nach Kupec), H Heizwicklung, D Strömungsrichtung des Fluids.

und erzeugt einen Druckstoß in dem umgebenden Fluid. Dieser Druckstoß schaltet das Element. Beim zweiten Verfahren wird eine Wicklung, die in einem Steuerkanal des Elementes angebracht ist, durch einen Stromstoß erwärmt (Bild 13.10b). Das an der Wicklung vorbeiströmende Fluid wird ebenfalls erwärmt und dehnt sich aus. Dabei kommt ein Fluidimpuls zustande, der das Element umschaltet.

Zusätzlich zu diesen Verfahren besteht bei elektrisch leitenden Fluiden die Möglichkeit, Strömungsvorgänge in Kanälen duch Ändern von elektrischen oder magnetischen Feldern zu beeinflussen. Auch in diesen Fällen werden keine bewegten Teile benötigt. Da aber in der Regel die verwendeten Fluide nicht leitend sind, beschränkt sich dieses Verfahren auf spezielle Fälle.

14. Mechanische Fluidikelemente

14.1. Allgemeines

In den mechanischen Fluidikelementen werden feste Teile durch ein Fluid um bestimmte Weglängen bewegt. Bei den festen Teilen handelt es sich entweder um starre Massen oder um verformbare Gebilde mit verteilten Massen und Steifen. Die starren Massen sind Kolben oder Kugeln. Sie werden im Betrieb längs eines Weges begrenzter Länge geführt. Die verformbaren Massen sind Membranen oder Federn. Sie werden im Betrieb um feste Beträge aus Ruhelagen ausgelenkt und verformen sich dabei.

Im Vergleich zu den oft verwickelten Strömungsvorgängen in den reinen Strömungselementen sind die Vorgänge in den mechanischen Fluidikelementen meist leichter durchschaubar. Zudem sind die Eigenschaften ihrer Bauteile seit langem in der Mechanik bekannt. Diese Bauteile lassen sich in Fluidikelementen leicht zu logischen Verknüpfungen zusammenfügen. Dies hat zu einer gewissen Mannigfaltigkeit der Typen mechanischer Fluidikelemente geführt.

In mechanischen Fluidikelementen sind im Betrieb Druckdifferenzen an gegenüberliegenden Seiten der bewegten Teile vorhanden und halten diese Teile in durch Anschläge definierten Stellungen fest. Dabei tritt manchmal ein Leckfluß längs dieser Teile auf; er ist aber meist gering. Zum Halten der Teile in ihren Stellungen wird daher wenig Leistung verbraucht. Die bewegten Teile öffnen oder versperren Strömungswege für andere Fluide. Die Schaltzeit, d. h. das Zeitintervall, das bei der Bewegung eines festen Teiles von der einen definierten Stellung in die andere verstreicht, ist durch die Größe der zu bewegenden Massen mitbedingt. Diese Massen sind größer als die bei Strömungselementen unter vergleichbaren Betriebsbedingungen bewegten Massen; die Schaltzeiten der mechanischen Fluidikelemente sind daher in der Regel länger als die der Strömungselemente.

14.2. Kolbenelemente

Bild 14.1a zeigt den Aufbau eines Kolbenelementes in der Elementarform. Zwei starr miteinander verbundene Kolben können sich zwischen

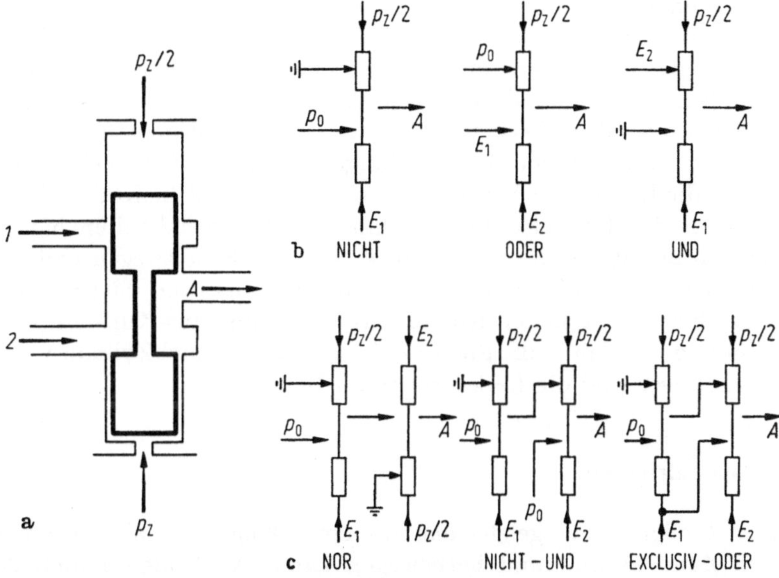

Bild 14.1. Doppelkolbenelement. a) Aufbau des Elementes; b) logische Verknüpfungen mit einem Doppelkolbenelement („Nicht“, „Oder“, „Und“); c) logische Verknüpfungen mit zwei Doppelkolbenelementen („Nor“, „Nicht-und“, „Exclusiv-oder“), $1/2\, p_Z$ Rückstelldruck, p_0 konstanter Eingangsdruck.

zwei Endlagen hin- und herbewegen. In jeder der beiden Endlagen geben die Kolben einen Strömungsweg frei und versperren einen anderen Strömungsweg. Bei der Darstellung in Bild 14.1a ist bei der einen Kolbenstellung der Weg *1* → A und bei der anderen Kolbenstellung der Weg *2* → A freigegeben. Auf den im Bilde oberen Kolben wirkt dauernd der Druck $(1/2)\, p_Z$; so lange von unten kein Druck wirksam ist, befinden sich die Kolben in der unteren Endstellung. D. h., im Ruhezustand ist der Weg *2* → A freigegeben. Es ist auch üblich, an Stelle des Dauerdruckes $(1/2)\, p_Z$ auf dem oberen Kolben eine Feder vorzusehen, die im Ruhezustand den Weg *2* → A freigibt. Ein von unten her zeitweilig wirksamer Druck p_Z drückt die Kolben in die obere Endlage und gibt den Weg *1* → A frei.

Diese Elementarform des Kolbenelementes bildet den Grundbaustein für verschiedene logische Verknüpfungen. Es können noch mehr als zwei Kolben miteinander verbunden sein und hin- und herbewegt werden. Es ist auch möglich, den gleichen Druck von oben und unten her wirken zu lassen; in diesem Falle muß der untere Kolben eine doppelt so große Stirnfläche wie der obere Kolben haben. Bild 14.1b zeigt die mit einem Doppelkolbenelement erzielbaren logischen Verknüpfungen „Nicht“, „Oder“ und „Und“. Die „Nicht“- und „Oder“-

Verknüpfungen benötigen außer dem Rückstelldruck (1/2) p_Z noch einen konstanten Druck an der Versorgungsseite. Weitere logische Verknüpfungen lassen sich mit Hilfe von zwei Doppelkolbenelementen bilden. Bild 14.1c gibt als Beispiele die „Nor", „Nicht- und", sowie die „Exclusiv- oder"-Verknüpfungen mit Kolbenelementen.

Bei den für logische Verknüpfungen üblichen Kolbenelementen betragen die Kolbendurchmesser 1 mm bis 8 mm und die Kolbenlängen mindestens das Doppelte der Durchmesser. Die Schaltzeiten hängen außer von der Masse der Kolben noch von den Schaltwegen und den Schaltdrücken ab. Sie betragen bei einem Druck von 0,5 kPa etwa 1 ms bis 5 ms. Es kommen Kolben aus Metall und aus Kunststoff zur Anwendung. Je kleiner die Spalte zwischen Kolben und Zylinderwand, um so geringer sind die Leckverluste im Betrieb.

14.3. Kugelelement

Bild 14.2 zeigt ein Kugelelement mit einer Kugel, die sich in einem kurzen Zylinder hin- und herbewegen kann. An beiden Enden des Zylinders sind Anliegeflächen für die Kugeln vorhanden. In den beiden Anliegeflächen befinden sich Bohrungen, deren Halbmesser r beträchtlich geringer als der Kugelhalbmesser $d/2$ sind. Über diese Bohrungen wird der Versorgungsdruck auf das Element gegeben. An beiden Zylinderenden sind zusätzlich seitliche Ausgänge A_1 und A_2 vorgesehen. Im Betrieb befindet sich die Kugel in einer der beiden Endlagen. In diesem Falle ist auf der einen Kugelseite der volle Versorgungsdruck p_V (über die Bohrung in der Anliegefläche), auf der anderen Kugelseite ein Anteil p_d des Versorgungsdruckes vorhanden. Die Größe dieses Anteils hängt von den Widerständen der Ausgänge A_1 und A_2 ab. Diese

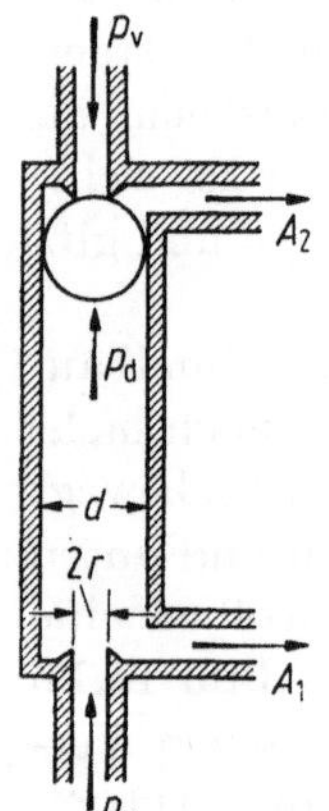

Bild 14.2. Kugelelement. d Durchmesser der Kugel, r Halbmesser der Bohrungen in den Anliegeflächen. p_d wirksamer Druck an der nicht anliegenden Seite der Kugel.

sind so dimensioniert, daß der Wert: $p_d \pi d^2/4 > p_V \pi r^2$ ist. Über den freien — nicht durch die Kugel blockierten — Ausgang A_1 bzw. A_2 strömt Fluid in die Umgebung ab. Die Stellung der Kugel kann auf zweierlei Weise verändert werden. Liegt sie z. B. — wie im Bilde — oben an, so kann sie nach unten geschaltet werden, indem der Druck im Ausgang A_1 zeitweilig erhöht wird. Dies kann einmal durch einen Druckimpuls geschehen, zum anderen dadurch, daß der Ausgang A_1 zeitweilig blockiert wird. Über den Leckfluß an der Anliegefläche baut sich dann der Versorgungsdruck p_V an der gesamten Anliegeseite der Kugel auf und treibt diese nach unten.

Das Verhalten der Kugelelemente ist weitgehend von den Belastungswiderständen abhängig. Das Spiel zwischen Kugel und Zylinderwand muß sehr gering sein. So ist z. B. für eine Kugel von 0,5 mm Durchmesser nur eine Toleranz der Zylinderbohrung von 0,01 mm zulässig. Anders als beim Kolbenelement sind die Steuer- und Leistungskreise nicht voneinander getrennt. Die Schaltungen mit Kugelelementen müssen daher anders aufgebaut werden als diejenigen mit Kolbenelementen. Ebenfalls anders als beim Kolbenelement befinden sich die zu öffnenden bzw. zu sperrenden Querschnitte an den Enden und nicht längs des Führungsweges des beweglichen Teiles. Es lassen sich daher keine Mehrfachelemente mit Kugeln bauen. Diese verschiedenen Nachteile haben dazu geführt, daß Kugelelemente keine weite Verbreitung gefunden haben.

14.4. Membranelemente

14.4.1. Membranelemente allgemein

Membranelemente haben sich als leistungsfähige Bauelemente der Fluidik erwiesen und werden in verschiedenen Abwandlungen verwendet. Sie enthalten biegefähige, dünne Platten, die rund oder rechteckig und entweder am Rande eingespannt oder frei beweglich sind. Die Platten sind manchmal in der Mitte verstärkt. Als Plattenmaterialien kommen Metall, Gummi oder Kunststoffe in Frage. Analog zu den Kolben- und Kugelelementen werden in den Membranelementen Fluidwege geöffnet oder versperrt. Eine Druckdifferenz zwischen den beiden Seiten der Membran lenkt diese aus ihrer Ausgangslage bis zu einem Anschlag aus. In dieser Stellung öffnet oder schließt die Membran einen Spalt oder eine Kreisöffnung.

Membranelemente mit am Rande eingespannten Membranen haben getrennte Wege für die Steuer- und Versorgungsflüsse; Leckströme treten daher nicht auf. Membranelemente mit am Rande freien Membranen haben Leckströme und sind damit in ihrer Arbeitsweise von den Widerständen in ihren Strömungswegen abhängig.

14.4.2. Folienelemente

Bei der Ausführung dieser Elemente nach Bild 14.3a ist eine runde Membran senkrecht zu ihrer Ebene frei beweglich in einer flachen kreiszylindrischen Kammer von 8 mm bis 12 mm Durchmesser angeordnet (nach Bahr). Die Kammer hat je nach Verwendungsart Zuführungen über die Deckflächen und den Umfang. Die Membran liegt entweder am unteren oder am oberen Kammerboden an und versperrt dabei ganz oder teilweise die Öffnungen in der Anliegefläche. Bei dem in Bild 14.3a dargestellten Element hat die untere Deckfläche der Kammer zwei Zuführungen und die obere Deckfläche eine Zuführung. Wird über eine der unteren Zuführungen ein Versorgungsdruck p_V auf die

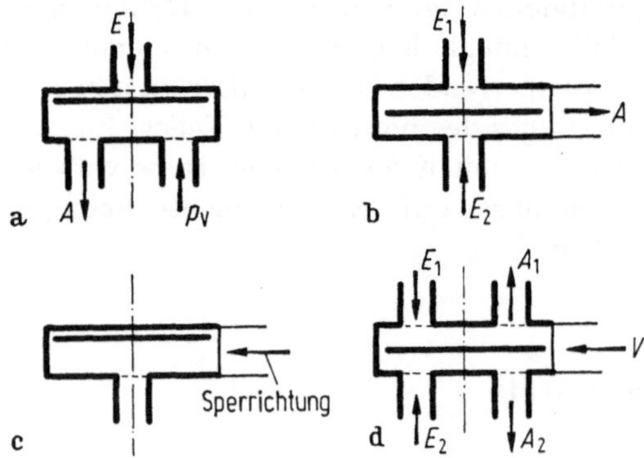

Bild 14.3. Folienelement mit am Rande freier Membran. a) Inverter; b) „Oder"-Verknüpfung; c) Diode; d) bistabile Kippstufe.

Kammer gegeben, so legt sich die Membran an die obere Kammerwand, versperrt die obere Zuführung und gibt dem Fluid den Weg über die andere untere Zuführung (den Ausgang) frei. Durch die Kammer fließt dann ein Strom, der einen Druckabfall auf seinem Weg durch die Kammer hat. Dieser Druckabfall hält die Membran in ihrer Lage an der oberen Kammerwand. Wird über die obere Zuführung ein hinreichend großer Steuerdruck auf die Membran gegeben, so legt sich diese an die untere Deckfläche an und versperrt damit dem Strom längs der unteren Deckfläche den Weg. Das Element stellt eine „Nor"-Verknüpfung dar. Allerdings fließt auch im blockierten Zustand immer ein geringer Leckstrom. Wird daher der untere Ausgang durch eine Last blockiert, so stellt sich auf der ganzen Unterseite der Membran der Druck p_V ein und drückt die Membran nach oben. Das Arbeitsverhalten des Elementes ist also belastungsabhängig.

Bild 14.3b zeigt eine mit einem Folienelement gebildete „Oder“-Verknüpfung. Die beiden Eingänge sind einander gegenüber in den Deckflächen der Kammer angeordnet; der Ausgang befindet sich am Kammerumfang. Bei einem Eingangssignal legt sich die Folie an die gegenüberliegende Wand und blockiert den anderen Eingang. Der Eingang ohne Signal ist damit vom anderen Eingang entkoppelt. Das Fluid fließt über den Ausgang am Umfang ab.

Bild 14.3c zeigt ein als Diode arbeitendes Folienelement. Es hat zwei Zuleitungen. Die eine führt zur Mitte der einen Kammerwand die andere zum Kammerumfang. Wird an die Zuleitung zur Mitte ein Druck gelegt, so legt sich die Membran an die obere Kammerwand und gibt den Weg zum Ausgang am Umfang frei. Bei einer Strömung in umgekehrter Richtung legt sich die Folie gegen die Deckfläche mit der Zuführung und blockiert den Abfluß.

Bild 14.3d zeigt eine bistabile Kippstufe. Das Element hat zwei Zuführungen in jeder Deckfläche und eine Zuführung am Umfang. Von diesen dienen zwei einander gegenüberliegende Zuführungen E_1 und E_2 als Eingänge, über die die Membran auf die jeweils andere Seite geschaltet wird. Dadurch wird die Verbindung zwischen A_1 bzw. A_2 und der Versorgungszuführung am Umfang hergestellt. Auch hier dürfen die Ausgänge nicht blockiert werden; andernfalls baut sich infolge des Leckstromes an der Anliegeseite der Membran ein Druck auf, und die Schaltlage der Membran wird unstabil. Foliendioden in den Steuereingängen von Elementen können verhindern, daß ein Teil des Versorgungsflusses in einen zugehörigen anderen Eingang gelangt.

Ein ähnliches Element mit kleinen Abmessungen (nach Angaben von Jensen, Mueller und Schaffer) eignet sich besonders für integrierte Schaltungen. Die Konturen mehrerer Elemente sind in zwei Platten eingearbeitet; zwischen diesen Platten ist eine Folie gespannt, die alle Membranen der Einzelelemente enthält. Das Einzelelement (Bild 14.4a) hat in der — im Bilde oberen — Platte eine Zuführung über eine flache, zylindrische Kammer von 9,5 mm Durchmesser, über die das Element gesteuert wird. Der Versorgungsfluß strömt zwischen Membran und unterer Platte ein. Diese untere Platte enthält drei parallele Rippen quer zur Strömungsrichtung. Von diesen steht die Mittelrippe der Eingangskammer gegenüber, die beiden anderen befinden sich außerhalb des Bereiches der Eingangskammer. Die Membran liegt im Ruhezustand auf der Mittelrippe auf. Ist ein Versorgungsdruck p_V (Bild 14.4a) vorhanden, so hebt dieser die Membran von der Mittelrippe ab, und Fluid strömt von V nach B. Wird auf den Eingang ein Druck gegeben, so drückt dieser die Membran gegen die Mittelrippe und ver-

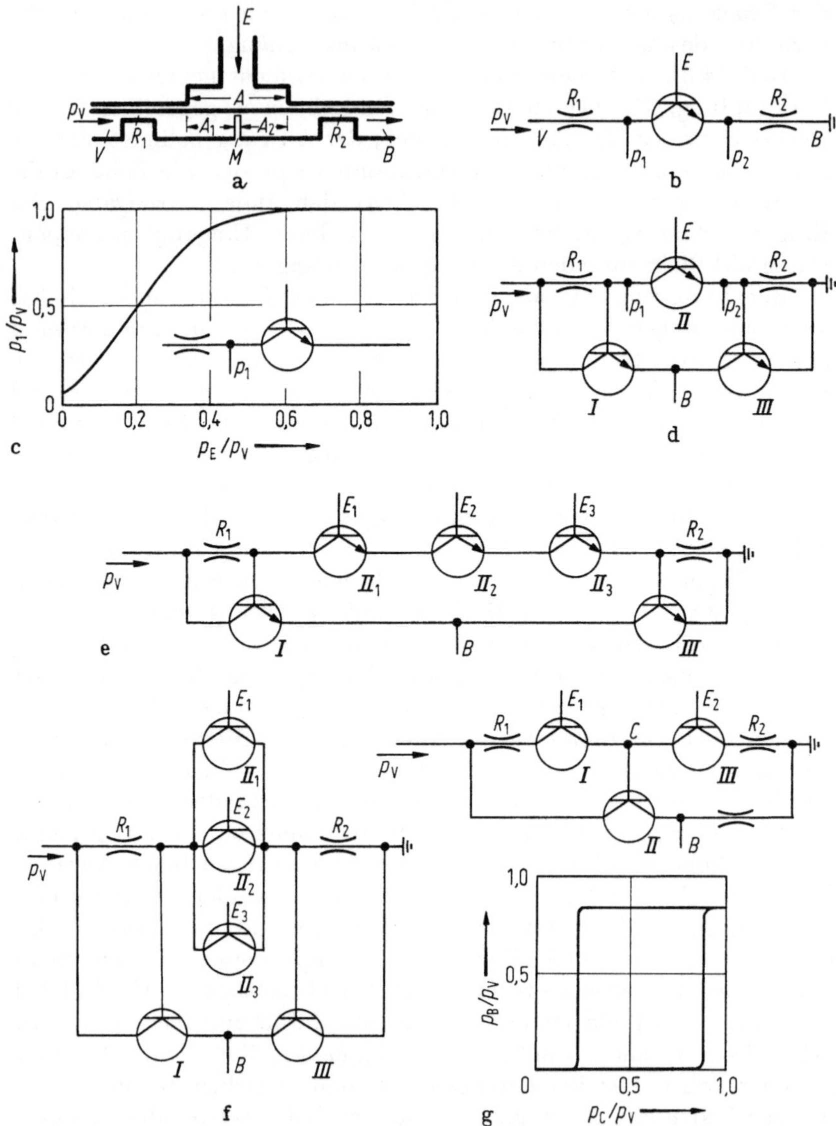

Bild 14.4. Folienelement mit am Rande eingespannter Membran. a) Aufbau des Elementes; b) Element in symbolischer Darstellung; c) Druckverstärker; d) Gegentaktstufe; e) Gegentaktstufe mit mehreren in Reihe geschalteten Eingängen („Nor"-Verknüpfung); f) Gegentaktstufe mit mehreren parallel geschalteten Eingängen; g) bistabile Kippstufe. M Mittelrippe, A Fläche der Eingangskammer vor der Membran, A_1 und A_2 Teilflächen der Membran ($A_1 + A_2 = A$). R_1 und R_2 durch Verengungen gebildete Widerstände im Strömungsweg des Versorgungsflusses, p_1, p_2 Teildrücke.

sperrt damit den Weg für den Versorgungsfluß. Die Schalteigenschaften des Elementes werden bestimmt von der Fläche A der Eingangskammer, den Teilflächen A_1 und A_2 zwischen Mittelrippe und den Umgrenzungen der Eingangskammer sowie den beiden Widerständen R_1 und R_2, den die Spalte zwischen den beiden äußeren Rippen und der Membran für den Versorgungsfluß darstellen. Ist kein Steuerdruck vorhanden, so ist der Druckabfall des Versorgungsflusses längs der Membran vernachlässigbar klein gegenüber denjenigen an den beiden Widerständen R_1 und R_2. Links und rechts der Mittelrippe herrscht demnach ungefähr der gleiche Druck

$$p_1 \approx p_2 \approx R_2\, p_V/(R_1 + R_2)\,.$$

Dieser Druck muß mindestens vom Steuersignal aufgebracht werden, soll der Versorgungsfluß blockiert werden. Bild 14.4b veranschaulicht die Verhältnisse in symbolischer Darstellung. Sobald der Spalt an der Mittelrippe geschlossen ist, steigt p_1 auf den Wert des Versorgungsdruckes p_V an, während p_2 auf den Umgebungsdruck absinkt. Auf die Unterseite der Membran wirkt dann die Kraft $A_1 p_V$, und die Membran hebt sich wieder von der Mittelrippe ab, sobald die auf die Oberseite einwirkende Kraft $A p_E > A_1 p_V$ wird. Bei veränderlichem Eingangsdruck ergibt sich also ein Hystereseverhalten des Elementes. Die Breite der Hystereseschleife hängt von den Daten des Elementes ab. Damit Hysterese auftritt, muß $R_2/(R_1 + R_2) > A_1/A$ sein. (Bei einem praktisch ausgeführten Element ist $R_2/(R_1 + R_2) = 0{,}8$ und $A_1/A = 0{,}3$).

Das Element kann in dieser Ausführung als Inverter arbeiten; der Druck p_2 wird dann zwischen Mittelrippe und Ausgangswiderstand abgenommen. Wählt man den Ausgangswiderstand $R_2 \ll R_1$, so ist bei Abwesenheit des Eingangssignals der Wert für den Druck p_2 angenähert gleich dem Umgebungsdruck. Wird ein geringer Druck auf den Eingang gegeben, so verringert sich der Abstand zwischen Membran und Mittelrippe etwas, und es tritt ein Druckabfall an der Mittelrippe auf. An der Unterseite der Membran wird die Kraft $A_1 p_1$ wirksam, die der Kraft $A p_E$ an der Oberseite der Membran das Gleichgewicht hält. Es ist dann $p_1 \approx (A/A_1)\, p_E$. Für ein Element mit dem Verhältnis $A/A_1 = 2{,}2$ ergibt sich die in Bild 14.4c dargestellte Beziehung $p_1 = f(p_E)$. In einem gewissen Bereich arbeitet das Element als angenähert linearer Druckverstärker (Bild 14.4c).

Bei diesem Element können die Werte der Widerstände R_1 und R_2 nur einen bestimmten Bereich überstreichen. Außerdem hängt das Arbeitsverhalten des Elements von der Größe des Belastungswiderstandes ab. Belastungsunabhängigkeit läßt sich erreichen, wenn dem Element noch eine Gegentaktstufe hinzugefügt wird (Bild 14.4d). Die beiden Elemente I und III haben nur die Mittelrippe vor der Membran; die beiden anderen Widerstände im Wege der Versorgungsströmung fehlen. In dem Element II sind die beiden Widerstände R_1 und R_2 gleich. Das Flächenverhältnis A_1/A hat die Werte 0,8 bei Element I, 0,5 bei Element II und 0,2 bei Element III. Ist kein Steuerdruck beim Element II vorhanden, so ist das Element offen, und es ist $p_1 = p_2 = (1/2)p_V$. Das Element bleibt jedoch offen; denn beim Schließen des Elementes würde an der Unterseite der Membran die Kraft $(A_1/A)\, p_V = 0{,}8 p_V$ wirksam werden, d. h. eine größere Kraft, als an der Oberseite der Membran vorhanden ist, und die Membran würde sich vom Steg abheben. Der Steuerdruck beim Element III ist ebenfalls $(1/2)\, p_V$. Dies Element schließt sich jedoch, da hier der Druck an der Unterseite der Membrane nur 0,2 p_V beträgt. Am Ausgang B der Gegentaktstufe liegt daher der volle Versorgungsdruck. Wird ein Steuerdruck $p_E \geqq (1/2)\, p_V$ an das Element II gelegt, so wird dieses gesperrt. Der Druck p_1 steigt auf den vollen Versorgungsdruck an und schließt das Element I. Damit verschwindet am Element III der Steuerdruck, und dieses öffnet sich. Der Druck bei B sinkt dann auf den Umgebungsdruck ab. Durch das An- und Abschalten des Steuersignals beim Element II wird also der Ausgang B abwechselnd direkt auf den Versorgungsdruck oder direkt auf den Umgebungsdruck geschaltet.

Die Anordnung kann dadurch erweitert werden, daß an die Stelle des Elementes II mehrere Elemente (II_1, II_2, II_3) geschaltet werden (Bild 14.4e, f). Die Elemente können parallel oder in Serie angeordnet sein. Die Serienschaltung stellt eine „Nor"-Verknüpfung und die Parallelschaltung eine „Nand"-Verknüpfung dar. Es soll möglich sein, bis zu vier Elemente (II_1, II_2, II_3, II_4) zusammenzuführen. Auch Anordnungen mit kombinierten „Nor-nand"-Verknüpfungen sind möglich.

Eine bistabile Kippstufe mit diesen Elementen zeigt Bild 14.4g. Das Element II hat hier eine stark ausgeprägte Hysterese, d. h., es schließt bei einem Druck von 0,8 bis 0,9 p_V, $[(R_1 + R_2)/R_2 = 0{,}8 \cdots 0{,}9]$ und öffnet bei einem Druck von 0,2 bis 0,3 p_V $[(A_1/A = 0{,}2 \cdots 0{,}3]$. Das Element wird über die Elemente I und III eingestellt und rückgestellt. Die Widerstände R_1 und R_2 sind gleich, d. h., bei C (Bild 14.4g) ist der halbe Versorgungsdruck vorhanden. Wird ein Einstellimpuls $p_e = (1/2)\, p_V$ auf das Element I gegeben, so sperrt dieses Element. Bei C ist nun der Umgebungsdruck vorhanden, und das Element II öffnet sich (falls es vorher geschlossen war). Am Punkt B herrscht damit der Druck 0,8 p_V. Wird der Einstelldruck beim Element I wieder aufgehoben, so öffnet sich dieses Element, und der Druck bei C steigt wieder auf den Wert $(1/2)\, p_V$. Das Element II bleibt aber weiterhin geöffnet. Wird nun auf das Element III ein Rückstelldruck 0,5 p_V gegeben, so sperrt dieses Element, und der Druck bei C steigt auf den Wert p_V an. Damit schließt sich das Element II. Es bleibt wegen seiner großen Hysterese auch geschlossen, wenn der Rückstelldruck beim Element III wieder aufgehoben wird, und der Steuerdruck beim Element II auf den Wert (1/2) p_V sinkt. Der Druck bei B sinkt damit auf den Umgebungsdruck ab. Durch abwechselnde Einstell- und Rückstellimpulse an die Eingänge der Elemente I und III kann somit der Druck bei B zwischen den Werten 0,8 p_V und Umgebungsdruck hin- und hergeschaltet werden.

Weitere logische Verknüpfungen lassen sich mit umfangreicheren Schaltungen erstellen. Der Leistungsbedarf der Einzelelemente beträgt 75 mW bei einem Versorgungsdruck von 7 kPa. Die Schaltzeiten der Einzelelemente betragen 0,5 ms bis 1 ms.

Die Folienelemente mit eingespannter und frei beweglicher Membran zeichnen sich durch geringe Größe und einfachen Aufbau aus. Nachteilig ist, daß ihre Arbeitsweise von der Ausgangsbelastung abhängt, und daß für die meisten logischen Verknüpfungen mehrere Elemente benötigt werden. Nachteilig für die praktische Anwendung ist außerdem, daß Einzelelemente in einer Schaltung nicht ausgewechselt und geprüft werden können.

14.4.3. Doppelmembranelemente

Es gibt eine Reihe mechanischer Fluidikelemente mit mehr als einer eingespannten Membran. Das in Deutschland am besten bekannte Element ist das Doppelmembranelement System „Dreloba-Sunvic“. In Verbindung mit einer „Oder“-Verknüpfung lassen sich mit dem Doppelmembranelement beliebige logische Verknüpfungen herstellen.

Das Element stellt einen Umschalter dar (Bild 14.5a), der eine Zuführung zum Element wechselweise mit einer von zwei anderen Zuführungen verbindet. Die beiden gleichgroßen Membranen M_1 und M_2 sind durch einen Stift fest miteinander verbunden und in einem zylindrischen Gehäuse angebracht. Das Gehäuse hat fünf Kammern mit Zuführungen. Die beiden Membranen trennen die beiden äußeren Kammern C_1 und C_2 von den drei inneren Kammern A_0, B_1 und B_2. Die Kammern B_1 und B_2 sind von der Kammer A_0 durch feste Wände getrennt; diese Wände haben in ihren Mitten mit Kragen versehene, kreisförmige Öffnungen; die Fläche einer Öffnung ist etwa gleich der halben Membranfläche. Wird auf eine der äußeren Kammern — z. B. auf C_1 — ein Druck gegeben, so bewegen sich beide Membranen, bis Membran M_1 an einem der Kragen zum Anliegen kommt. Dadurch wird die Verbindung zwischen den Kammern A_0 und B_1 unterbrochen und gleichzeitig eine Verbindung zwischen den Kammern A_0 und B_2

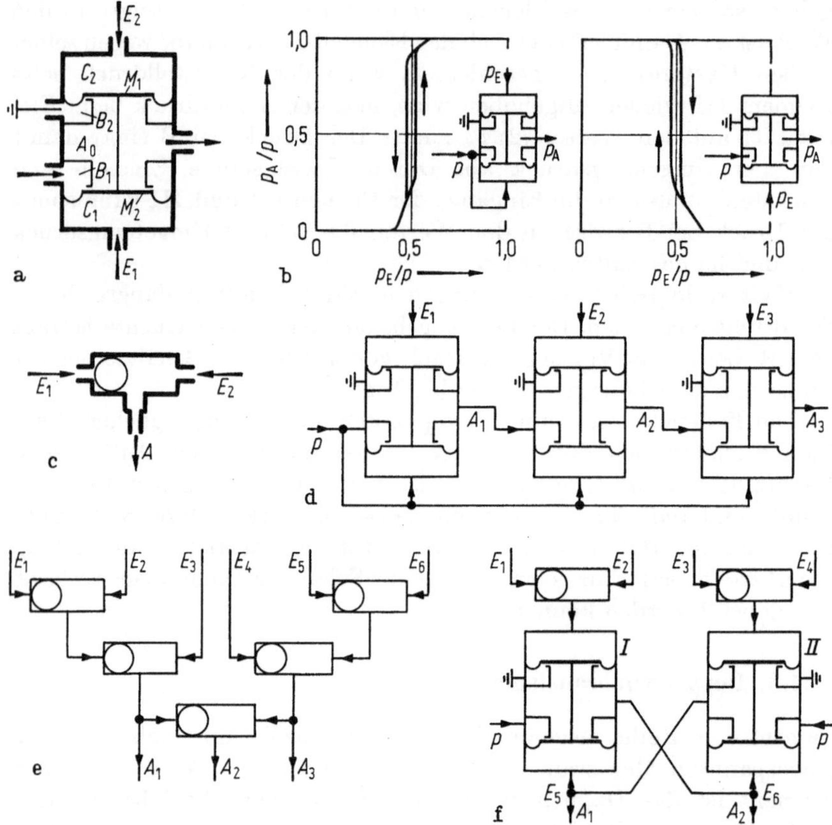

Bild 14.5. Doppelmembranelement. a) Aufbau; b) Schaltverhalten des Doppelmembranelementes; c) „Oder"-Verknüpfung; d) „Und"-Verknüpfung; e) Mehrfach „Oder"-Verknüpfung; f) bistabile Kippstufe. M_1, M_2 Membrane, A_0, B_1, B_2, C_1, C_2 Kammern.

hergestellt. Umgekehrt verriegelt ein Druck auf die Kammer C_2 die Verbindung von A_0 nach B_2 und stellt eine Verbindung von A_0 nach B_1 her.

Das Schaltverhalten des Doppelmembranelementes ist aus Bild 14.5b ersichtlich. Wird zunächst an die Kammern B_1 und C_1 der gleiche Druck p gelegt, so legt sich die Membran M_1 an den Kragen zwischen A_0 und B_1 an; denn die B_1 zugewendete Membranseite ist nur zur Hälfte demDruck p ausgesetzt. Auf der C_1 zugewendeten Membranseite ist der Druck p jedoch auf der ganzen Fläche wirksam. Wird zusätzlich auf die Kammer C_2 ein steigender Druck gegeben, so schalten die Membranen in die andere Endlage um, sobald der Druck in C_2 den Wert $1/2\ p$ übersteigt. Wie Bild 14.5b zeigt, ist die Hysterese beim Hin- und

Zurückschalten gering. Die Schaltzeit beträgt bei einem Druck von 100 kPa etwa 1 ms.

Die „Oder“-Verknüpfung (Bild 14.5c), die zusammen mit dem Doppelmembranelement benutzt wird, hat zwei Eingänge und einen Ausgang. Das Element enthält einen frei beweglichen zylindrischen Gummikörper; dieser blockiert jeweils einen Eingang, wenn am anderen Eingang ein Druck vorhanden ist (Analogie: Folienelement mit frei beweglicher Folie).

Mit Hilfe mehrerer in Reihe geschalteter Doppelmembranelemente (Bild 14.5d) läßt sich eine „Und“-Verknüpfung herstellen. Mehrere zusammengeschalte „Oder“-Verknüpfungen (Bild 14.5e) ergeben eine Vielfach „Oder“-Verknüpfung. Bild 14.5f zeigt eine bistabile Kippstufe, bestehend aus zwei „Oder“-Verknüpfungen und zwei Doppelmembranelementen. Ein Einschaltimpuls an einem der Eingänge E_1 oder E_2 der einen „Oder“-Verknüpfung schaltet den Ausgang des zugehörigen Doppelmembranelementes I auf den Steuereingang E_6 des anderen Doppelmembranelementes II um. Dadurch wird der Versorgungsfluß des Doppelmembranelementes II zum Steuereingang E_5 des Elementes I blockiert. Der Druck bei E_6 bleibt auch bestehen, nachdem der Eingangsimpuls bei E_1 bzw. E_2 abgeklungen ist. Erst ein Steuerimpuls bei E_3 oder E_4 des Elementes II schaltet den Druck bei E_6 ab und verbindet den Versorgungsdruck von Element II mit dem Steuereingang E_5 des Elementes I.

In der praktischen Ausführung sind mehrere Doppelmembranelemente und „Oder“-Verknüpfungen zu Grundbausteinen zusammengefaßt und auf einem Verteilerblock montiert. Die Grundabmessungen dieser Anordung betragen 24 mm × 60 mm × (24⋯27) mm. Innerhalb des Verteilerblockes sind Verbindungsebenen angeordnet, über die Verbindungen der Elemente untereinander möglich sind, um die gewünschten Verknüpfungen herzustellen. Bei einem Druckabfall von 100 kPa je Element beträgt der Luftverbrauch je Element 280 cm^3/s.

Bei dem beschriebenen Doppelmembranelement wird die Vorzugslage der Membran durch die Art der Zusammenschaltung der einzel-

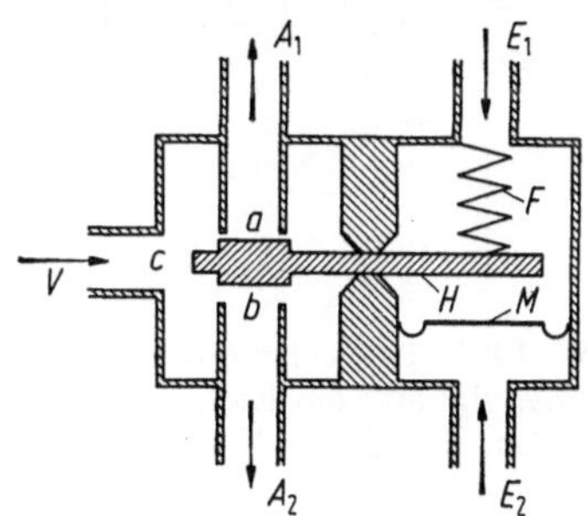

Bild 14.6. Membranelement mit Feder. M Membran, F Feder, H Hebel, a, b, c Zuführungen zum Schaltraum.

nen Kammern festgelegt. In verschiedenen anderen Membranelementen wird eine gewünschte Vorzugslage dauernd mit Hilfe einer zusätzlichen Feder hergestellt. Die Elemente benötigen dann meist nur eine Membran. Bei einer Ausführung dieser Art ist außer der Feder an der Membran noch ein drehbar gelagerter Hebel angebracht (Bild 14.6). Das freie Ende des Hebels schließt eine von zwei einander gegenüberstehenden Öffnungen a oder b. Es besteht dann wechselweise eine Verbindung zwischen a oder b und einer Zuleitung an der Öffnung c. Die Membran selbst kann von beiden Seiten her angesteuert werden.

14.5. Federelemente

Eine eng gewickelte Spiralfeder ist an einem Ende abgedichtet. Wird auf das offene Ende der Feder ein Druck gegeben, so tritt Fluid zwischen den Windungen der Feder erst dann in die Umgebung aus, wenn die Feder deformiert, d. h. gelängt oder gebogen ist. Dies kann durch

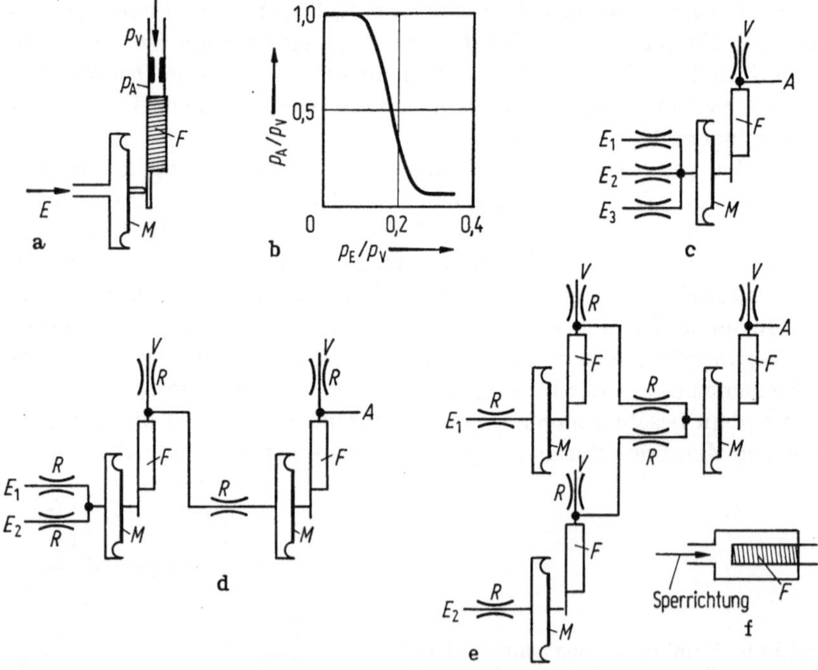

Bild 14.7. Federelement. a) Aufbau des Elementes; b) Ausgangsdruck p_A in Abhängigkeit vom Eingangsdruck p_E; c) „Nor"-Verknüpfung mit mehreren Eingängen; d) „Oder"-Verknüpfung; e) „Und"-Verknüpfung; f) Aufbau der Federdiode. M Membran, F Feder.

äußere Kräfte geschehen; zusätzlich kann die Feder noch durch einen großen Innendruck gelängt werden. Bild 14.7a zeigt die praktische Ausführung eines Federelementes. Am verschlossenen Ende der Feder ist ein Stift angebracht, der mit der Mitte einer Membran verbunden ist. Ein Druck auf die Membran verformt diese und biegt über den Stift die Feder ab. Damit bricht der innerhalb der Feder vorhandene Druck zusammen. Bild 14.7b zeigt die Kennlinie eines derartigen Elementes: Druck innerhalb der Feder in Abhängigkeit vom Druck auf die Membran. Durch Zusammenschalten mehrerer Eingänge einer Feder lassen sich „Nor"-Verknüpfungen herstellen (Bild 14.7c). Mehrere Federelemente können zu „Oder"-Verknüpfungen (Bild 14.7d) sowie „Und"-Verknüpfungen (Bild 14.7e) zusammengeführt werden. Eine gerade Feder, die sich in Längsrichtung öffnet, kann auch als Diode benutzt werden (Bild 14.7f), denn sie sperrt in Gegenrichtung bei beliebigen Drücken von außen.

Praktisch ausgeführte Federelemente haben die Abmessungen 41 mm × 95 mm × 32 mm. Die Schaltzeiten betragen etwa 5 ms. Die Elemente sind größer und langsamer als andere bekannte mechanische Fluidikelemente. Sie schalten Drücke bis etwa 250 kPa; für viele Aufgaben werden daher bei Verwendung dieser Elemente keine Leistungsverstärker benötigt.

15. Baugruppen mit Strömungselementen

In der Schaltkreistechnik hat sich gezeigt, daß bestimmte Schaltaufgaben sich immer wiederholen. Größere Schaltungen lassen sich meist in elementare Einzelschaltungen auflösen, die mit Hilfe von Unterbaugruppen praktisch verwirklicht werden können. Nachfolgend wird eine Reihe derartiger, mit Strömungselementen aufgebauter Unterbaugruppen beschrieben.

15.1. Baugruppen mit Haftstrahlelementen

15.1.1. Multivibratoren

Ein Multivibrator ist eine astabile Kippstufe, die zur Erzeugung von Rechteckschwingungen dient. Multivibratoren können mit Hilfe von Fluidikelementen für Haltegliedsteuerung erstellt werden, sofern diese Elemente eine Verstärkung aufweisen. Am häufigsten kommen hierbei Haftstrahlelemente (Abschnitt 9) zur Anwendung, aber auch andere Elemente, wie Schneidentonelemente (Abschnitt 11.5), eignen sich für Multivibratoren. Das periodische Umschalten des Strahles von einem Ausgang auf den anderen wird meist dadurch erreicht, daß ein Teil der Ausgangsströmung auf einen Eingang zurückgeführt wird und als Steuersignal dient (Bild 15.1)[1]. Die Umschaltfrequenz hängt von der Schaltzeit des Elementes und den Laufzeiten der Signale auf den Rückkopplungsleitungen ab. Die Schaltzeiten der Elemente und

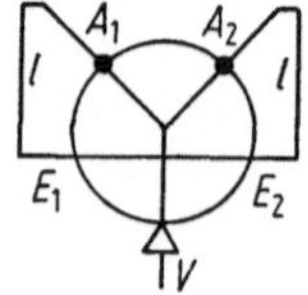

Bild 15.1. Fluidischer Multivibrator mit Haftstrahlelement. *l* Rückkopplungsleitungen (Bildzeichen für Fluidikelemente in Bild 18.10).

[1] Die im folgenden benutzten Bildzeichen für Fluidikelemente sind in Bild 18.10 näher erläutert.

die Laufzeiten auf den Leitungen ändern sich mit dem Versorgungsdruck und der Temperatur des Versorgungsfluides. Multivibratoren können daher auch als Druck- oder Temperaturmesser dienen.

Campagnuolo und Kirshner haben nachgewiesen, daß bei gasförmigen Fluiden die Temperaturabhängigkeit der Betriebsfrequenz in einem bestimmten Temperaturbereich ein Minimum hat. Sie fanden für die Ausbreitungsgeschwindigkeit c von Signalen auf Leitungen die Beziehung

$$c^4 = \frac{a_1}{\dfrac{1}{T^2} + \dfrac{a_2 T^{3/2}}{\omega^2 A^2 p^2}}. \tag{15.1}$$

(T absolute Temperatur, ω Kreisfrequenz, A Querschnitt des Leiters a_1 und a_2 Konstanten, p Druck). Der Wert von c ist Null bei $T = 0$ und $T \to \infty$ und hat beim Zwischenwert

$$T_\mathrm{m} = \left(\frac{4\omega^2 A^2 p^2}{3a_2}\right)^{2/7} \tag{15.2}$$

ein Maximum. In der Umgebung von T_m hat die Änderung der Frequenz mit der Temperatur ein Minimum. In Bild 15.2 ist der experimentell ermittelte Verlauf der Nennfrequenz in Abhängigkeit von der Temperatur dargestellt, gemessen an einem Multivibrator mit Haftstrahlelement und einer 30 cm langen Rückkopplungsleitung mit 0,7 mm Durchmesser. Der Betriebsdruck betrug $3{,}5 \cdot 10^2$ kPa. Wie aus dem Bilde ersichtlich, ist die Temperaturabhängigkeit am geringsten im Bereich von etwa 50 °C bis etwa 80 °C. Die Abhängigkeit der Nennfrequenz vom Druck für einen bestimmten Betriebszustand zeigt Bild 15.3.

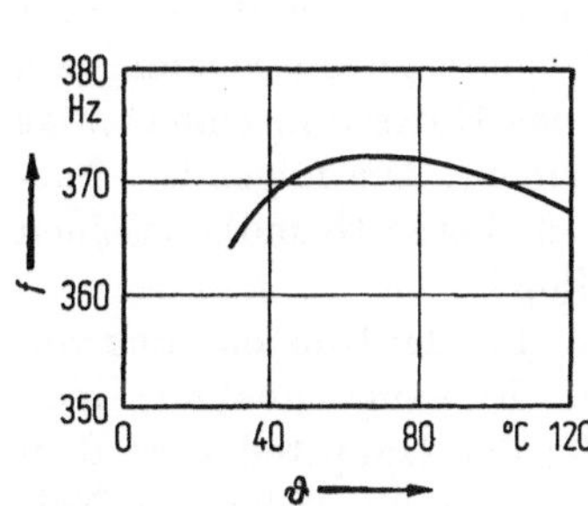

Bild 15.2.

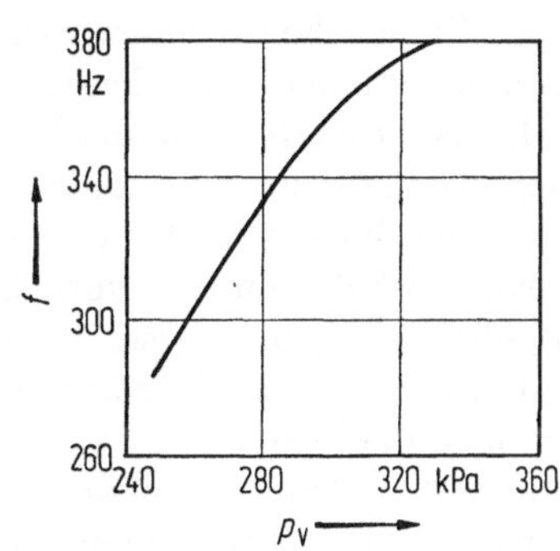

Bild 15.3.

Bild 15.2. Fluidischer Multivibrator nach Bild 15.1. Änderung der Eigenfrequenz f mit der Temperatur T (nach Kirshner und Campagnuolo). $l = 30$ cm, $p_\mathrm{V} = 350$ kPa.

Bild 15.3. Fluidischer Multivibrator nach Bild 15.1. Änderung der Eigenfrequenz f mit dem Versorgungsdruck p_V (nach Kirshner und Campagnuolo).

15.1.2. Digitales Speicherglied („Flipflop")

„Ein Flipflop ist ein Speicherglied mit zwei stabilen Zuständen, das aus jedem der beiden Zustände durch eine geeignete Ansteuerung in den anderen Zustand übergeht" (DIN 44300). Das Flipflop ist das Grundelement für kleine Speicherregister mit Zähler. Es kann symmetrisch oder unsymmetrisch gesteuert — „getastet" — werden. Das unsymmetrisch getastete Flipflop hat zwei Eingänge. Das symmetrisch getastete Flipflop hat einen Eingang; bei jedem Tastsignal geht das Speicherglied von einem stabilen Zustand in den anderen über. Für Register und Zähler kommt das symmetrisch getastete Flipflop in Frage. Verschiedene fluidische Flipflops sind hierfür in Vorschlag gebracht worden. Von diesen ist besonders das von Warren angegebene Element — der „Warren-Teiler" — bekannt geworden.

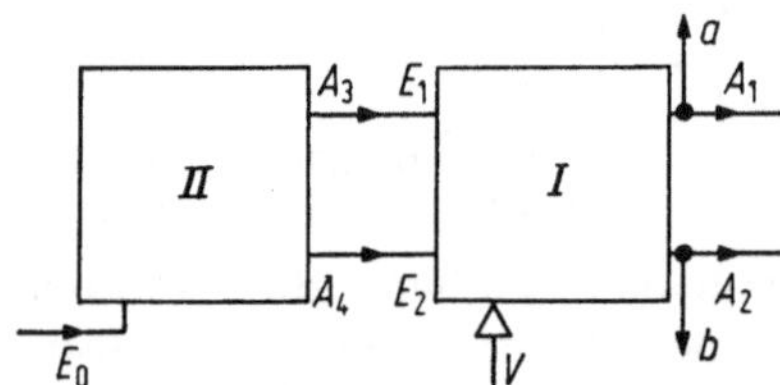

Bild 15.4. Blockschaltbild des symmetrisch getasteten Flipflops. I Bistabile Kippstufe, II Vorbereitungsstufe. E_0 Eingang für Tastimpulse, a und b Rückkopplungsleitungen.

Die Erfahrung hat gezeigt, daß jedes neue Fluidikelement neben erwünschten Eigenschaften zusätzlich oft unerwünschte Eigenschaften aufweist, deren Abhängigkeit von den geometrischen Parametern des Elementes genau bekannt sein und deshalb zunächst untersucht werden muß. Es erscheint daher wirtschaftlicher, fluidische Flipflops aus Grundbausteinen aufzubauen, deren Eigenschaften bereits bekannt sind, als besondere fluidische Flipflop-Elemente zu entwickeln. Als solche Grundbausteine kommen in Frage: das Haftstrahlelement, das Turbulenzelement und das Strahlablenkelement. Die folgenden Ausführungen befassen sich vornehmlich mit aus diesen Grundbausteinen aufgebauten, symmetrisch getasteten Flipflops.

Ein Flipflop hat Verstärkereigenschaften. Bei der Umsteuerung von der einen in die andere stabile Lage liefert das Eingangssignal nur einen Bruchteil der hierzu notwendigen Leistung; der Hauptteil wird dem Element selbst entnommen. Vorrichtungen dieser Art haben die Neigung, als Multivibratoren zu arbeiten. Bei bistabilen Flipflops wird dies entweder durch die Art des Schaltungsaufbaues oder die des Betriebes vermieden.

Bild 15.4 zeigt das Blockschaltbild eines symmetrisch getasteten Flipflops. Teil I des Blockes ist eine bistabile Kippstufe mit einer Versorgung, zwei Ausgängen, zwei Eingängen und zwei Rückkopplungsleitungen. Teil II ist eine Vorbereitungsstufe mit passiven Bauelementen und einem Eingang für das Tastsignal, sowie Anschlüssen an die Eingangs- und Rückkopplungsleitungen der bistabilen Kippstufe. (Beim Warren-Teiler hat die Kippstufe gemeinsame Eingangs- und Rückkopplungsleitungen).

Die bistabile Kippstufe (Teil I) kann — wie im Bild 15.5 dargestellt — mit Hilfe fluidischer Grundbausteine aufgebaut werden. Bild 15.5a gibt die bereits in Abschnitt 9.1 beschriebene Kippstufe wieder, die ein Haftstrahlelement verwendet. Die Bilder 15.5b, c und d stellen andere bistabile Kippstufen dar, die mit Strahlablenkelementen und Turbulenzelementen aufgebaut sind. Diese beiden Elemente arbeiten dabei als „Nor"-Verknüpfungen. Bei den Anordnungen in Bild 15.5b und 15.5d sind die Kippstufen aus zwei Elementen aufgebaut; in jeweils einem Element, z. B. in B, fließt ein Fluidstrom. Ein Teil dieses Stromes wird zum anderen Element A abgezweigt und sperrt dieses Element. Wird von außen her auf den Eingang von Element B ein Fluidsignal gegeben, so wird auch dieses Element gesperrt. Damit verschwindet das sperrende Eingangssignal beim Element A, und in diesem Element fließt ein Strom. Dieser Strom blockiert nunmehr über eine Abzweigung das Element B. Element B bleibt auch blockiert, wenn das von außen kommende Signal nicht mehr vorhanden ist. Da das Strahlablenkelement zwei Ausgänge besitzt, kann auch das Einzelelement als Flipflop betrieben werden (Bild 15.5c). Hierbei müssen rückgekoppelter Steuerstrom und Versorgungsstrom in ihren Werten genau

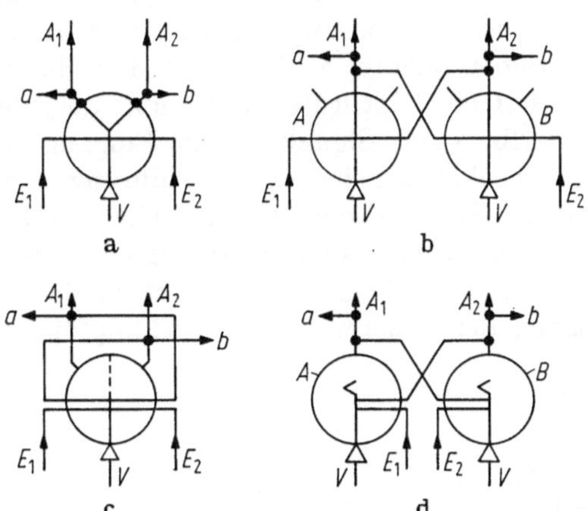

Bild 15.5. Bistabile Kippstufen (Teil I in Bild 15.4). a) Kippstufe mit einem Haftstrahlelement; b) mit zwei Strahlablenkelementen; c) mit einem Strahlablenkelement; d) mit zwei Turbulenzelementen. a und b Rückkopplungsleitungen.

aufeinander abgestimmt sein; andernfalls arbeitet das Flipflop nicht einwandfrei.

Die Vorbereitungsstufe (Teil II) hat die Aufgabe, das Umschalten der bistabilen Kippstufe vorzubereiten, so daß beim Eingang E_0 eintreffende Eingangssignale abwechselnd zum einen oder anderen Ausgang der bistabilen Kippstufe gelangen. Für die Vorbereitung werden Rückkopplungssignale der Kippstufe benutzt (Bild 15.6). Bei der Anordnung nach Bild 15.6a enthält die Vorbereitungsstufe zwei „Und"-Verknüpfungen. Je einer ihrer Eingänge ist mit dem Signaleingang E_0 verbunden; an die beiden anderen sind die Rückkopplungsleitungen der Kippstufe angeschlossen. Die Ausgänge der „Und"-Verknüpfungen führen an die Eingänge der Kippstufe im Teil I. Eine der Rückkopplungsleitungen — z. B. Leitung *a* in Bild 15.6a — führt ein Signal an

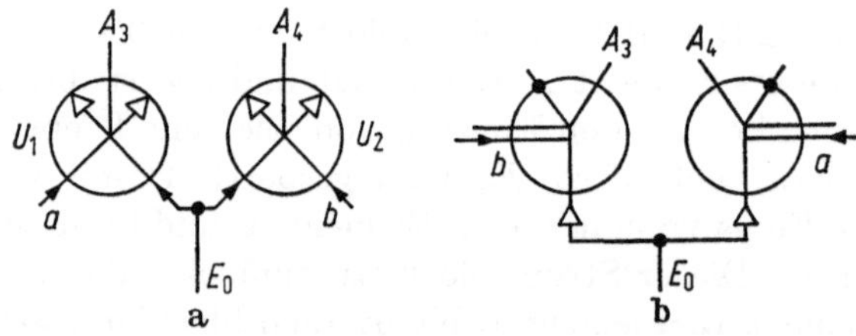

Bild 15.6. Vorbereitungsstufen (Teil II in Bild 15.4). a) Vorbereitungsstufe mit zwei „Und"-Verknüpfungen; b) mit zwei „Nor"-Verknüpfungen. a und b Rückkopplungsleitungen von der Kippstufe in Teil I.

die „Und"-Verknüpfung U_1. Sobald ein Eingangssignal bei E_0 vorhanden ist, tritt auch am Ausgang der „Und"-Verknüpfung U_1 ein Signal auf. Dieses Signal schaltet die Kippstufe um. Bei jedem weiteren Signal bei E_0 schaltet die Kippstufe wieder um; an jedem ihrer Ausgänge erscheinen halb so viele Signale wie am Eingang E_0. In ähnlicher Weise geht die Umschaltung bei der Ausführung nach Bild 15.6b vor sich. An einem Eingang der beiden „Nor"-Verknüpfungen ist über die angeschlossene Rückkopplungsleitung der Kippstufe dauernd ein Signal vorhanden. Ein Eingangssignal bei E_0 schaltet dann über den „Nor"-Ausgang der anderen „Nor"-Verknüpfung die Kippstufe um.

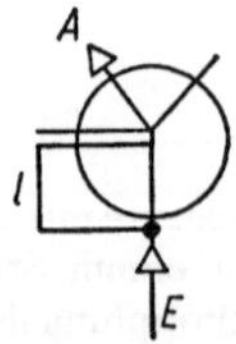

Bild 15.7. Fluidischer Impulsbegrenzer mit „Oder"-Verknüpfung und Umwegleitung *l*.

Nun tritt eine grundsätzliche Schwierigkeit auf. Sobald die Kippstufe umgeschaltet hat, verschwindet mit dem bis dahin vorhandenen Ausgangssignal auch das zugehörige Rückkopplungssignal. Dafür taucht an der anderen „Und"-Verknüpfung (Bild 15.6a) bzw., „Nor"-Verknüpfung (Bild 15.6b) ein Rückkopplungssignal auf. Ist zu diesem Zeitpunkt das Eingangssignal bei E_0 noch vorhanden, so wird sofort wieder die Rückschaltung der Stufe eingeleitet. Dies bedeutet: Die Kippstufe schaltet periodisch um, solange das Eingangssignal vorhanden ist. Dies kann auf zweierlei Weise verhindert werden. Einmal kann die Dauer des Eingangssignals durch eine Pulsbegrenzerschaltung (Bild 15.7) zeitlich begrenzt werden. Zusätzlich kann durch Verzögerungsglieder in den Rückkopplungsleitungen ein Rückschalten innerhalb einer gewissen Mindestzeit verhindert werden. Diese Maßnahmen erhöhen allerdings den Aufwand an Schaltmitteln für das symmetrisch getastete Flipflop.

Es sind Schaltungen angegeben worden, bei denen die Vorbereitungsstufe selbst gegen ein mehr als einmaliges Umschalten blockiert, solange das Eingangssignal vorhanden ist. Diese Blockierung wird aufgehoben, sobald das Eingangssignal beendet ist. Auch hierbei wird die Umschaltung mit Hilfe von Rückkopplungssignalen eingeleitet; diese sind bereits vorhanden, wenn das Eingangssignal erscheint. Bild 15.8 zeigt den Warren-Teiler, der in der Kippstufe und in der Vorbereitungsstufe je ein Haftstrahlelement enthält. Die Ausgänge des Elementes in der Vorbereitungsstufe sind mit den Eingängen des Elementes in der Kippstufe verbunden. Nur das Element der Kippstufe hat eine Versorgung; auf den Versorgungseingang E_0 der Vorbereitungsstufe wird das Eingangssignal gegeben.

Angenommen, es ist kein Eingangssignal vorhanden, und die Strömung in der bistabilen Kippstufe liegt auf der im Bilde unteren Seite an. Es besteht dann ein schwacher Unterdruck am rechten Steuereingang E_R der Kippstufe, und eine schwache Strömung fließt vom linken Steuereingang E_L über die beiden Ausgänge des passiven Ele-

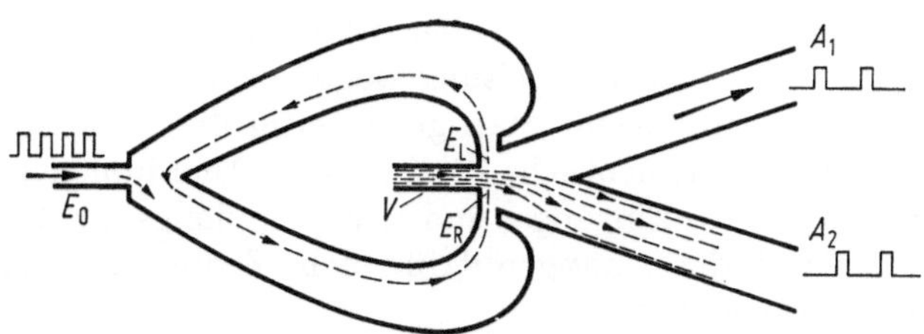

Bild 15.8. Symmetrisch getastetes Flipflop (nach Warren). E_0 Eingang für Impulse.

mentes der Vorbereitungsstufe zum Steuereingang E_R. Erscheint nun am Eingang E_0 ein Drucksignal, so folgt die dadurch ausgelöste Strömung im Element der bereits vorhandenen Dauerströmung zum Steuereingang E_R und schaltet das Element um. Damit kehrt sich die Richtung der Dauerströmung zwischen den Eingängen der Kippstufe um. Diese Dauerströmung ist aber zu schwach, um einen Einfluß auf die vom Eingangssignal bei E_0 ausgelöste stärkere Strömung auszuüben, und diese haftet weiterhin an der rechten Haftwand des passiven Elementes. Ein Rückschalten tritt also während der Dauer des Eingangsimpulses bei E_0 nicht ein. Erst nachdem kein Eingangssignal mehr vorhanden ist, macht sich die Dauerströmung bemerkbar. Sie bewirkt, daß ein neuer Eingangsimpuls einen Strom zum linken Eingang E_L der Kippstufe auslöst, der den Strahl in der Kippstufe wieder auf die rechte Seite steuert.

Bei dem Warren-Teiler verlaufen also die Rückkopplungssignale und die Eingangssignale über die gleichen Leitungswege. Bedingung für einwandfreies Arbeiten ist, daß die Dauerströmung im Rückkopplungsweg so schwach ist, daß sie die Kippstufe nicht selbsttätig periodisch umschaltet. Dies läßt sich durch eine geeignete Form des Rückkopplungsweges erreichen.

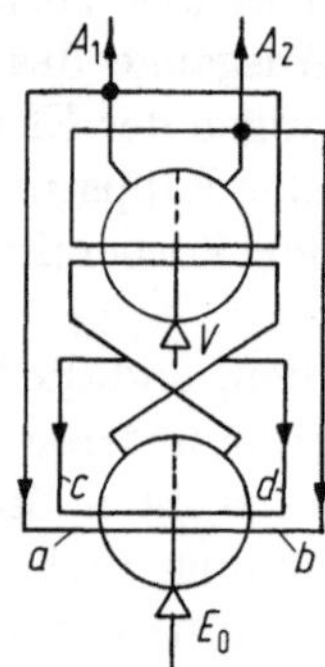

Bild 15.9. Symmetrisch getastetes Flipflop (nach Glaettli) mit zwei Strahlablenkelementen. a, b, c, d Rückkopplungsleitungen.

Die Tatsache, daß im Warren-Teiler die Eingangs- und Rückkopplungssignale über die gleichen Leitungswege gehen, bedeutet weniger Leitungen im Element, macht aber gleichzeitig die Arbeitsweise des Elementes etwas unübersichtlich. Zwei andere Anordnungen mit getrennten Wegen für die Eingangs- und Rückkopplungssignale vermeiden diesen Nachteil. Sie benötigen dafür mehr Zwischenverbindungen als das Warren-Element.

Die erste Anordnung (Bild 15.9, nach Glaettli) verwendet zwei Strahlablenkelemente, von denen eines als aktives Element in der

Kippstufe und das andere als passives Element in der Vorbereitungsstufe betrieben wird. Das aktive Element hat Rückkopplungsleitungen von den Ausgängen zu einem Paar seiner Eingänge; über diese wird der Strahl in seiner angesteuerten Lage gehalten, wenn von der Vorbereitungsstufe kein Signal auf die Kippstufe gegeben wird. Zwei weitere Rückkopplungsleitungen gehen über Dämpfungswiderstände an ein Eingangspaar des passiven Elementes in der Vorbereitungsstufe. Bis hierher entspricht die Arbeitsweise dieser Anordnung den bereits in Bild 15.6 angegebenen Schaltungen, d. h., bei einem länger andauernden Eingangssignal würde der Strahl in der Kippstufe periodisch zwischen den beiden Ausgängen hin- und hergeschaltet werden. Um dies zu verhindern, ist eine weitere Rückkopplung zwischen den Ausgängen und Eingängen des passiven Elementes in der Vorbereitungsstufe vorgesehen. Diese hält den vom Eingangssignal abgelenkten Strahl in seiner Lage und wirkt dem Einfluß des von der Kippstufe kommenden Rückkopplungssignals entgegen. Das Element schaltet also auch bei beliebig langem Eingangssignal nicht um. Verschwindet das Eingangssignal, so verschwindet auch diese Rückkopplung innerhalb der Vorbereitungsstufe; die vom Ausgang des bistabilen Elementes herrührende Rückkopplung bleibt jedoch bestehen. Sie hat zur Folge, daß die Kippstufe durch ein neues Eingangssignal umgeschaltet wird.

Bild 15.10 zeigt eine weitere Anordnung, die von Bantle angegeben wurde. Sie arbeitet nach dem gleichen Prinzip wie die in Bild 15.9, verwendet jedoch Haftstrahlelemente an Stelle der Strahlablenkelemente. Dabei entfällt die Rückkopplung zwischen den Ausgängen und Eingängen der Kippstufe. Ferner ist die Lage des Strahles im passiven Element der Vorbereitungsstufe weitgehend von der Amplitude des Eingangssignales unabhängig. Es hat sich gezeigt, daß bei dieser Anordnung das passive Element empfindlicher sein muß als das aktive Element. Wie in Abschnitt 9.8 erläutert, läßt sich dies bei einem Haftstrahlelement dadurch erreichen, daß eine der Deckflächen des Elementes mit einer Bohrung versehen wird. Der Aufbau des symmetrisch

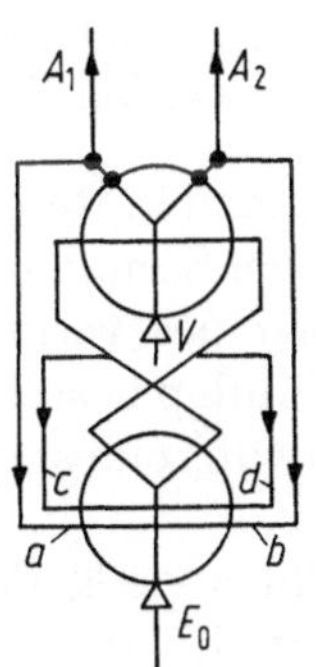

Bild 15.10. Symmetrisch getastetes Flipflop (nach Bantle) mit zwei Haftstrahlelementen. a, b, c, d Rückkopplungsleitungen.

getasteten Flipflops mit zwei Haftstrahlelementen erscheint besonders zweckmäßig, denn er ist einfach und übersichtlich; zudem sind die benötigten Bausteine in ihren Eigenschaften weitgehend bekannt. Die folgenden Betrachtungen setzen das symmetrisch getastete Flipflop als Grundbaustein mit bekannten Eigenschaften voraus.

15.1.3. Schieberegister, Ringzähler, Dualzähler

Ein Schieberegister besteht aus einer linearen Anordnung von Speicherzellen, die jeweils einen Binärwert speichern können. Die Zellen sind mit ihren Nachbarzellen verbunden; Informationen können von einer Zelle in die rechts oder links benachbarte Zelle übertragen werden. Als Speicherzellen dienen Flipflops. Beim Übertragungsvorgang können die Zellen nicht eine Information abgeben und gleichzeitig eine andere aufnehmen. Aus diesem Grunde werden die Informationen vorübergehend in Zwischenspeicherzellen aufbewahrt und erst dann an die benachbarten Zellen des eigentlichen Speichers abgegeben, wenn alle Zellen dieses Speichers geleert sind. Die Zwischenspeicher sind statisch oder dynamisch, d. h., sie können Informationen dauernd oder vorübergehend speichern.

Den Aufbau eines einfachen Schieberegisters mit symmetrisch getasteten Flipflops zeigt Bild 15.11. Das Register hat eine feste Schieberichtung für die Informationen (im Bilde von links nach rechts). Die

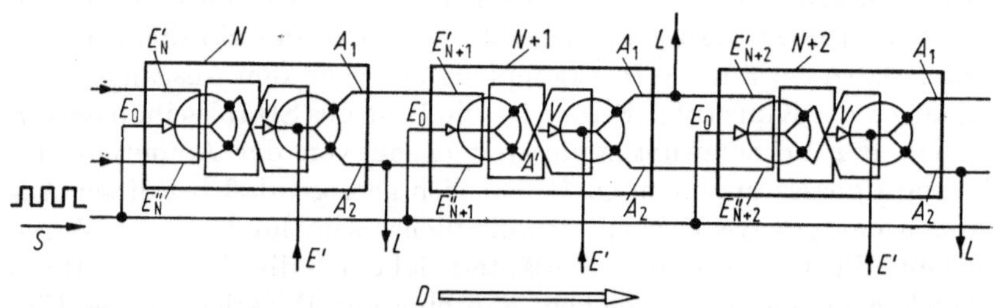

Bild 15.11. Fluidisches Schieberegister mit symmetrisch getasteten Flipflops nach Bild 15.10 (nach Bantle). D Schieberichtung, N, N + 1, N + 2 Speicherstufen, E_0 Eingänge für Schiebeimpulse, E′ Eingänge für paralleles Ein- und Ausspeichern, E'_N, E''_N, E'_{N+1}, E''_{N+1}, E'_{N+2}, E''_{N+2} Eingänge der Speicherstufen.

Bausteine sind in Reihe geschaltet, d. h., die Ausgänge eines Bausteines sind mit den Steuereingängen des Elementes in der Vorstufe des nächsten Bausteines verbunden. Anders als bei dem in Bild 15.10 dargestellten Flipflop besteht hier keine Verbindung zwischen den Ausgängen der Kippstufe eines Bausteines und den Steuereingängen seiner Vorstufe.

Die Eingänge E_0 der Vorstufen sind parallel an einen Geber für die Schiebeimpulse angeschlossen. An einem der Ausgänge der Kippstufe kann in jedem Baustein die gespeicherte Information dauernd abgefragt werden. D. h., es kann festgestellt werden, ob der Fluß auf den betreffenden Ausgang geschaltet ist oder nicht. Der Schiebevorgang geht folgendermaßen vor sich (Bild 15.11): Angenommen, es soll die in der Stufe N gespeicherte Information „Eins" in die Stufe N + 1 gebracht werden. (Eins: Strömung in dem betreffenden Ausgang). An einem — in Bild 15.11 oberen — Steuereingang E'_{N+1} der Vorbereitungsstufe von Block N + 1 liegt dann bereits ein Signal. Ein Schiebeimpuls schaltet die Strömung der Vorbereitungsstufe von Block N + 1 auf den Ausgang A'. Damit wird ein Steuersignal auf die Kippstufe von Block N + 1 gegeben, und diese schaltet auf A_2 um. Dabei wird auch die Vorbereitungsstufe in Block N + 1 über die Rückkopplungsleitung in ihrer Stellung während der Dauer des Schiebeimpulses blockiert. Diese Blockierung wird wirksam, bevor die Kippstufe umschaltet. Die Vorbereitungsstufe übernimmt hier also die Funktion eines Zwischenspeichers. Erst nachdem alle Vorbereitungsstufen eingestellt sind, werden auch die Kippstufen in den einzelnen Blocks eingestellt. Die Schiebeimpulse müssen eine gewisse Mindestdauer haben, ausreichend um die Vorbereitungsstufe einzustellen. Es ist ohne Belang, wie lange die Schiebeimpulse anschließend noch dauern. Die einzuspeichernden Informationen können in dem Zeitintervall zwischen den Schrittpulsen eingespeichert werden, und zwar in Reihe in den Eingang des Registers oder parallel über E' in die einzelnen Kippstufen.

Ein Ringzähler ist ein Schieberegister, dessen Anfang und Ende miteinander verbunden sind, und in dem meist nur ein Impuls weitergeschaltet wird. Die Information kann an einer beliebigen Stelle abgenommen werden; die Zahl der Umläufe der Information im Ringzähler innerhalb eines Zeitintervalles kann in einem separaten Zähler gezählt werden.

Schieberegister und Ringzähler der beschriebenen Art können die Information nur in einer Richtung weitergeben. Sollen sie nach Belieben Informationen nach rechts oder links weitergeben, d. h., als Vor- und Rückwärtszähler arbeiten, so müssen hierfür zusätzliche Vorkehrungen getroffen werden. In Bild 15.12 ist eine Möglichkeit hierfür angegeben. Jedem einzelnen Ausgang einer Stufe ist ein weiteres passives Haftstrahlelement H zugeordnet. Von den Ausgängen dieses Elementes ist einer mit dem Eingang der linken benachbarten Stufe, der andere mit dem Eingang der rechten benachbarten Stufe verbunden. Über die Steuereingänge des Elementes H werden die Ausgänge der einzelnen Stufen auf die rechten oder linken benachbarten Elemente und damit auf Vor- oder Rückwärtslauf geschaltet.

Ein Dualzähler zählt Impulse und kann die Ergebnisse in dualer Form anzeigen. Die Schaltung eines Dualzählers, der mit Flipflops nach

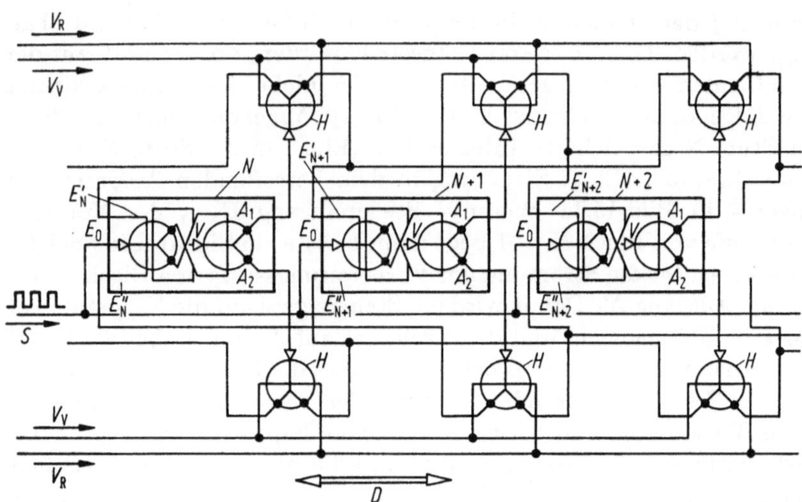

Bild 15.12. Fluidisches Schieberegister mit symmetrisch getasteten Flipflops nach Bild 15.10 für zwei Schieberichtungen (Vor- und Rückwärtszähler). H Haftstrahlelemente als Schalter zur Festlegung der Schieberichtung, V_V und V_R Eingänge für Signale zur Festlegung der Schieberichtung. Übrige Bezeichnungen wie in Bild 15.11.

Bild 15.10 aufgebaut ist, zeigt Bild 15.13. Ein Ausgang eines Flipflops ist mit dem Impulseingang E_0 der nächsten Stufe verbunden. Zum Unterschied vom Schieberegister sind hier, wie beim in Abschnitt 15.1.2 beschriebenen Flipflop, die Rückkopplungsleitungen von den Ausgängen mit den Steuereingängen des Haftstrahlelementes in der zugehörigen Vorstufe verbunden. Die zu zählenden Impulse werden auf den Impulseingang der ersten Stufe gegeben. Der Zählerstand kann an den Ausgängen der Kippstufen abgelesen werden. Jede beliebige

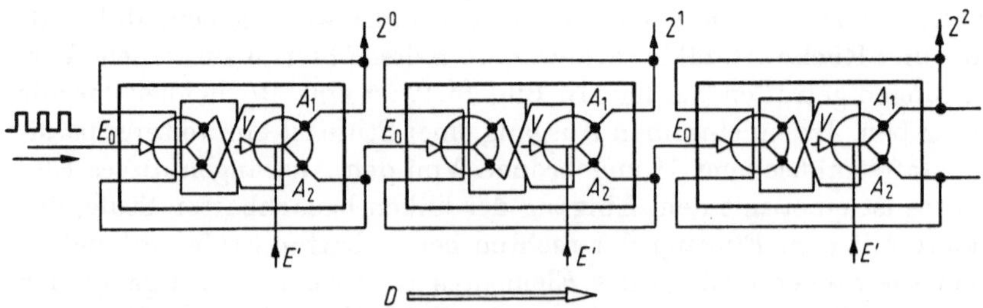

Bild 15.13. Fluidischer Dualzähler mit symmetrisch getasteten Flipflops nach Bild 15.10 (nach Bantle). E_0 Eingänge für Zählimpulse, D Zählrichtung, E' Eingänge für paralleles Ein- und Ausspeichern, 2^0, 2^1, 2^2 Ausgänge zum Ablesen des Zählerstandes.

Binärzahl kann parallel über E′ in den Zähler eingegeben werden; in der gleichen Weise kann der Zähler gelöscht werden.

Der Dualzähler kann mit Hilfe von Zusätzen nach Wahl vorwärts und rückwärts zählen; d. h., eine eingespeicherte Summe kann vermehrt oder vermindert werden. Hierzu müssen zwischen den einzelnen Zählstufen Schalter — z. B. in Form passiver Haftstrahlelemente — vorgesehen werden, die je nach Zählrichtung den einen oder anderen Ausgang einer Stufe mit dem Eingang der nächsten Stufe verbinden. Ein eingespeicherter Wert kann vermehrt oder vermindert werden; der Wert Null darf jedoch nicht unterschritten werden.

15.1.4. Codierer, Decodierer, Umsetzer, Vergleicher

„Ein Code-Umsetzer ordnet die Zeichen eines Code A den Zeichen eines Code B zu. Ein Decodierer ist ein Code-Umsetzer mit mehreren Eingängen und Ausgängen, bei dem für jede spezifische Kombination von Eingangssignalen immer nur je ein bestimmter Ausgang ein Signal abgibt“ (DIN 44300).

Für die Darstellung von Zahlen in binärer Form werden häufig Dezimal-Binär-Codes verwendet; bei ihnen wird jede Stelle einer Dezimalzahl in binärer Form dargestellt. Für die Ziffern von 0 bis 9 werden vier Stellen in einem Binärcode benötigt. Mit einem vierstelligen Binärcode lassen sich $2^4 = 16$ Werte darstellen. Die verschiedenen Dezimal-Binär-Codes suchen aus diesen 16 Möglichkeiten die für die

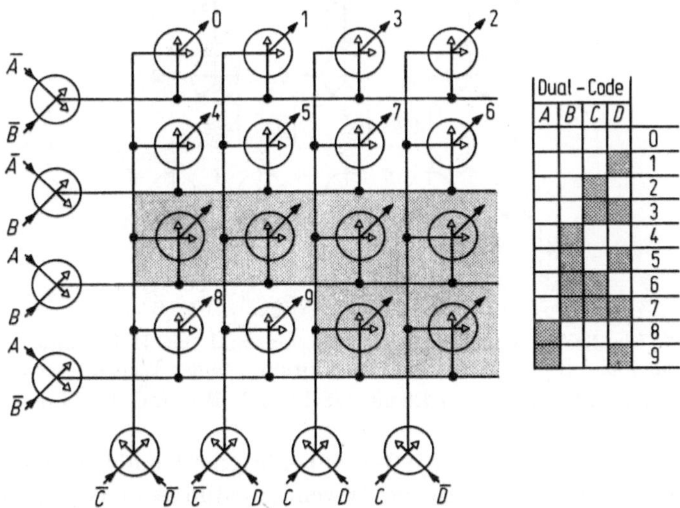

Bild 15.14. Fluidischer Code-Umsetzer binär-dezimal mit „Und“-Verknüpfungen. A,$\bar{A}$, B,$\bar{B}$, C,$\bar{C}$, D,$\bar{D}$ Binärziffern.

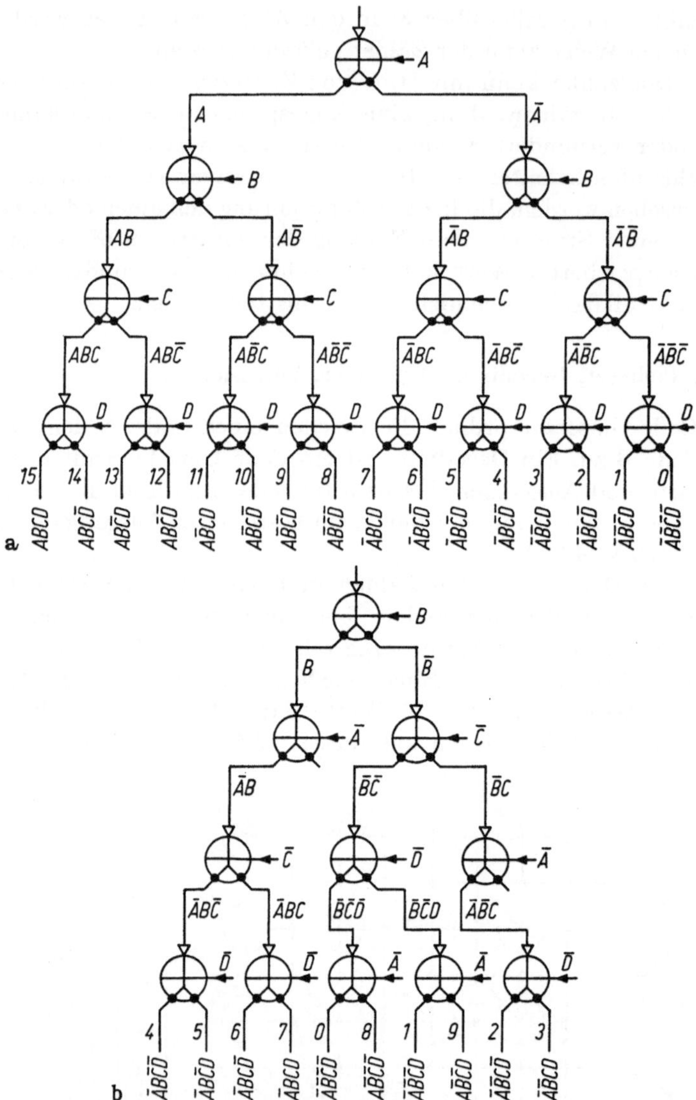

Bild 15.15. Fluidischer Code-Umsetzer binär-dezimal mit Haftstrahlelementen (nach Bemal und Brown). a) Grundausführung, einige Elemente redundant; b) Ausführung mit verringerter Elementezahl. A,$\bar{A}$, B,$\bar{B}$, C,$\bar{C}$, D,$\bar{D}$ Binärziffern.

Darstellung der Dezimalzahlen 0 bis 9 benötigten Kombinationen nach bestimmten, von der praktischen Anwendung diktierten Gesichtspunkten aus. Für die Umsetzung vom Binär-Code in das dekadische System, bzw. umgekehrt, werden Code-Umsetzer benötigt.

In der Fluidik lassen sich Umsetzer auf verschiedene Weise realisieren. In Bild 15.14 ist eine Möglichkeit gezeigt, wie im Dualcode dargestellte Zahlen mit Hilfe einer Matrix aus „Und"-Verknüpfungen in Dezimalzahlen umgesetzt werden können. Hierbei werden $2 \cdot 4$ „Und"-Verknüpfungen für die Einspeicherung der 4 Stellen des Dualcodes benötigt. Die Matrix selbst enthält 16 „Und"-Verknüpfungen; von diesen werden sechs nicht benötigt. Für diesen Aufbau werden also in der allgemeinen, d. h. für alle Dezimal-Binär-Codes verwendbaren Form 24 „Und"-Verknüpfungen benötigt. Es können hiervon 6 fortgelassen werden, wenn der Umsetzer nur für einen bestimmten Dezimal-Binär-Code verwendet wird. Da es sich bei den „Und"-Verknüpfungen um passive Elemente handelt, müssen nach Bedarf noch Verstärker vorgesehen werden.

Eine Anordnung für einen Code-Umsetzer mit Haftstrahlelementen zeigt Bild 15.15a. Die Elemente sind in 4 Reihen angeordnet mit 2^0, 2^1, 2^2, 2^3 Elementen in den einzelnen Reihen. Jeder Reihe ist die Einspeisung einer der 4 Stellen des Codes zugeordnet. An den Ausgängen der Reihe mit 2^3 Elementen können wieder den 16 Ziffern entsprechende Signale ausgegeben werden, von denen nur 10 benötigt werden. Für diese Anordnung werden in der allgemeinen Form 15 Elemente benötigt. Von diesen können drei fortgelassen werden,wenn es sich um die Umsetzung eines speziellen Binär-Codes in das dezimale System handelt. Da auch hier die Elemente passiv sind, müssen Zwischenverstärker vorgesehen werden. In der angegebenen Ausführung müssen ferner in der letzten Zeile maximal 8 Elemente angesteuert werden. Die Anzahl der gemeinsam anzusteuernden Elemente vermindert sich, wenn die Aufteilung so abgeändert wird, wie es Bild 15.15b angibt. Hier müssen nur noch maximal 5 Elemente gleichzeitig angesteuert werden. Außer den beschriebenen Anordnungen zur Umcodierung sind noch andere Schaltungen für spezielle Umcodierungsaufgaben möglich. In Bild 15.16 ist als Beispiel eine Schaltung mit „Exclusiv-oder"-Verknüpfungen angegeben, mit der ein im Gray-Code ankommendes Signal in den Dual-Code umgewandelt werden kann.

Vergleicher. In Steuerungen soll häufig die tatsächliche Stellung einer Vorrichtung mit der befohlenen Stellung verglichen werden („Istwert-Sollwert"-Vergleich). Beide Werte sind im Dezimal-Binär-Code angegeben, davon der Sollwert meist im Dual-Code. Beim Vergleich soll festgestellt werden, ob der Istwert größer, kleiner oder gleich dem Sollwert ist. Aus der Abweichung wird ein Korrekturbefehl für die zu steuernde Einrichtung abgeleitet. In einigen Anwendungen soll nur angezeigt werden, ob Übereinstimmung zwischen Soll- und Istwert herrscht oder nicht; in diesem Fall vereinfacht sich die Anzeigevorrichtung.

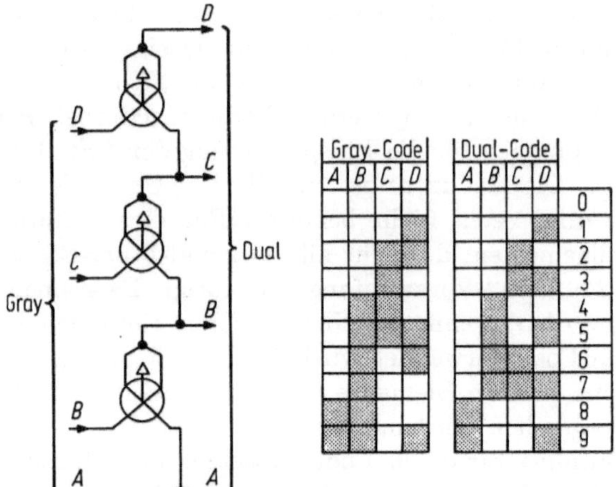

Bild 15.16. Fluidischer Code-Umsetzer: Gray-Code in Dual-Code mit „Exclusiv-oder"-Verknüpfungen (nach Ramanathan, Aviv und Bidgood). A, B, C, D Ziffern des Codes.

Für einen Vergleich wird zunächst der codierte Istwert mit Hilfe eines Codewandlers in den Code des Sollwertes überführt. Dann werden beide Werte schrittweise miteinander verglichen, wobei mit der höchsten Stufe begonnen wird. Herrscht in der obersten Stelle Gleichheit, so werden nacheinander die nächsten Stellen miteinander verglichen. Herrscht für die ganze Dekade Gleichheit, wird der Vergleich in der nächstniedrigeren Dekade fortgesetzt bis hin zur untersten Dekade. Herrscht an einer Stelle Ungleichheit, wird aus der Art der Ungleichheit ein Befehl zur Korrektur des Istwertes abgeleitet.

Bild 15.17 zeigt eine Anordnung mit 4 „Or-nor"-Verknüpfungen, mit der 2 entsprechende Stellen in 2 Dualzahlen miteinander verglichen werden können. Auf die beiden Eingänge der Elemente *1* und *2* werden

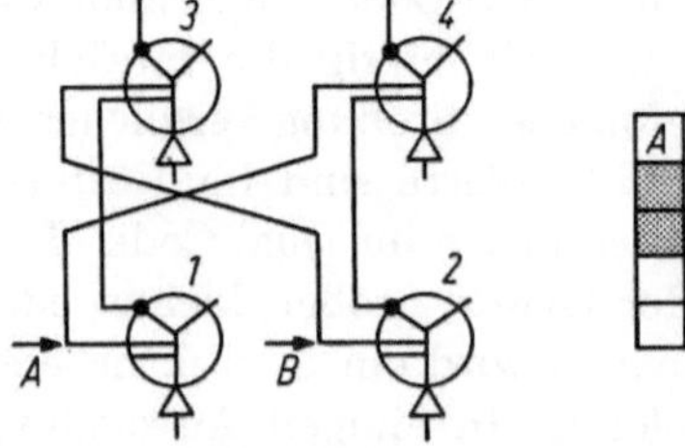

Bild 15.17. Fluidischer Vergleicher mit „Or-nor"-Verknüpfungen. Vergleich der einander entsprechenden Stellen zweier Dualzahlen. A und B zu vergleichende Eingangswerte.

die zu vergleichenden Signale A und B geschaltet. Je nachdem ob $A > B$, $A = B$ oder $A < B$ ist, erscheinen an den Ausgängen der Elemente *3* und *4* die in der Tabelle in Bild 15.17 angegebenen Signale. Herrscht Gleichheit für diese Stellen, so werden die nächstniedrigeren Stellen zum Vergleich herangezogen.

15.1.5. Addierer

„Ein Addierglied ist ein Schaltnetz mit zwei Eingängen für Ziffern, mit einem Eingang für den ankommenden Übertrag und je einem Ausgang für die Stellensumme und den abgehenden Übertrag" (DIN 44300).

Ein Addierer ist aus Addiergliedern zusammengesetzt. Es wird unterschieden zwischen Halbaddierern und Volladdierern. Ein Halbaddierer kann zwei Ziffern addieren. Er hat zwei Eingänge für Ziffern und je einen Ausgang für die Stellensumme und den Übertrag. Ausführungen fluidischer Halbaddierer für Binärziffern sind in Abschnitt 12.5 beschrieben. Ein Volladdierer kann zwei Zahlen addieren. (Zahlen bestehen aus einer Folge von Ziffern, deren Beitrag zum Wert der Zahl von ihrer Stelle und ihrem Wert abhängt). Werden zwei Zahlen addiert, so kann in jeder Stelle ein Übertrag auftreten, der zur nächsthöheren Stelle hinzugerechnet werden muß. Ein Volladdierer muß daher für jede Stelle einer Zahl die zugehörigen Ziffern und den Übertrag der nächstniedrigeren Ziffer addieren können.

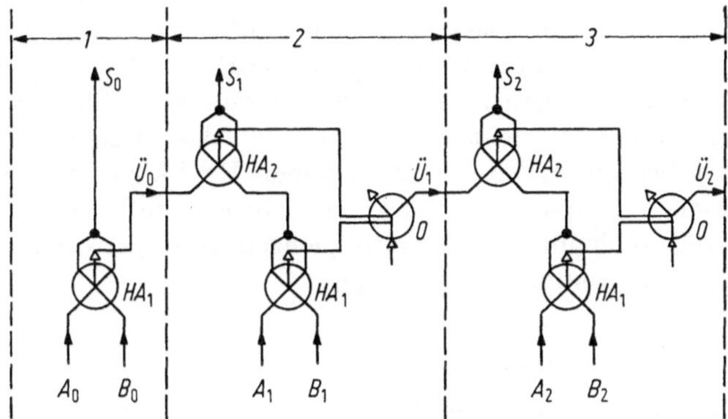

Bild 15.18. Fluidischer Volladdierer für Dualzahlen (nach Parker und Jones). *1, 2, 3* Addierbereiche mit der untersten Ziffernstelle beginnend, S_0, S_1, S_2 Ausgaben, der Teilsummen für die einzelnen Ziffern, $Ü_0$, $Ü_1$, $Ü_2$ Überträge in den Addierbereichen der einzelnen Ziffern, HA_1 Halbaddierer für die Addition der Ziffern eines Addierbereiches, HA_2 Halbaddierer für die Addition der Ziffern eines Bereiches mit dem Übertrag des nächstniedrigeren Bereiches, 0 „Oder"-Verknüpfungen.

Dies ist für Binärzahlen mit der in Bild 15.18 angegebenen Schaltung möglich. In ihr sind jeder Stelle der zu addierenden Zahlen zwei Halbaddierer zugeordnet. Der erste Halbaddierer HA_1 summiert die beiden Ziffern gleicher Stellenzahl. Ergibt sich ein Übertrag, so wird dieser über die „Oder"-Verknüpfung 0 an das Addierglied mit der nächsthöheren Stellenzahl weitergegeben. Ergibt sich kein Übertrag so wird die Summe an den zweiten Halbaddierer HA_2 gegeben und zu dem Übertrag vom nächstniedrigeren Addierglied addiert. Ergibt sich hierbei ein Übertrag, so wird dieser über die „Oder"-Verknüpfung 0 an das Addierglied HA_2 mit der nächsthöheren Stellenzahl weitergegeben. Ergibt sich kein Übertrag, so wird die Summe an den zu dieser Stelle gehörigen Ausgang S gegeben. Maßgebend für die Arbeitsgeschwindigkeit des Addierers ist die Geschwindigkeit, mit der jeweils der Übertrag einer Stelle an die nächsthöhere Stelle weitergegeben wird.

15.2. Baugruppen mit Strahlablenkelementen

15.2.1. Oszillatoren

Oszillatoren lassen sich auf mannigfache Weise mit Hilfe fluidischer Elemente mit Führungssteuerung erstellen, sofern diese Elemente im Betrieb eine Verstärkung aufweisen. Analog zu den Multivibratoren wird auch bei ihnen das periodische Umschalten meist dadurch erreicht, daß ein Teil der Ausgangsleistung wieder auf einen Eingang zurückgeführt wird. Das Ausgangssignal weist in der Regel Oberschwingungen auf. Diese können weitgehend vermieden werden, wenn für den Oszillator ein Strahlablenkelement verwendet wird, das in seinem linearen Verstärkungsbereich arbeitet und in seinen Rückkopplungsleitungen mit akustischen Tiefpässen bestückt ist. Ebenso wie bei den Multivibratoren sind auch hier die Nennfrequenzen vom Versorgungsdruck und von der Fluidtemperatur abhängig.

15.2.2. Operationsverstärker

Wie bereits in Abschnitt 8.3.3 erwähnt, kann die Verstärkung bei Strahlablenkelementen durch Reihenschaltung mehrerer Elemente erhöht werden. In diesem Falle muß entweder der Versorgungsdruck bei konstant gehaltenen Abmessungen der Elemente von Stufe zu Stufe erhöht werden, oder es müssen die Abmessungen der Elemente bei konstant gehaltenem Versorgungsdruck von Stufe zu Stufe vergrößert werden.

Von der General Electric Company (USA) ist ein fünfstufiger Verstärker der ersten Art entwickelt worden. Er ist aus einem Stapel geätzter Bleche aufgebaut; das einzelne Blech enthält die Konturen sämtlicher fünf Elemente. Der Rauschpegel der Elemente ist durch Unterteilung der Strömungsquerschnitte mit Hilfe von Zwischenlagen auf ein Minimum reduziert (Abschnitt 8.3.1). Die Druckverstärkung beträgt etwa 4000, und der Verstärker ist linear über 80% seines Aussteuerbereiches. Wird der Verstärker übersteuert, so ergibt sich ein völlig konstantes Ausgangssignal bis zu einer 200-fachen Übersteuerung des Einganges. Bild 15.19 zeigt die Abhängigkeit des Ausgangsdruckes vom Eingangsdruck.

Dieser Verstärker wird als Grundbaustein für einen fluidischen Operationsverstärker (Rechenverstärker) benutzt. Für einen idealen Operationsverstärker gilt allgemein folgendes: Die Verstärkung ist

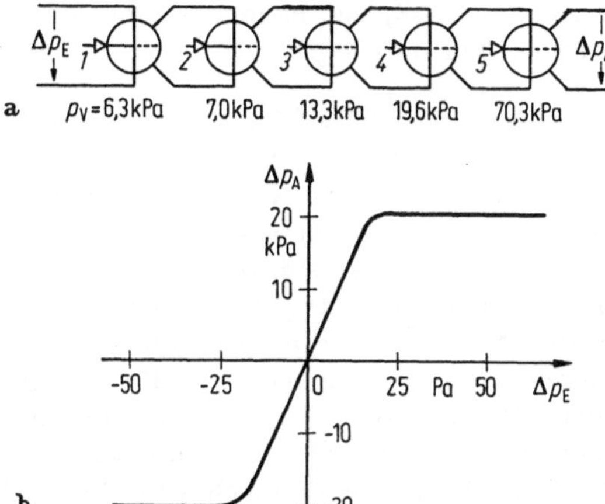

Bild 15.19. Fünfstufiger fluidischer Analogverstärker mit Strahlablenkelementen der General Electric. a) Aufbau des Verstärkers; b) Ausgangsdruck Δp_A in Abhängigkeit vom Eingangsdruck Δp_E.

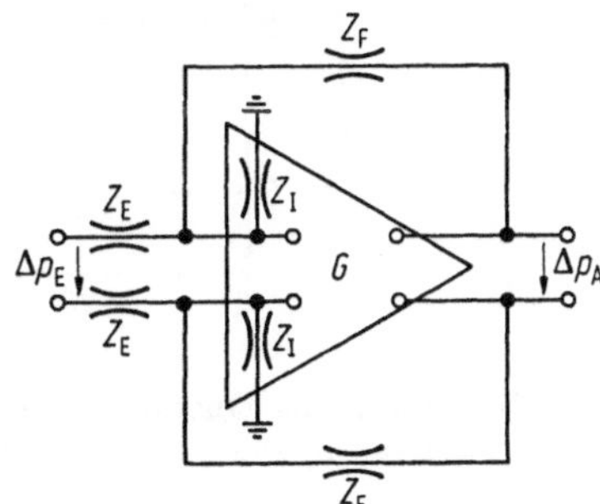

Bild 15.20. Prinzipschaltbild des fluidischen Operationsverstärkers. Z_E Impedanzen der Eingangsleitungen, Z_F Rückkopplungsimdanzen, Z_I Eingangsimpedanzen des Verstärkers, G Verstärkung.

unabhängig von der Belastung und der Versorgung. Die Verstärkung ist veränderbar. Mehrere Eingangssignale können summiert werden. Die Ausgangsimpedanz des Verstärkers ist niedrig, seine Eingangsimpedanz ist hoch.

Das Grundschaltbild des Operationsverstärkers zeigt Bild 15.20. Es enthält einen Eingangswiderstand, einen Rückkopplungswiderstand für negative Rückkopplung, sowie den Verstärker (Gegentaktverstärker). Für das Verhältnis Differenz der Ausgangsdrücke Δp_A zu Differenz der Eingangsdrücke Δp_E gilt die Beziehung

$$\frac{\Delta p_A}{\Delta p_E} = -\frac{Z_F}{Z_1} \frac{1}{1 + 1/G(Z_F/Z_1 + Z_F/Z_I)} \qquad (15.3)$$

Es wird vorausgesetzt, daß die Eingangswiderstände der beiden Eingänge und die Ausgangswiderstände der beiden Ausgänge jeweils untereinander gleich sind. Wenn die Verstärkung G groß gegenüber dem Wert $1 + Z_F/Z_1 + Z_F/Z_I$ ist, handelt es sich um einen idealen Operationsverstärker. Für diesen gilt

$$\frac{\Delta p_A}{\Delta p_E} = \frac{Z_F}{Z_1}, \qquad (15.4)$$

d. h., die Druckverstärkung ist nur von dem Verhältnis von Rückkopplungsimdepedanz zu Eingangsimpedanz abhängig. Bei fluidischen Operationsverstärkern ist die Verstärkung meist nicht hinreichend groß; die vereinfachte Formel (15.4) gilt also hier nur näherungsweise. Immerhin kann durch die negative Rückkopplung die Linearität des Verstärkers weitgehend verbessert und seine Belastungsabhängigkeit verringert werden. Der fluidische Operationsverstärker kann einerseits mit blockiertem Ausgang arbeiten, andrerseits aber 20 gleichartige Verstärker betreiben, ohne daß sich seine Verstärkung ändert (Bei einem Einzelelement verringert sich die Verstärkung um 15%, wenn die Zahl der angeschlossenen Verstärker von eins auf zwei er-

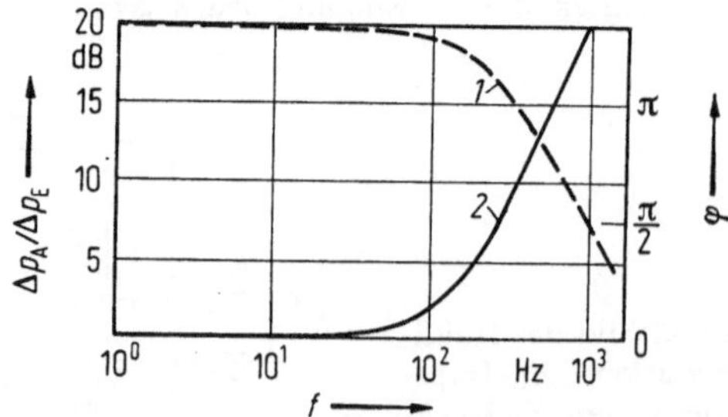

Bild 15.21. Fluidischer Operationsverstärker der General Electric. *1* Verstärkung $\Delta p_A/\Delta p_E$; *2* Phasengang φ in Abhängigkeit von der Frequenz f des Eingangssignales.

höht wird). Die Verstärkung des Operationsverstärkers kann durch Ändern des Rückkopplungswiderstandes kontinuierlich von 5 bis 50 verändert werden. Bild 15.21 gibt die Abhängigkeit von Verstärkung und Phasenwinkel von der Frequenz an, für den Fall, daß die Gleichdruckverstärkung auf 20 dB eingestellt ist.

Ähnlich wie der Operationsverstärker in der Elektronik eignet sich auch der fluidische Operationsverstärker für frequenzabhängige Rechenoperationen, wie Differenzieren und Integrieren. In der Elektronik sind bei dem Integrator eine Kapazität im Rückkopplungsweg und ein frequenzunabhängiger linearer Widerstand im Eingang des Operationsverstärkers vorgesehen. Umgekehrt befindet sich beim Differentiator der Elektronik eine Kapazität im Eingang und ein frequenz-

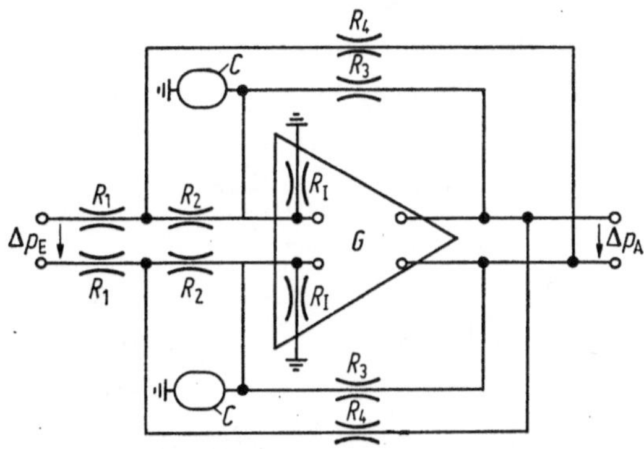

Bild 15.22. Integrierschaltung mit fluidischem Operationsverstärker (nach Wagner und Barrett), R_1, R_2, R_3, R_4 Widerstände in den Eingangs- und Rückkopplungsleitungen, R_I Eingangswiderstände des Verstärkers.

unabhängiger linearer Widerstand im Rückkopplungsweg des Verstärkers. Dies läßt sich nicht ohne weiteres auf die Fluidik übertragen, denn hier gibt es nur für den einseitig geerdeten Kondensator ein Äquivalent, nicht aber für den Reihenkondensator. Von verschiedenen Autoren sind Schaltungen angegeben worden, die ein Differenzieren und Integrieren auch in der Fluidik mit einseitig geerdeten Kondensatoren ermöglichen. Bild 15.22 zeigt eine derartige Integrierschaltung. Sie enthält eine geerdete Kapazität und einen Reihenwiderstand als positive Rückkopplungsimpedanz und einen Widerstand als negative Rückkopplungsimpedanz. Für das Verhältnis Ausgangsdruckdifferenz Δp_A zu Eingangsdruckdifferenz Δp_E gilt die Beziehung

$$\frac{\Delta p_A}{\Delta p_E} = \frac{K}{\left(1 + \frac{R_1}{R_4} + \frac{R_1}{R_2}\right) - \frac{K R_1}{R_4} + R_1 C s} \tag{15.5}$$

mit

$$K = \frac{\dfrac{R_3}{R_2}}{1 + \dfrac{1}{G}\left(\dfrac{R_3}{R_2} + \dfrac{R_3}{R_1} + 1\right)}. \tag{15.6}$$

Für

$$\frac{KR_1}{R_4} = 1 + \frac{R_1}{R_4} + \frac{R_1}{R_2}$$

d. h. abgeglichene Integrierschaltung, ist

$$\frac{\Delta p_A}{\Delta p_E} = K \frac{1}{R_1 C s}. \tag{15.7}$$

Bild 15.23 zeigt die fluisische Differenzierschaltung. Für das Verhältnis Ausgangsdruckdifferenz Δp_A zu Eingangsdruckdifferenz Δp_E gilt

$$\frac{\Delta p_A}{\Delta p_F} = K \frac{(1 + s\tau_2)}{1 + s\tau_1} \tag{15.8}$$

mit

$$K = \frac{R_1}{R_1 + R_I} \frac{G}{1 + K_F}; \qquad K_F = \frac{1}{1 + \dfrac{R_{F_1}}{R_I} + \dfrac{R_{F_2}}{R_I}};$$

$$\tau_1 = \frac{\tau_2}{1 + GK_F}; \qquad \tau_2 = K_F \frac{R_{F_1}}{R_I} (R_{F_2} + R_I)\, C\,.$$

15.2.3. Wechselflußschaltungen mit Strahlablenkelementen

Analog zur Elektronik sind auch in der Fluidik Verfahren zur Übertragung von Signalen über Leitungen entwickelt worden. Natürlich sind hier die überbrückbaren Entfernungen geringer, da die Dämpfung auf fluidischen Leitungen beträchtlich größer ist als auf elektrischen Leitungen (Abschnitt 4). Gleichflußsignale können bei der Übertragung auf Leitungen durch verschiedene Einflüsse verzerrt werden; aus diesem Grunde ist auch in der Fluidik für die Übertragung von Signalen eine Wechselfluß-Trägerfrequenztechnik erprobt worden, die es gestattet, Informationen mit größerer Genauigkeit über kurze Leitungen zu übertragen, als dies mit einer Gleichflußtechnik möglich wäre. Hierbei werden für verschiedene Aufgaben Strahlablenkelemente verwendet. Im folgenden werden einige der für eine fluidische Wechselflußtechnik benötigten Grundschaltungen mit Strahlablenkelementen beschrieben.

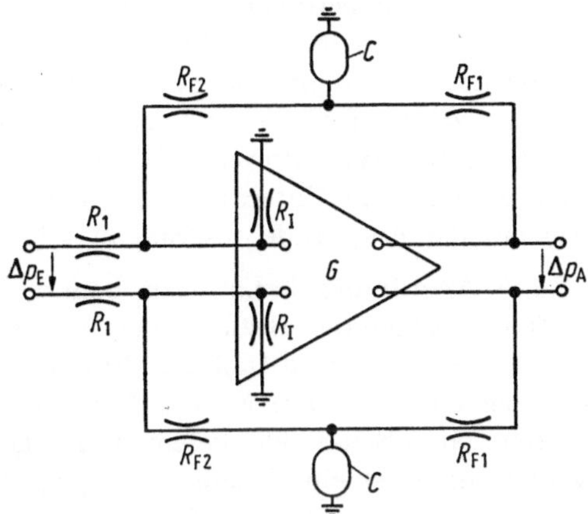

Bild 15.23. Differenzierschaltung mit fluidischem Operationsverstärker (nach Wagner und Barrett). R_1, R_{F1}, R_{F2} Widerstände in den Eingangs- und Rückkopplungsleitungen, R_I Eingangswiderstände des Operationsverstärkers.

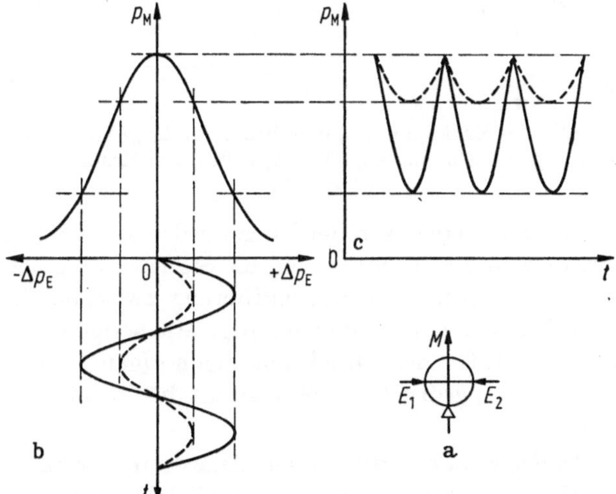

Bild 15.24. Fluidischer Doppelweggleichrichter. a) Bildzeichen des Gleichrichters; b) Druck p_M am Ausgang M in Abhängigkeit vom Eingangsdruck Δp_E; c) zeitlicher Verlauf des Druckes p_M bei sinusförmigem Wechseldruck Δp_E am Eingang.

Doppelweggleichrichter. Es handelt sich um ein Strahlablenkelement mit einer Ausgleichsöffnung zwischen den Ausgängen (Abschnitt 8.3.1). Das Ausgangssignal wird an dieser Ausgleichsöffnung abgenommen. Ist die Druckdifferenz zwischen den einander gegenüberliegenden Eingängen Null, so haben Fluß und Druck an diesem Ausgang ein Maximum. Mit wachsender Eingangsdruckdifferenz nimmt das Ausgangssignal immer mehr ab. Wie Bild 15.24b zeigt, ist dieses Signal nur vom Betrage der Eingangsdruckdifferenz abhängig, nicht aber von dessen Vorzeichen. Bild 15.24c zeigt den zeitlichen Verlauf des Ausgangssignals bei sinusförmiger Eingangsdruckdifferenz. Wird dieses Signal über ein Filter gegeben, so tritt am Filterausgang ein Gleichdrucksignal auf, dessen Betrag mit der Amplitude des Eingangssignales abnimmt.

Entkoppler. Diese Anordnung kann dazu benutzt werden, eine einseitige Druckdifferenz gegen den Bezugsdruck in eine symmetrische Druckdifferenz umzuwandeln (Bild 15.25a). Ein Drucksignal wird parallel über zwei gleichgroße Widerstände auf zwei einander gegenüberliegende Eingänge eines Strahlablenkelementes gegeben. In Reihe mit einem der Widerstände ist ein Kondensator (gegen Erde) vorge-

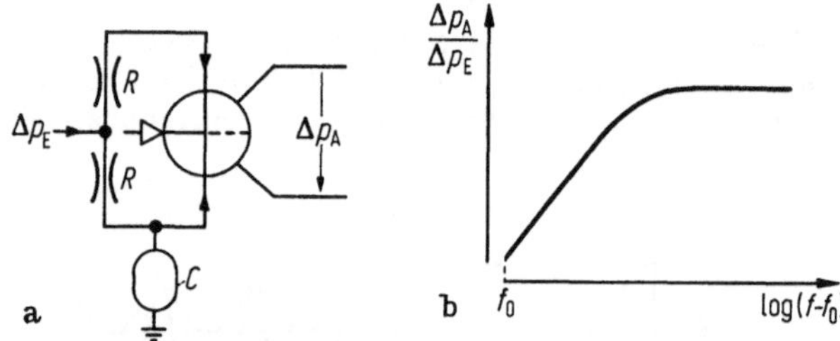

Bild 15.25. Fluidischer Entkoppler. a) Schaltung; b) $\Delta p_A/\Delta p_E$ in Abhängigkeit von der Frequenz f des Eingangssignales. Δp_E Eingangsdruck, Δp_A Ausgangsdruck.

sehen. Bei niedrigen Frequenzen der Eingangsdrucksignale macht sich der Kondensator wenig bemerkbar, und die Signale an beiden Eingängen sind etwa gleichgroß. Die Druckdifferenz zwischen den beiden Ausgängen des Elementes ist daher niedrig. Mit steigender Frequenz dämpft der Kondensator den Druck am zugehörigen Eingang immer mehr, und die Ausgangsdruckdifferenz steigt bis zu einem Endwert (Bild 15.25b).

Frequenz-Analogwandler. Mit dieser Anordnung werden in Frequenzform vorliegende Signale in analoge Gleichdrucksignale umgesetzt; die Amplitude der analogen Signale ist ein Maß für die Frequenz. Bild 15.26 zeigt die hierfür geeignete Anordnung. Ein Entkoppler und ein Doppelweggleichrichter mit Filter sind in Reihe geschaltet. Bei niedrigen Frequenzen steigt der am Ausgang des Entkopplers auftretende Druck linear mit der Frequenz an. Dieser Druck wird im Gleichrichter gleichgerichtet und dann gefiltert. Der am Ausgang des Filters vorhandene Druck ist ein Maß für die Frequenz am Eingang. Bei dieser Anzeige ist Bedingung, daß die Amplitude des Eingangssignals konstant ist.

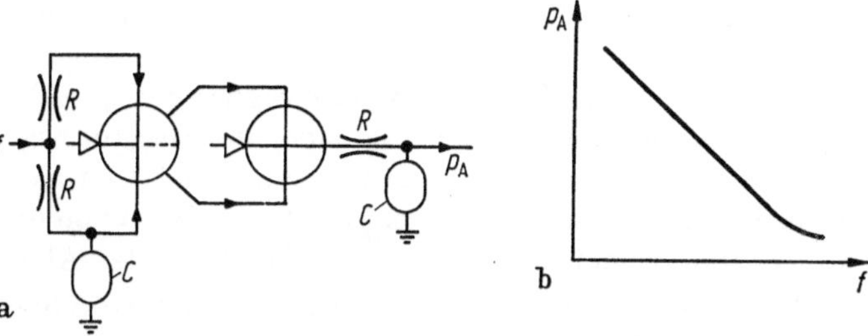

Bild 15.26. Fluidischer Frequenz-Analogwandler. a) Schaltung; b) Ausgangsdruck p_A in Abhängigkeit von der Frequenz f des Eingangssignales.

Schwebungsfrequenz-Detektor. Mit dieser Anordnung wird der Differenzbetrag zwischen zwei voneinander unabhängigen Frequenzen angezeigt (Bild 15.27). Die Frequenzen werden über Widerstände auf die Steuereingänge eines Strahlablenkelementes gegeben und in diesem summiert. Das Ausgangssignal wird auf ein Doppelweggleichrichter-Element gegeben. Durch geeignete Filter werden am Gleichrichterausgang die hohen Frequenzen im Signal herausgefiltert. Die Amplitude des Signals schwankt dann im Takte der Differenzfrequenz.

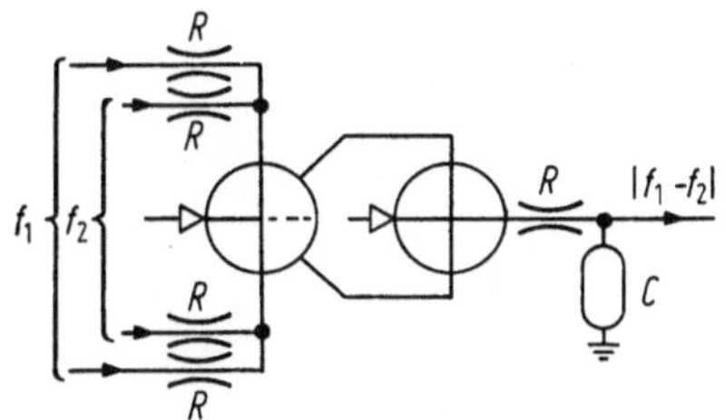

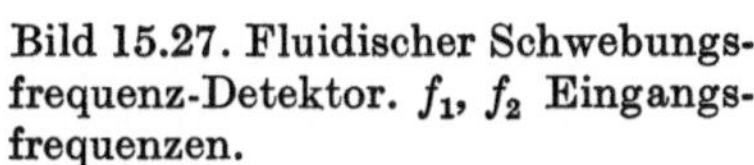
Bild 15.27. Fluidischer Schwebungsfrequenz-Detektor. f_1, f_2 Eingangsfrequenzen.

Phasen-Diskriminator. Der fluidische Phasen-Diskriminator zeigt die Phasenverschiebung zwischen zwei sinusförmigen Signalen gleicher Frequenz nach Betrag und Richtung an. Er besteht aus zwei gleichen fluidischen Gleichrichterstufen, in deren Ausgangsleitungen L-C-Filter angebracht sind (Bild 15.28). An den Eingängen A und B ist ein fluidi-

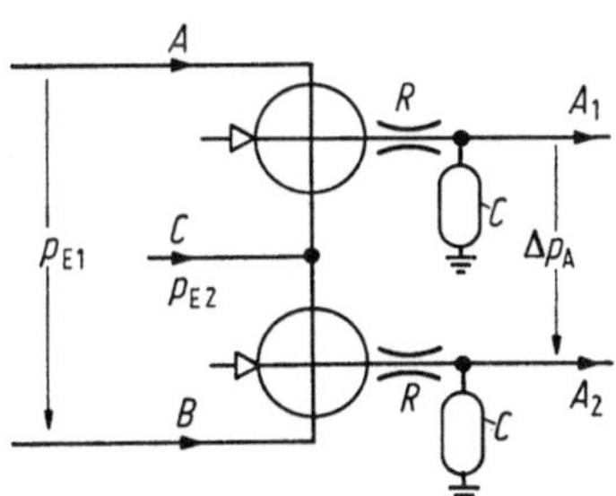

Bild 15.28. Fluidischer Phasendiskriminator. A, B, C Eingänge, p_{E1}, p_{E2} Eingangssignale, A_1, A_2 Ausgänge, Δp_A Ausgangsdruck.

sches Gegentaktsignal vorhanden; die Drücke an diesen Punkten sind also in der Phase um π/s gegeneinander verschoben. Am Eingang C liegt das zweite Signal an. Ist dieses zweite Signal um $\pm(\pi/2)/s$ gegen die Signale bei A und B verschoben, so sind die Ausgangssignale des Diskriminators bei A_1 und A_2 nach Betrag und Richtung gleich, und der Differenzdruck Δp_A ist Null. Weicht die Phase bei B von dem Wert $(\pi/2)/s$ ab, so ändern sich mit Größe und Richtung der Abweichung auch Größe und Richtung der zwischen A_1 und A_2 auftretenden Ausgangsdruckdifferenz Δp_A.

16. Fluidische Schaltungen, Anwendungsbeispiele

16.1. Anwendungsbereiche der Fluidik

In der Literatur wird eine Reihe von Anwendungsmöglichkeiten der Fluidik beschrieben, bei denen von Bedeutung ist, daß Fluidikelemente explosionssicher, strahlungssicher und wenig empfindlich gegen mechanische und thermische Beanspruchung sind. Die Aufnehmer von Eingangssignalen sind einfach; ferner fällt in vielen Fällen eine Energieumwandlung auf dem Wege vom Aufnehmer über die Steuerschaltung zum Ausgabegerät fort.

Fluidikschaltungen kommen zur Anwendung bei der Herstellung und Verpackung fester und flüssiger Explosivstoffe, sowie radioaktiver Materialien, der Überwachung von Kernreaktoren, der Steuerung und Überwachung von Gasturbinen, z. B. in Flugzeugen, sowie von Raketentriebwerken, der Steuerung und Überwachung von Fertigungsvorgängen und in medizinischen Geräten.

Bei verschiedenen Anwendungen müssen — wie bereits in Abschnitt 13 erwähnt — die Aufnehmer der jeweiligen Aufgabe angepaßt werden. Die Zahl der Fluidikelemente in der Steuerschaltung ist vielfach gering.

16.2. Vergleich zwischen Schaltungen mit Strömungselementen und mechanischen Fluidikelementen

Strömungselemente und mechanische Fluidikelemente besitzen Vor- und Nachteile, die auf voneinander verschiedenen Gebieten liegen. Ein eindeutiger Vergleich über die Eignung beider Typen ist daher schwierig. Bei der Wahl eines Elementetypes für eine praktische Aufgabe ist in der Regel eine bestimmte Eigenschaft ausschlaggebend, wobei dann die Nachteile des betreffenden Types manchmal nicht ins Gewicht fallen. Manche Schaltungen sind nur mit einem Elementetyp, andere hingegen mit beiden Elementetypen bestückt.

Retallick und Mitchell haben den Aufwand an Elementen betrachtet, der sich in folgenden Fällen ergibt: Schaltung nur mit Strömungselementen bestückt, Schaltung nur mit mechanischen Fluidikelementen bestückt, Schaltung mit Elementen beider Typen bestückt. Als Kennwert für die Bewertung der Elemente schlagen sie den „Logic Power"-Wert vor. Diesen Wert definieren sie als umgekehrt proportional zu der Anzahl der Elemente, die für eine bestimmte Schaltaufgabe benötigt werden. Für einen ersten Vergleich wurden folgende Verknüpfungen benutzt: mechanische Fluidikelemente: „Identität", „Negation", „Und", „Oder"; Strömungselemente: „Und", „Ornor", bistabile Kippstufe. Bei den Strömungselementen sind für diesen Vergleich zwei „Und"-Verknüpfungen auf einer Unterlage montiert und gelten als ein Element. Ferner haben bei den Strömungselementen die „Or-nor"-Verknüpfungen drei Eingänge und die bistabilen Kippstufen je zwei Eingänge an jeder Seite.

Zunächst wird für sechzehn logische Verknüpfungen, die sich mit Hilfe dieser elementaren Verknüpfungen erstellen lassen, die Gesamtzahl der Elemente bestimmt; einmal, wenn diese Verknüpfungen mit mechanischen Fluidikelementen, zum anderen, wenn sie mit Strömungselementen erstellt werden. Wie aus Tabelle 16.1 hervorgeht, werden hierfür insgesamt entweder 36 mechanische Fluidikelemente oder 23 Strömungselemente benötigt. Die „Logic Power"-Werte der beiden Typen würden sich also wie 1/36:1/23, d. h. wie 1:1,56 verhalten.

Für einen weiteren Vergleich wurden zehn praktische Anwendungsbeispiele einfacher Fluidikschaltungen herangezogen. Hierbei wurde die Gesamtzahl der Elemente bestimmt, die benötigt werden, um die Schaltungen entweder nur mit einer der Elementearten, oder in Gemischtbauweise (Hybridschaltung) zu erstellen. Bei diesem Vergleich wurden in den Hybridschaltungen jeweils die Elemente eingesetzt, die für die betreffende Schaltaufgabe die Lösung mit der geringeren Elementezahl ergaben. Die bei einigen Aufgaben benötigten Zähler wurden nicht mit in den Vergleich einbezogen, da es für sie verschiedene Lösungsmöglichkeiten — mit besonderen Vor- und Nachteilen — gibt. Als Gesamtzahl der benötigten Elemente ergab sich für die Lösung mit mechanischen Fluidikelementen 200 Stück, für die mit Strömungselementen 132 Stück und mit beiden Elementetypen (Hybridlösung) 125 Stück.

Die Zahl der benötigten Strömungselemente verhält sich nach diesem Vergleich zu der Zahl der benötigten mechanischen Elemente wie 1:1,52. Dieser Vergleich entspricht praktisch dem beim ersten Vergleich ermittelten Wert. Der Vergleich zeigt ferner, daß bei der Hybridlösung die Zahl der benötigten Elemente praktisch gleich derjenigen ist, die bei der Lösung mit Strömungselementen benötigt wird. Diese Ergebnisse stellen noch keine allgemeine Aussage über die Eignung der beiden Elementetypen dar. Bei dieser wäre z. B. noch zu

Tabelle 16.1. „Logic power" von mechanischen Fluidik- und Strömungselementen. Vergleich der Zahl der Elemente, die für 16 logische Verknüpfungen benötigt werden (nach Retallick und Mitchell)

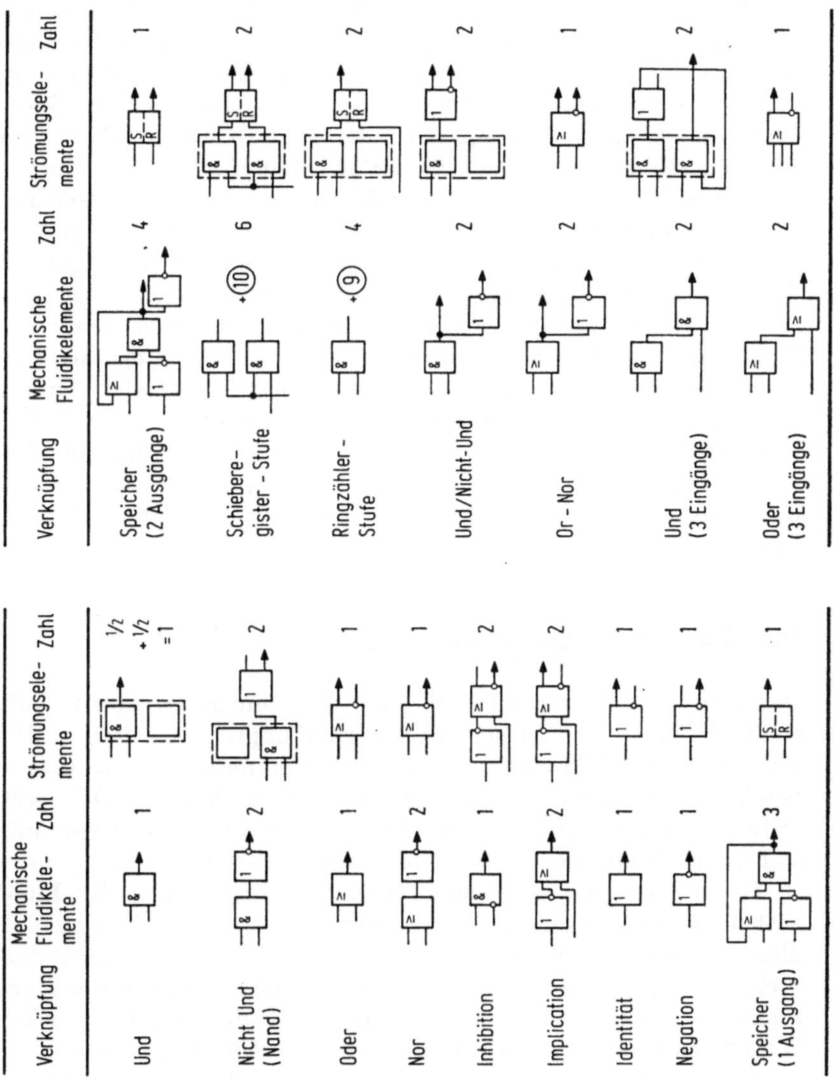

Verknüpfung	Mechanische Fluidikelemente	Zahl	Strömungselemente	Zahl
Und		1		1/2 + 1/2 = 1
Nicht Und (Nand)		2		2
Oder		1		1
Nor		2		1
Inhibition		1		2
Implication		2		2
Identität		1		1
Negation		1		1
Speicher (1 Ausgang)		3		1
Speicher (2 Ausgänge)		4		1
Schieberegister - Stufe	+ (10)	6		2
Ringzähler - Stufe	+ (9)	4		2
Und/Nicht-Und		2		2
Or - Nor		2		1
Und (3 Eingänge)		2		2
Oder (3 Eingänge)		2		1

berücksichtigen, daß die mechanischen Fluidikelemente in der Regel einen kleineren Leistungsverbrauch haben als die Strömungselemente. Ferner spielen Art der Montage der Elemente sowie ihr Raumumfang im Gesamtaufbau der Anlage, bei der sie benötigt werden, bei einem Vergleich eine Rolle. Ein weiterer Faktor, der besonders bei geringen Stückzahlen der gewünschten Schaltung wesentlich in die Gesamtkosten der Anlage eingeht, ist der Zeitaufwand für die Planung.

Retallick und Mitchell gelangen zu dem Schluß, daß unabhängig von der Art der verwendeten Elemente bei allen Anlagen eine Verringerung der Gesamtkosten — Planungs- und Elementekosten — möglich ist, wenn Bausteine mit möglichst hohen „Logic Power"-Werten verwendet werden. Als Beispiele für derartige Bausteine führen sie an: Strömungselemente — zwei „Or-nor"-Verknüpfungen auf einer gemeinsamen Grundplatte angeordnet; mechanische Fluidikelemente — ein Doppelmembranelement. Die Zahl der für die nach Tabelle 16.1 (16 einfache Verknüpfungen) benötigten Bausteine verringert sich dann von 23 auf 16 bei der Ausführung mit Strömungselementen und von 36 auf 25 bei derjenigen mit Doppelmembranelementen. Bei Schaltungen mit Bausteinen dieser Art werden nicht immer alle Funktionen der Elemente ausgenutzt; dieser Nachteil wird aber durch die Verringerung der Planungszeit aufgewogen. Schaltgruppen mit Mehrfachfunktionen, d. h. großer „Logic Power", lassen sich am einfachsten mit Strömungselementen herstellen. Möglichkeiten hierfür mit aus Grundbausteinen bestehenden Gruppen sind in Abschnitt 15 beschrieben.

16.3. Planung fluidischer Schaltungen

Bevor ein detaillierter Schaltplan mit Bausteinen der Fluidik aufgestellt wird, empfiehlt es sich, einen Signalflußplan anzufertigen. Hierfür werden die Bildzeichen für logische Verknüpfungen benutzt, die bereits durch Normen für die Informationsverarbeitung (DIN 44300) festgelegt worden sind. Erst anschließend wird der Schaltplan aufgestellt, der mit fluidischen Hilfsmitteln realisiert werden soll.

Die meisten der bekanntgewordenen Anwendungen der Fluidik enthalten Schaltungen mit nicht mehr als 10 bis 20 Elementen. Bei diesen Anwendungen besteht das eigentliche Problem meist darin, geeignete Aufnehmer zu finden und zu dimensionieren. Die Steuerschaltung selbst mit den Fluidikelementen bietet in der Regel keine besonderen Schwierigkeiten. Umfangreichere Schaltungen sollten voll- oder teilintegriert aufgebaut werden (Abschnitt 17.3), da Schlauchverbindungen Anlaß zu Störungen im Betrieb sein können. Für häufig wiederkehrende Vorgänge sollten Einheitsbaugruppen benutzt werden.

Für die Versorgung sollten unbedingt Filter vorgesehen werden; bei Druckluftversorgung ist ein Filter mit Ölabscheider erforderlich. Dies ist notwendig, da ein Versagen der Elemente im Betrieb in erster Linie auf verschmutzte Kanäle zurückzuführen ist. Wird die Schaltung in verschmutzter Umgebung verwendet, so besteht die Möglichkeit, daß über einzelne Ausgleichsöffnungen Schmutz in die Elemente gelangt.

Dies kann dadurch verhindert werden, daß eine Kappe mit Druckausgleichsöffnung für die gesamte Schaltung vorgesehen wird (über diesen Druckausgleich kann kein Fluid aus der Umgebung einströmen. Zwar besteht die Möglichkeit, daß bei einigen Elementen Fluid aus der Umgebung über den Druckausgleich in die Elemente einströmt; insgesamt gesehen strömt aber aus der Summe aller Ausgleichsöffnungen Fluid in die Umgebung ab. Durch die Ausgleichsöffnung in der Kappe ist also immer eine Strömung in die Umgebung vorhanden).

Der Versorgungsdruck für Fluidikschaltungen darf je nach Art der verwendeten Elemente in bestimmten Grenzen schwanken (Abschnitt 17.2). Voraussetzung für ein einwandfreies Arbeiten ist jedoch, daß der Versorgungsdruck bei allen Elementen in der gleichen Weise schwankt. Schwankungen der Umgebungstemperatur und der Temperatur des Betriebsfluides haben bei gasförmigen Fluiden nur geringen Einfluß auf die Elementeeigenschaften. Bei flüssigen (tropfbaren) Betriebsfluiden kann sich je nach Art des Fluids dessen kinematische Viskosität und damit die Reynolds-Zahl der Strömung in der Versorgungsdüse stark mit der Temperatur ändern. Dies muß gegebenenfalls berücksichtigt werden. Ferner ist natürlich bei allen Elementen Voraussetzung, daß das Material der Elemente den vorkommenden Temperaturen standhält.

16.4. Praktische Anwendungen der Fluidik, Beispiele

Die Mehrzahl der bekanntgewordenen praktischen Anwendungen der Fluidik befaßt sich mit Vorrichtungen zur Automatisierung von einfachen Fertigungsvorgängen, wie z. B. Sicherungsvorrichtungen in der Fertigung (Zweihandsteuerung), Zähler für in Serie gefertigte Gegenstände (Flaschen, Konservendosen), Positionierungsaufgaben in der Textilindustrie (Bandkanten- und Fädenpositionierung), Dosierungseinrichtungen für Materialien (Füllen von Flaschen, Pressen von Pulverkernen usw.).

Fluidiksteuerungen wurden in diesen Fällen gewählt, weil die Aufnehmer einfache Formen haben können, das Betriebsfluid der Elemente meist ohnehin vorhanden ist, und die zu steuernden Vorrichtungen Fluide für die eine oder andere Aufgabe verwenden. Handelt es sich im Falle der zu dosierenden Materialien um Explosivstoffe, so kann eine fluidische Steuerung die Einhaltung der für eine derartige Anlage geltenden Sicherheitsvorschriften wesentlich erleichtern. Die zu steuernden Vorgänge laufen meist verhältnismäßig langsam ab. Die Arbeitsgeschwindigkeit der Fluidikschaltung ist daher durchweg völlig ausreichend.

Es läßt sich nicht generell übersehen, in welchem Umfang die bekanntgewordenen Einrichtungen dieser Art tatsächlich zur Anwendung gelangen, und in welchem Maße sie technische Verbesserungen gegenüber anderen auch möglichen Lösungen darstellen. Andererseits fehlt aber auch der Überblick über viele praktische Anwendungen der Fluidik, weil nicht über sie berichtet wird.

Im folgenden werden einige, nicht in die oben angegebenen Kategorien fallende Anwendungen der Fluidik beschrieben, die insofern bemerkenswert sind, als sie die Mannigfaltigkeit der Aufgaben illustrieren, die sich mit Hilfe der Fluidik lösen lassen.

16.4.1. Fluidisches Atmungsgerät (Respirator)

Das Gerät soll das Ein- und Ausatmen bei Patienten mit Atembeschwerden unterstützen, bzw. vollständig ausführen. Zwei mit Fluidikelementen arbeitende Typen dieses Gerätes sind bekanntgeworden. Die einfache Ausführung (Bild 16.1) verwendet nur ein Fluidikelement, ein unistabiles Haftstrahlelement. Der „Nor"-Ausgang des Elementes führt zur Atemmaske des Patienten, der andere Ausgang zur Umgebung.

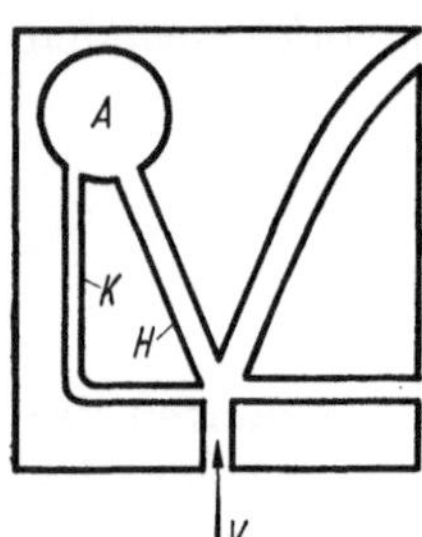

Bild 16.1. Fluidisches Atmungsgerät (Respirator). A Ausgang zur Atemmaske, K Rückkopplungsleitung, H Haftwand.

Die vom Patienten einzuatmende Luft strömt von der Versorgung über das Fluidikelement in die Atemmaske ein. In dieser baut sich ein Druck auf. Sobald dieser einen festgelegten Wert überschreitet, schaltet die Strömung im Element über den Rückkopplungsweg K auf den anderen Ausgang um, der in die Umgebung führt. Der Patient kann nun ausatmen. Ist der Druck in der Maske um einen bestimmten Betrag abgesunken, schaltet das Element wieder in die Anfangslage zurück, und das Einatmen beginnt von neuem. Der Ein- und Ausatmungszyklus wird hierbei also vom Patienten selbst gesteuert. Das Gerät hat etwa die Größe einer Streichholzschachtel. Im praktischen Betrieb hat sich gezeigt, daß der Strömungswiderstand des Gerätes beim Ausatmen zu hoch ist. Es wurde daher ein Ventil mit beweglichen Teilen in die Atemmaske eingebaut, das beim Ausatmen einen Weg verringerten Widerstandes in die Umgebung freigibt.

Die zweite Ausführung des Gerätes ist aufwendiger. Bei ihr wird der Ein- und Ausatmungszyklus mit Hilfe eines Oszillators mit angeschlossener Zählschaltung gesteuert. Während eines Teils des Zyklus wird ein Behälter mit Atemluft gefüllt; diese wird während eines anderen Teils des Zyklus mit einem bestimmten Druck in die Atemmaske eingespeist. Verschiedene, z. T. aufwendige Ausführungen dieses mehr für Kliniken entwickelten Gerätes sind in der Literatur beschrieben.

Ein weiteres fluidisches Gerät für medizinische Zwecke ist die fluidische Herzpumpe, die Blut mit einem bestimmten zeitlichen Gesetz für den Druckanstieg weiterpumpt. Bei diesen medizinischen Anwendungen handelt es sich meist um die Steuerung ziemlich einfacher, langsamer Vorgänge, bei denen aber die Lösung der technischen Probleme durch eine Reihe zusätzlicher Bedingungen erschwert wird.

16.4.2. Raketensteuerung

Bei Flugkörpern werden im Fluge auftretende Abweichungen von den vorgeschriebenen Bewegungen mit Hilfe von gegenläufig arbeitenden Raketenpaaren korrigiert, sobald diese Abweichungen bestimmte Werte überschreiten. Bei diesen Korrekturen besteht die Gefahr des Überschwingens, d. h., die Bewegung kann hierbei so weit geändert werden, daß sie in entgegengesetzter Richtung vom vorgeschriebenen Wert abweicht. In diesem Falle sind laufend Korrekturen entgegengesetzter Art erforderlich; die Flugbewegung pendelt dann fortwährend um den vorgeschriebenen Wert. Warren und Campagnuolo beschreiben eine fluidische Steuerung, mittels der die beiden für die Korrektur vorgesehenen Raketen in periodischer Folge abwechselnd betrieben werden. Die Wechselfrequenz wird von einem fluidischen Multivibrator (Abschnitt 15.1.1) erzeugt. Tritt eine Abweichung der Bewegung vom vorgeschriebenen Wert auf, so wird ein fluidisches Fehlersignal gegeben. Dieses Signal hat zur Folge, daß der Ausgangsstrahl des Multivibrators jeweils länger in einer Stellung und entsprechend kürzer in der anderen Stellung verharrt, ohne daß sich die Multivibratorfrequenz dabei ändert (Pulslängenmodulation). Hierdurch wird die Abweichung korrigiert.

Die fluidische Steuerung ist in Bild 16.2 dargestellt. Sie besteht aus einem fluidischen Multivibrator sowie vier Haftstrahl-Verstärkerstufen. Der Multivibrator und die drei ersten Stufen haben eine gemeinsame Versorgung. Die Gesamtflußverstärkung beträgt $1{,}3 \cdot 10^4$. Der Multivibrator arbeitet mit Kondensator-Widerstand-Rückkopplung zwischen den Ausgängen und Eingängen. Die Frequenz beträgt 60 Hz. Die Abmessungen der Verstärkerelemente wachsen von Stufe zu Stufe. Die erste Verstärkerstufe hat je zwei Steuereingänge an jeder Seite.

Über das eine Paar dieser Eingänge werden die Ausgangssignale des Multivibrators eingespeist. Über das andere Paar werden Signale eingegeben, wenn der Flugkörper von der vorgeschriebenen Bewegung abweicht. Diese Signale können z. B. von einem Wirbelkammer-Drehgeschwindigkeitsmesser (Abschnitt 13.3) herrühren, der ein Signal abgibt, wenn der Flugkörper eine unerwünschte Drehung um eine seiner Achsen ausführt.

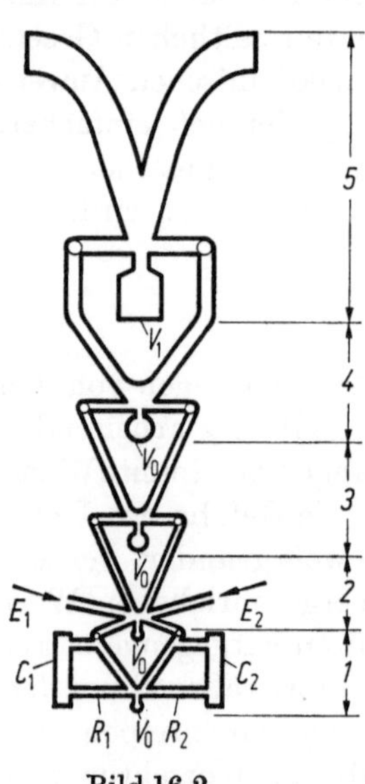

Bild 16.2.

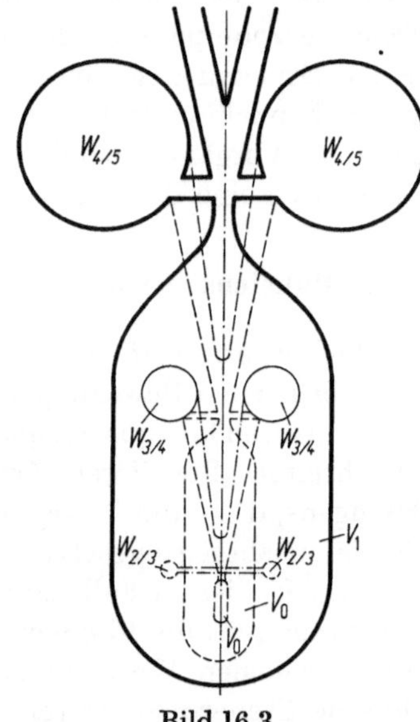

Bild 16.3.

Bild 16.2. Fluidische Raketensteuerung (nach Warren und Campagnuolo). *1* Multivibrator, *2* bis *5* Verstärkerstufen, V_0 gemeinsame Versorgung für *1* bis *4*, V_1 Versorgung für *5*, E_1, E_2 Eingabe der Fühlersignale.

Bild 16.3. Fluidische Raketensteuerung nach Bild 16.2, Aufbau der Stufen *2* bis *4*. $W_{2/3}$, $W_{3/4}$, $W_{4/5}$ Wirbelkammerübertrager zwischen den Stufen.

Die drei ersten Verstärkerstufen sind in drei Lagen übereinander zu einem Block zusammengefügt (Bild 16.3). Bemerkenswert bei dieser Anordnung sind die zwischen den einzelnen Stufen verwendeten Anpassungsglieder („Wirbelkammer-Übertrager"; Abschnitt 10.1). Diese haben die Form zylindrischer Kammern, die sich in der Tiefe über zwei Elementebenen erstrecken. Das Fluid tritt aus den Ausgängen tangential in diese Kammern ein und in der Ebene des nächsten Elementes unter einem bestimmten Winkel in dessen Eingänge aus. Der Zylinderdurchmesser beträgt ein Mehrfaches — das 6- bis 7fache — der Breite der Zuführungsleitungen. Die Wirkungsweise dieses Anpassungsgliedes im einzelnen ist nicht bekannt.

16.4.3. Beispiele fluidischer Programmsteuerungen

Allgemein wird unterschieden zwischen Zeitplansteuerungen, Wegplansteuerungen und Ablaufsteuerungen (DIN 19226). Bei der Zeitplan- und Wegplansteuerung werden die Führungsgrößen (Abschnitt 7.1) von einem Programmspeicher geliefert. Sie sind bei der Zeitplansteuerung zeitabhängig und bei der Wegplansteuerung vom zurückgelegten Weg abhängig. Bei der Ablaufsteuerung werden die Vorgänge von einem Programm gesteuert, das in der gesteuerten Anordnung schrittweise in Abhängigkeit von den jeweils erreichten Zuständen durchgeführt wird. Eine eindeutige Unterteilung aller Programmsteuerungen in diese Untergruppen ist nicht möglich; praktisch vorkommende Programmsteuerungen tragen oft Merkmale verschiedener Programmarten.

Beispiel einer Zeitplansteuerung. Ein Support soll in eine von 500 Positionen einfahren können. Ein Sollwertgeber gibt die anzusteuernde Position an, ein Istwertgeber gibt die jeweils tatsächlich eingenommene Position an. Der Steuerteil entscheidet an Hand dieser beiden Angaben, in welcher Richtung der Support zu verstellen ist, mit welcher Geschwindigkeit er in die Endposition eingefahren werden soll, und wann die Bewegung des Supports zu stoppen ist. Bild 16.4 zeigt den Prinzipaufbau dieser Einrichtung. Die einzufahrenden Positionen sind im Binär-Dezimal-Code auf einem Lochstreifen gespeichert. Der Lochstreifen wird mit Hilfe fluidischer Aufnehmer (Abschnitt 13.2) gelesen, die gelesene Information — der Sollwert — wird in den fluidischen Steuerteil eingegeben. Der Steuerteil leitet hieraus Befehle für einen Stellmotor ab, der den Support mit Hilfe einer Spindel verstellt. An die Spindel ist über ein Untersetzungsgetriebe eine Scheibe angekoppelt. Eine volle Umdrehung der Scheibe entspricht dem gesamten,

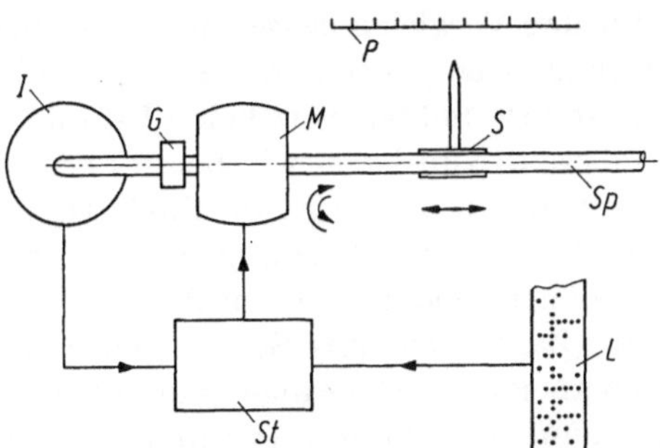

Bild 16.4. Beispiel einer Zeitplansteuerung. Einrichtung für die Positionierung eines Supports S. L Lochstreifen (Sollwertgeber), St fluidische Steuerschaltung, I Istwertgeber, G Getriebe, M Motor, Sp Spindel, P einzufahrende Position.

vom Support überstrichenen Weg. Auf dem Umfang der Scheibe sind sämtliche 500 Positionen, die der Support einnehmen kann, Markierungen in codierter Form zugeordnet, die mittels fluidischer Aufnehmer gelesen werden können (Istwertanzeige). Diese Informationen werden ebenfalls dem Steuerteil zugeführt. Aus den beiden Informationen, befohlene Stellung (Sollwert) und tatsächliche Stellung (Istwert) des Supports, leitet der Steuerteil Befehle für Art und Betrag der Verstellung des Supports ab.

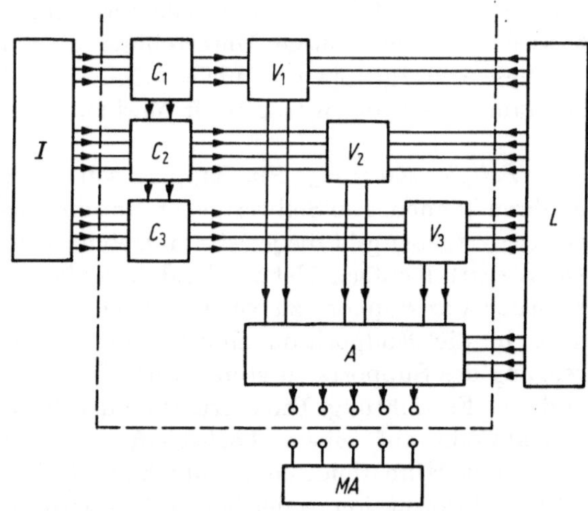

Bild 16.5. Fluidische Steuerschaltung für Zeitplansteuerung nach Bild 16.4. Blockschaltbild. L Lochstreifen, I Istwertgeber, MA Motoransteuerung, C_1, C_2, C_3 Umcodierer für den Istwert, V_1, V_2, V_3 Vergleicher Sollwert-Istwert, A Auswerter.

Bild 16.5 zeigt ein Blockschaltbild des Steuerteils. Es enthält einen Umcodierer (Abschnitt 15.1.4) für den Istwert, einen Vergleicher (Abschnitt 15.14) für den Vergleich zwischen Istwert und Sollwert und eine Auswerteschaltung. Der Umcodierer ist erforderlich, da für den Vergleich zwischen Istwert und Sollwert beide Informationen den gleichen Code haben müssen. Nun ist — wie bereits erwähnt — der Sollwert auf dem Lochstreifen in der Regel im Binär-Dezimal-Code eingetragen. In diesem Code ändern sich häufig beim Übergang von einem Wert auf den nächsthöheren oder -tieferen Wert (z. B. beim Übergang von der Zahl 7 auf die Zahl 8) mehrere Stellen gleichzeitig. Beim Lesen des Istwertes müssen aber viele Ablesungen aufeinander folgender Zahlen rasch hintereinander gemacht werden; hierbei kann die Ablesung einer Stelle etwas früher vor sich gehen als die der benachbarten Stelle. Dies kann bei mehreren gleichzeitigen Änderungen im Code zu Fehlablesungen führen. Aus diesem Grund ist es üblich, für den Istwert einen Code vorzusehen, bei dem sich beim Übergang von einer Zahl zur nächsthöheren oder -tieferen immer nur eine Stelle ändert. Um den Istwert mit dem Sollwert vergleichen zu können, muß der Istwert auch in Dezimalen codiert sein. Beim Übergang des Istwertes auf die nächsthöhere Dezimale — z. B. beim Übergang von der Stellung 199 auf die Stellung 200 — können jedoch auch bei einem derartigen Code Änderungen in gleichzeitig zwei oder drei Stellen auftreten. Um dies zu

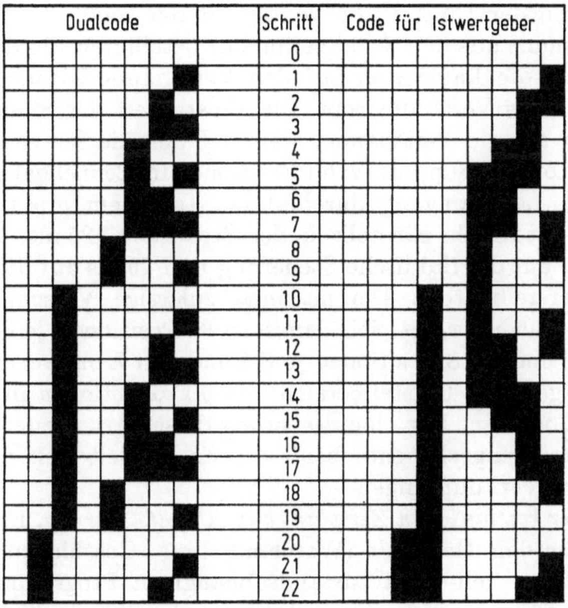

Dualcode	Schritt	Code für Istwertgeber
	0	
	1	
	2	
	3	
	4	
	5	
	6	
	7	
	8	
	9	
	10	
	11	
	12	
	13	
	14	
	15	
	16	
	17	
	18	
	19	
	20	
	21	
	22	

Bild 16.6. Vergleich Dualcode mit Code für Istwertgeber für Zeitplansteuerung nach Bild 16.4.

verhindern, wird der Istwert-Code so gewählt, daß beim Übergang zur nächsten Dezimale keine Änderung im Code der niederen Dezimalen auftritt. Der Code der niederen Dezimale ändert sich damit jeweils abwechselnd bei einem Übergang in den Bereich der nächsthöheren Dezimale, d. h. z. B. bei dem Übergang vom Bereich 30 bis 39 auf den Bereich 40 bis 49 usw. Bild 16.6 zeigt einen Code dieser Art.

Der Code des Istwertes wird im Umcodierer (Abschnitt 15.1.4) für den Vergleich, nach Dezimalen getrennt, in den Binär-Dezimal-Code umcodiert. Anschließend werden im Vergleicher (Abschnitt 15.1.4), wiederum getrennt nach Dezimalen, Soll- und Istwert miteinander verglichen. Das Ergebnis des Vergleiches wird im Auswerter verarbeitet. Der Auswerter arbeitet ähnlich wie der Vergleicher. In der Reihenfolge der Dezimalen, mit der höchsten beginnend, stellt er fest, ob der Sollwert größer oder kleiner ist als der Istwert und gibt daraufhin dem Verstellmotor Kommandos zum Vor- oder Rückwärtslauf. Sobald die Ist- und Sollwerte in den beiden oberen Dezimalen übereinstimmen, wird der Verstellmotor kurz angehalten und vom Schnellgang auf einen Langsamgang („Schleichgang") geschaltet. Der Support fährt dann mit verminderter Geschwindigkeit in die Endstellung ein. Sobald diese erreicht ist, wird der Motor stillgesetzt.

Ein wichtiger Punkt bei dieser Steuerung ist die Einstellzeit. Sie hängt ab von der Einstellgeschwindigkeit der fluidischen Steuerung, d. h. der Summe aus den Schaltzeiten der beteiligten Fluidikelemente, vermehrt um die Laufzeiten auf den Verbindungsleitungen und die Abbremszeit des Verstellmotors. Die Einstellzeit der Steuerung muß kleiner sein als die Zeitspanne, während der die beweglichen Teile (Verstellmotor und Support) zehn Positionen im Schnellgang, oder eine Position im Langsamgang durchfahren. In einem praktischen Fall beträgt die maximale Einstellzeit der Steuerung 125 ms. Davon entfallen 50 ms auf die fluidische Steuerung und 75 ms auf die Abbremszeit des Verstellmotors. Die maximal zulässige Vorschubgeschwindigkeit der Anlage ergibt sich damit zu 80 Positionen je Sekunde im Schnellgang und zu 8 Positionen je Sekunde im Langsamgang. Damit könnte der gesamte Einstellbereich von 500 Positionen in 7 s bis 8 s durchfahren werden. Für eine Steuerung dieser Art werden insgesamt etwa 130 Strömungselemente benötigt. Es handelt sich dabei meist um „Or-nor"-Verknüpfungen.

Beispiel einer kombinierten Zeitplan- und Ablaufsteuerung. Eine Arbeitsmaschine für den Haushalt (Waschmaschine, Geschirrspülmaschine) soll nach einem zeit- und zustandsabhängigen Programm gesteuert werden. Bei Einrichtungen dieser Art kann der Arbeitsablauf in Kurzzeitvorgänge und Langzeitvorgänge unterteilt werden. Kurzzeitvorgänge, z. B. Hin- und Herbewegungen, wiederholen sich ständig mit einer Periodendauer von einigen Sekunden. Langzeitvorgänge, wie Heizen, Wasserzufuhr, Wasserentnahme, mechanische Vorgänge, erstrecken sich über Zeitspannen von 1 min bis 15 min, treten nur ein Mal oder einige Male auf und laufen in einer bestimmten, vom Programm vorgegebenen Folge ab. In einigen Abschnitten des Programms unterbrechen fluidische Aufnehmer (Abschnitt 13.2) für Temperatur und Wasserstand den Programmablauf und die Kurzzeitvorgänge so lange, bis vorgegebene Temperaturen oder Wasserstände erreicht sind. Fällt die Versorgung des Gerätes aus, so muß der im Programm zur Zeit des Ausfalls vorhandene Zustand erhalten bleiben. Die jeweilige Kurzzeitfunktion und der Zustand der Signalverarbeitung im Augenblick des Ausfalls bedürfen keiner Speicherung. Die Kurzzeitfunktionen und die Signalverarbeitung können somit von Strömungselementen,

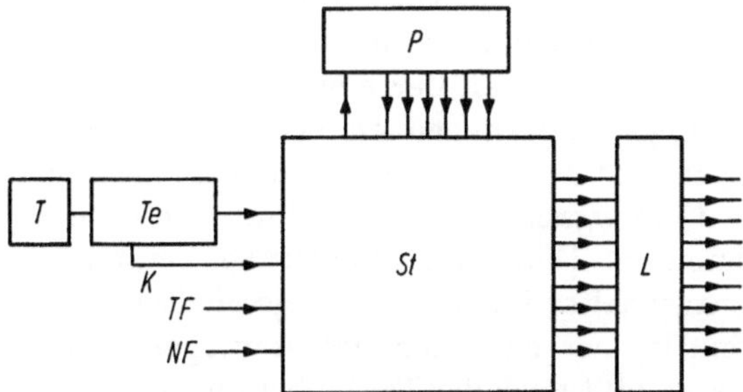

Bild 16.7. Blockschaltbild einer fluidischen kombinierten Zeitplan- und Ablaufsteuerung für Haushaltsmaschinen. T Taktgeber, Te Teilerstufen, P Programmspeicher, K Signal für Kurzzeitvorgänge, L Leistungsschalter, TF Signal vom Temperaturfühler, NF Signal vom Niveaufühler.

die keine Speichereigenschaften bei Versorgungsausfall besitzen, übernommen werden. Das Langzeitprogramm dagegen muß mit Hilfe mechanischer Mittel gespeichert werden.

Das Blockschaltbild einer für diese Aufgaben geeigneten fluidischen Steuerung zeigt Bild 16.7. Danach ist ein Taktgeber für die Gesamtsteuerung vorhanden. Er ist aus Strömungselementen aufgebaut und besteht aus einem Oszillator mit mehreren angeschlossenen Teilerstufen. An einer der Teilerstufen werden die periodischen Signale für die Kurzzeitvorgänge abgenommen.

Die Taktfrequenz am Ausgang der letzten Zählstufe wird für den Antrieb einer drehbaren Scheibe benutzt, die das Langzeitprogramm gespeichert hat (Bild 16.8). Das Ausgangssignal des Taktverteilers treibt diese Scheibe über ein mechanisches Fluidikelement, z. B. ein Membranelement an. Ein Rücklaufen der Scheibe wird durch eine Rücklaufsperre verhindert. In der Scheibe sind in gleichen Abständen

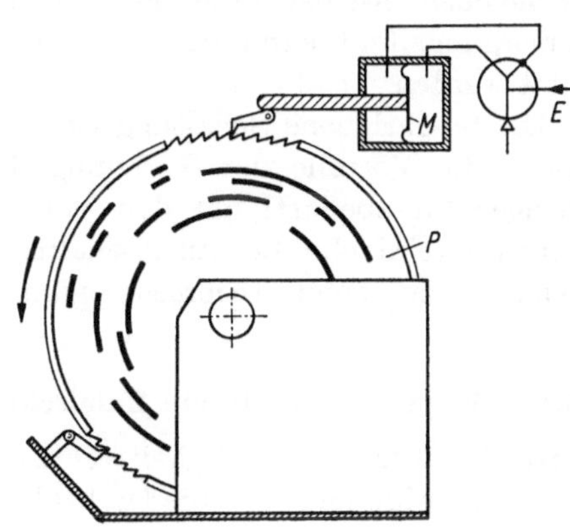

Bild 16.8. Mechanischer Programmspeicher für Steuerung nach Bild 16.7. M Membran, P Programmscheibe.

voneinander Schlitze in Form von Kreissegmenten angebracht. Beim Drehen der Scheibe werden durch die Schlitze Freistrahlen freigegeben, die von Versorgungsdüsen an der einen Seite der Scheibe ausgehen. Diesen Versorgungsdüsen stehen an der anderen Seite der Scheibe Fangdüsen gegenüber. Die von den Fangdüsen aufgenommenen Strahlen bilden die Eingangssignale für die fluidische Steuerschaltung mit Strömungselementen. Diese Steuerschaltung betätigt an ihren Ausgängen Membranschalter für die Leistungsschalter (Elektrische Schalter, Magnetventile) der einzelnen Arbeitsvorgänge. Fällt die Fluidversorgung aus, so fällt auch der Taktgeber aus, und die Scheibe bleibt stehen. Die jeweilige Stellung im Programm bleibt also gespeichert.

Das Arbeitsprogramm umfaßt entweder einen Sektor oder den Gesamtumfang der Scheibe. Neben den allgemeinen Forderungen können auch Zusatzforderungen von der Steuerschaltung erfüllt werden. So ist z. B. notwendig, daß eine Heizung nur dann arbeitet, wenn der Wasserstand einen bestimmten Mindestwert überschreitet. Ferner ist gefordert, daß das Wasser in verschiedenen Abschnitten des Programms über unterschiedliche Wege eingeleitet wird. Schließlich soll die Kurzzeitperiode noch in verschiedene Vorgänge unterschiedlicher Zeitdauer unterteilt werden. Für diese letzte Aufgabe werden die notwendigen Befehle einer Fluidikschaltung mit Strömungselementen entnommen, die ihre Taktzeiten an verschiedenen Teilerstufen des Taktgebers abnimmt. Mit einem fünfstufigen Binärteiler im Taktgeber kann z. B. eine Unterteilung der Kurzzeitperiode im Verhältnis 13:3 erzielt werden. Eine feinere Unterteilung ist mit Hilfe eines Schieberegisters möglich; in diesem Falle sind jedoch mehr als fünf Zählstufen erforderlich. Zusätze für weitere Steueraufgaben können vorgesehen werden, benötigen aber in der Regel auch zusätzliche Strömungselemente. Die Strömungselemente sind meist „Or-nor“-Verknüpfungen; nur im Taktverteiler kommen bistabile Elemente zur Anwendung. Für den beschriebenen Ausbaustand sind rund 50 Elemente erforderlich. Als Versorgungsfluid kann das Arbeitsfluid der gesteuerten Geräte benutzt werden.

Die beschriebene Schaltung ist ein Beispiel dafür, wie sich in der Praxis die Vorteile der Strömungselemente (große „Logic Power“, geringer Platzbedarf) mit den Vorteilen der mechanischen Fluidikelemente (einfache Leistungsschalter, Möglichkeiten für Programmspeicher) zu einer technisch günstigen Hybridlösung vereinigen lassen.

16.4.4. Regeleinrichtung mit fluidischen Analogelementen

Beispiel: Übergeschwindigkeitsschutz für Gasturbine. Diese Einrichtung soll verhindern, daß die Drehzahl einer Gasturbine einen bestimmten Nennwert überschreitet. Hierzu wird die Drehzahl mit einem Bezugswert verglichen; aus der Differenz der beiden Werte wird ein Signal abgeleitet, das die Brennstoffzufuhr der Turbine regelt.

Der Prinzipaufbau der Anlage ist aus Bild 16.9 ersichtlich. Ein Drehzahlaufnehmer (Abschnitt 13.3) am Ausgang der Turbine gibt ein fluidisches Wechselflußsignal ab, das in einem fluidischen Entkoppler (Abschnitt 15.2.3) in ein Gegentaktsignal umgeformt wird. Anschließend wird dieses Signal in einem fluidischen Frequenz-Analogwandler (Abschnitt 15.2.3) in ein Gleichdrucksignal p_c umgewandelt, wobei der Betrag des Gleichdruckes der Drehzahl proportional ist. Das fluidische

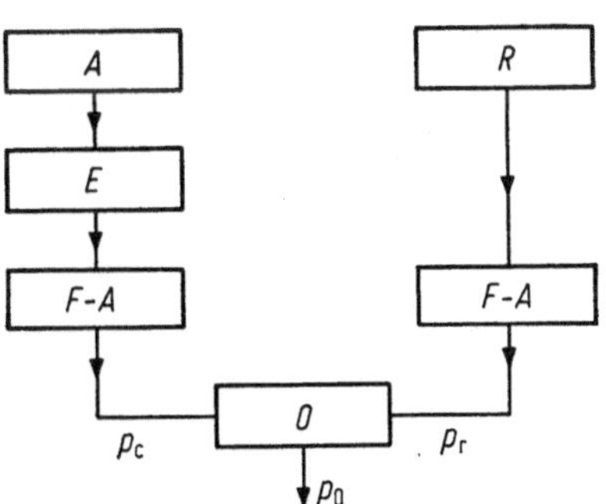

Bild 16.9. Fluidische Übergeschwindigkeitsanzeige für Gasturbine. A fluidischer Aufnehmer, R mechanischer Resonator, E Entkoppler, F-A Frequenz-Analogwandler, O Operationsverstärker als Differenzierverstärker geschaltet, p_0 Gleichdruck.

Bezugssignal wird von einem mechanischen Resonator hoher Güte abgeleitet. Dieses Bezugssignal wird ebenfalls über einen Entkoppler und einen Frequenz-Analogwandler in ein Gleichdrucksignal p_r umgewandelt. Da die beiden zu vergleichenden Signale p_c und p_r auf die gleiche Weise hergeleitet werden, können mögliche Fehler, hervorgerufen durch Schwankungen des Versorgungsdruckes und der Umgebungstemperatur, vermieden werden. Die beiden Drücke p_c und p_r werden in einem als Differenzverstärker geschalteten Operationsverstärker (Abschnitt 15.2.2) miteinander verglichen. Übersteigt der von der Turbinendrehzahl herrührende Wert p_c den vom Bezugsfrequenzgenerator abgeleiteten Wert p_r, so entsteht am Ausgang des Differenzverstärkers ein Druck p_0. Dieser wirkt über eine Membran auf ein Steuerventil ein; dieses Ventil beeinflußt ein Umwegreglerventil für den Brennstoff. Es fließt dann mehr Brennstoff in den Umweg der Turbine und damit weniger Brennstoff in die Turbine selbst. Die Steuerung wird ohne große Zeitverzögerung auch in Extremfällen wirksam.

Abgesehen von dem Frequenznormal, das als bewegtes Teil eine Torsionsfeder enthält, handelt es sich bei dieser Regeleinrichtung um eine rein fluidische Schaltung mit Strahlablenkelementen. Die Anordnung ist daher gegen Schwankungen der Temperatur und des Umgebungsdruckes weitgehend unempfindlich. Die Aufnehmer für die Drehzahl der Turbine sind am hinteren Ende der Turbine angebracht, so daß auch Brüche der Turbinenwelle angezeigt werden. Das Steuerteil arbeitet einwandfrei bei Schwankungen der Temperatur der Versorgungsluft von —55 °C bis +120 °C, wobei die Umgebungstemperatur von —55 °C bis +200 °C schwanken kann. Ferner haben Schwankungen des Umgebungsdruckes in dem Bereich vom Druck auf Seehöhe bis zu dem Druck in etwa 8000 m Höhe keinen Einfluß auf die Arbeitsweise des Gerätes. Das Gerät wiegt etwas über 300 g.

17. Praktische Ausführungen von Strömungselementen

17.1. Herstellung von Strömungselementen

Bei manchen Anwendungen werden Fluidikelemente jeweils nur in kleineren Stückzahlen benötigt. Es handelt sich dabei meist um Elemente mit höheren Ausgangsleistungen, mit kompliziertem Aufbau, oder aber um solche, die unter schwierigen Umweltbedingungen betrieben werden. Die Verfahren zu ihrer Herstellung richten sich nach der erforderlichen Größe der Elemente und den Materialien, aus denen sie hergestellt werden. Die Herstellungskosten spielen meist keine ausschlaggebende Rolle.

Anders liegen die Verhältnisse bei den Fluidikelementen, die in größeren Stückzahlen in Schaltungen verwendet werden, und bei denen keine schwierigen Umweltbedingungen vorliegen. Hier haben alle Elemente gleiche oder ähnliche Aufgaben; sie sollen daher geringe Exemplarstreuungen aufweisen, billig und in integrierten Schaltungen verwendbar sein. Die Schalt- und Steuervorgänge vollziehen sich bei ihnen meist in Ebenen; die Elemente sind daher in der Regel ebene Gebilde. Zu ihnen gehören die Turbulenzelemente, die Strahlablenkelemente, die Haftstrahlelemente und die Induktionselemente.

17.1.1. Phototechnische Verfahren

Für die Herstellung ebener Elemente in mittleren Stückzahlen kommen in erster Linie phototechnische Verfahren zur Anwendung. Für große Stückzahlen sind diese Verfahren z. Z. noch verhältnismäßig aufwendig; hier sind Gieß- und Spritzverfahren wirtschaftlicher.

Phototechnische Verfahren: Bei diesen Verfahren geht man von Vorlagen mit den Elementekonturen aus; diese Vorlagen werden in vergrößertem Maßstab entweder von Hand oder mit Hilfe von Zeichenmaschinen angefertigt. Von diesen Vorlagen werden auf photografischem Wege verkleinerte Negative hergestellt, deren Abmessungen denen der Fluidikelemente entsprechen. Für die Herstellung der Negative sind Spezialfilme erforderlich.

Als Material für die eigentlichen Elemente können photopolymerisierende Kunststoffe verwendet werden, z. B. die von der Firma

Du Pont unter den Handelsnamen „Dycril“ und „Templex“ vertriebenen Materialien. Sie werden in Platten von 0,3 mm bis 1 mm Stärke geliefert. Das Material ist auf einem Träger aufgebracht. Für Fluidikelemente wird meist das 1 mm-Material verwendet. Bei diesem Verfahren sind auf dem Negativ die Strömungskanäle undurchsichtig, die übrigen Teile transparent. Das Negativ wird auf das Material aufgebracht, und dieses dann mit einer Bogenlampe belichtet (Strom 140 A, Abstand Lampe — Objekt etwa 2 m). Hierbei polymerisieren die belichteten Stellen des Materials und werden damit unlöslich gegen die meisten Chemikalien. Die nicht belichteten Teile — d. h. die Kanäle in den Elementen — werden anschließend in einer Waschanlage mit verdünnter Natronlauge ausgewaschen.

Hierbei wird auch vom ausgehärteten Teil etwas abgetragen; die Kanäle entsprechen daher in ihrer Breite nicht genau der Vorlage, sondern weichen z. B. beim 1 mm-Material um $\pm 0{,}07$ mm bis $\pm 0{,}02$ mm ab. Bei dünnem Material ist die Abweichung entsprechend geringer. Die Wände der Kanäle sind auch nicht völllig senkrecht; die Abweichungen von der Senkrechten betragen $\pm 3°$. Die Größe der Abweichung kann verringert werden, wenn das Material vor der Belichtung etwa 24 h in einer Kohlendioxid-Atmosphäre gelagert („konditioniert“) wird. Allerdings lassen sich mit nicht konditioniertem Material engere Kanäle herstellen als mit konditioniertem Material. Die kleinste überhaupt erzielbare Kanalbreite liegt bei dem 1 mm-Material bei etwa 0,3 mm.

Da sich Fluidikelemente in kleineren Stückzahlen verhältnismäßig einfach aus „Dycril“ oder „Templex“ herstellen lassen, ist das Verfahren gut für die Herstellung von Versuchsmustern geeignet. Als Nachteil ist anzusehen, daß die Materialien hygroskopisch sind und daher in Wasser oder feuchter Atmosphäre aufquellen. Durch das Quellen verengen sich die Kanäle, und damit ändern sich auch die Eigenschaften der Fluidikelemente. Ein weiterer Nachteil ist, daß das Tiefen-Breiten-Verhältnis der Kanäle den Wert drei nicht wesentlich überschreiten kann.

Ein anderes, von der Firma Corning Glass entwickeltes Verfahren benutzt lichtempfindliches Glas („Fotoform“) als Ausgangsmaterial. An den belichteten Stellen geht das Glas in eine kristalline Phase über und kann hier mit Flußsäure ausgewaschen werden. Das Verfahren kann nur von den Herstellern des Materials angewandt werden. Nähere Einzelheiten hierüber sind nicht bekannt geworden. Durch eine zusätzliche Wärmebehandlung kann eine Temperaturfestigkeit der Elemente bis etwa 600 °C erreicht werden. Ähnlich wie bei Elementen aus „Dycril“ oder „Templex“ weichen auch hier die Wände von der Senkrechten um etwa $\pm 3°$ ab.

Bei einem anderen phototechnischen Verfahren werden dünne Bleche aus Metall geätzt und zu Stapeln aufgebaut, wobei die Stapelhöhe der gewünschten Kanaltiefe entspricht. Es sind somit beliebige Tiefen-Breiten-Verhältnisse der Kanäle erzielbar. Anders als bei „Dycril" oder „Templex" ist das Ausgangsmaterial nicht auf einem Träger aufgebaut. Beim Entwurf der Vorlage für das Element muß darauf geachtet werden, daß alle Teile der Kontur zusammenhängen; andernfalls würden die Teilstücke beim Ätzen auseinanderfallen. Dies bedeutet, daß alle Anschlüsse an das Element senkrecht zur Elementenebene herausgeführt werden müssen. Bei diesem Verfahren werden die sauberen Bleche vor dem Ätzen mit Photolack überzogen. Das Negativ wird dann auf das Blech aufgebracht. Bei der nachfolgenden Belichtung härtet der Photolack in den Bereichen aus, die durch das Negativ verdeckt sind; auf dem Negativ müssen also die Bereiche der Kanäle lichtundurchlässig sein. In den abgedeckten Bereichen kann der Lack nach dem Belichten durch ein Lösungsmittel wieder abgelöst werden. Anschließend werden in einem Ätzbad alle nicht mehr mit Photolack bedeckten Teile des Bleches herausgeätzt. Die Ätzdauer hängt von der Blechdicke ab und beträgt z. B. bei 0,05 mm starkem Material etwa 2 min.

Anders als bei „Dycril" oder „Templex" können die Bleche sowohl von einer Seite als auch von beiden Seiten her geätzt werden. Das Ätzen von beiden Seiten her erfordert einigen zusätzlichen technischen Aufwand bei der Vorbereitung; es müssen zwei spiegelbildliche Negative genau deckungsgleich zueinander ausgerichtet, von beiden Seiten her auf das beidseitig mit Lack beschichtete Blech aufgebracht werden. Das Verfahren ergibt jedoch exaktere Konturen als das einseitige Ätzen. Das Unterätzen, d. h. das Ätzen längs der Oberfläche unterhalb der Schwärzungsschicht, ist hier nicht so ausgeprägt wie beim länger andauernden Ätzen von einer Seite her.

Grundsätzlich kann jedes Blechmaterial verwendet werden. Das Blech sollte jedoch nicht zu weich sein, denn weiches Blech verbiegt sich leichter beim Hantieren und kann Anlaß zu Luftspalten im Stapel geben. Gut bewährt haben sich Bleche aus Neusilber, Kupfer-Beryllium und nichtrostendem Stahl in den Stärken 0,05 mm bis 0,1 mm. Beim Ätzen werden Grate an den Blechen vermieden. Die Bleche sind glatt und lassen sich fugenlos stapeln. Die Schwankungen der Kanalbreiten sind gering; für 0,05 mm starkes Blech wurden Schwankungen der Kanalbreite von ± 5 µm festgestellt. Auch die Exemplarstreuungen der Kenndaten von aus Blechen hergestellten Elementen sind gering. So wurden bei den Versorgungskennlinien von zehn Elementen mittlere quadratische Abweichungen von $\pm 2\%$ festgestellt. Es können nach diesem Verfahren Kanalbreiten bis herab zu 0,1 mm erzielt werden.

Elemente mit noch engeren Kanälen können nach einem photoplastischen Verfahren hergestellt werden, bei dem das feste Photopolymer „Riston“ der Firma Du Pont benutzt wird. Hierbei wird eine ebene Trägerplatte aus Molybdän oder nichtrostendem Stahl mit dem Photopolymer beschichtet (Schichtstärke etwa 0,05 mm). Anschließend wird das Filmnegativ mit den Elementekonturen aufgebracht (Kanäle undurchsichtig), und die Platte mit einer Quecksilberdampflampe bestrahlt. Hierbei härtet das Photopolymer an den belichteten Stellen aus. Das unbelichtete Polymer wird durch Trichloräthan herausgelöst. Dann wird die Platte als Kathode in ein galvanisches Bad gebracht. Im Bade scheidet sich an den freien — d. h. nicht vom Photopolymer bedeckten — Flächen Metall ab. Die Metallschicht darf im Bade höchstens bis zur Dicke der „Riston“-Schicht anwachsen. Ist diese Dicke erreicht, wird die „Riston“-Schicht mit Methylenchlorid herausgelöst und anschließend die Metallfolie mit den Elementekonturen von der Trägerplatte abgehoben. Aus Stapeln dieser Folien hergestellte Elemente mit 0,05 mm Breite der Versorgungsdüse (Tiefen-Breiten-Verhältnis 5) zeigten geringe Streuungen der Kenndaten. Bei mit Blechen aufgebauten Elementen sind keine Veränderungen durch Temperaturschwankungen oder Alterung zu erwarten. Feuchtigkeitseinflüsse können durch Verwenden von korrosionsfestem Blechmaterial vermieden werden.

17.1.2. Gieß- und Spritzverfahren

Bei den phototechnischen Verfahren können die Elementeformen leicht geändert werden, da nur die Zeichenvorlage für die Konturen geändert werden muß. Für die Herstellung großer Stückzahlen, bei denen Änderungen an den Elementeformen nicht mehr zu erwarten sind, können die üblichen Verfahren für das Gießen und Spritzen von Kunststoffen angewendet werden. Mit ihrer Hilfe können Elemente schneller und billiger hergestellt werden als nach den phototechnischen Verfahren.

Bei den Gießverfahren gibt es je nach der gewünschten Stückzahl verschiedene Möglichkeiten. So kann man von einem Urelement einen Abguß in Silicongummi herstellen und diesen Abguß als Gießform für weitere Elemente benutzten. Für das Gießen selber werden die üblichen Gießharze (Epoxide, z. B. „Araldit“) mit und ohne Füller benutzt, die nach dem Zusetzen eines Härters polymerisieren und dabei aushärten. Nach dem Aushärten wird das Gießstück von der Siliconform abgehoben. Dies ist möglich, denn die Form ist nachgiebig und geht keine feste Verbindung mit dem Gießharz ein. Kleinere Beschädigungen beim Abheben sind unvermeidbar; da sich die Beschädigungen bei wiederholtem Gießen mit der gleichen Form summieren, kann nur eine geringe Anzahl von Elementen mit dieser hergestellt werden. Für größere Stückzahlen ist eine stabilere Form erforderlich.

Für die Anfertigung einer derartigen Form eignet sich u. a. ein galvanoplastisches Verfahren. Hierbei kann von einem Urlement ausgegangen werden, dessen fluidische Eigenschaften bekannt sind. Das Element wird mit einer leitenden Oberfläche versehen und anschließend als Kathode in einem Galvanikbad benutzt. Die so gewonnene Metallform ist nicht nachgiebig; aus diesem Grunde müssen Abschrägungen an den Stegwänden vorgesehen werden, die das Abheben des Gießstückes erleichtern. Die Abschrägungen sollen mindestens 2% gegenüber der Senkrechten betragen. Mit dieser Form können die Elemente direkt abgegossen werden. Das Gießen ist zeitraubend; es ist daher empfehlenswert, mehrere Elemente gleichzeitig abzugießen. Hierzu gießt man zunächst mit Hilfe der Galvanoplastik-Form mehrere Elemente ab, stellt diese in einer Mehrfachanordnung zusammen und macht hiervon einen Abguß in Silicongummi. Diesen zweiten Abguß kann man dann als Mehrfachgießform benutzen.

Auch für das Spritzen von Fluidikelementen aus thermoplastischen Kunststoffen lassen sich Formen auf galvanoplastischem Wege herstellen. Als Material kommt in diesem Falle Kobalt-Nickel in Frage, das genügend widerstandsfähig gegen die hohen Spritzdrücke ist. Eine Metallform für Gießen oder Spritzen kann natürlich auch auf mechanischem Wege hergestellt werden. Von dieser können dann galvanoplastische Kopien angefertigt werden. In allen Fällen ist der erste Schritt — d. h. entweder das Herstellen einer Urform des Elementes oder das Herstellen einer Gießform auf mechanischem Wege — der aufwendigste Schritt im ganzen Verfahren. Der Urtyp wird jedoch in keinem Falle bei der eigentlichen Elementefertigung benutzt; er kann daher nicht beschädigt werden oder sich abnutzen.

Das Aufbringen der Deckflächen auf die Elemente bereitet in allen Fällen einige Schwierigkeiten. Diese Flächen sollen die Kanäle nach unten und oben dicht abschließen; andernfalls entstehen Nebenschlüsse für die Fluidströme zwischen den einzelnen Kanälen. Verschiedene Methoden des Klebens sind erprobt worden. Beim Kleben mit einem flüssigen Kleber besteht die Gefahr, daß dieser in die Kanäle läuft und diese verstopft oder ihren Querschnitt verringert. Ferner sind beidseitig klebende selbsthärtende Folien verwendet worden; diese müssen allerdings beim Klebevorgang auch an ihrer gesamten Oberfläche völlig aushärten, denn andernfalls können sich im Betriebe Verschmutzungen an den Stellen ausbilden, wo die Klebefolie einen Teil der Kanaloberfläche bildet. Die Klebung darf sich ferner nicht im Laufe der Zeit lösen, da dies zum Versagen der Elemente führt.

Für das Zusammenfügen der Bleche zu einem Paket wird bei den aus Blechstapeln aufgebauten Elementen auch eine Art Schweißverfahren („Bonding") angewendet, bei denen die Bleche bei erhöhter Temperatur unter Druck miteinander verbunden werden. Auch bei den Elementen aus lichtempfindlichem Glas wird ein Druck-Schweißverfahren angewendet.

Wie wichtig es ist, die Elemente einwandfrei zusammenzufügen, geht aus einem Bericht der Firma Corning Glass hervor. Bei zu Anfang ihrer Entwicklungsarbeiten hergestellten Mustern wurde festgestellt, daß Exemplarstreuungen der fluidischen Daten weit mehr auf den Zusammenbau der Elemente als auf Streuungen in den Abmessungen zurückzuführen waren. Das zuverlässigste aber auch aufwendigste Verfahren ist z. Z. noch das einfache Verschrauben von Elementeplatten und Deckflächen miteinander.

17.2. Kenndaten von gespritzten Strömungselementen

In Tabelle 17.1 sind einige charakteristische Kennwerte für ein Haftstrahlelement wiedergegeben. Das Element ist gespritzt (Material: „Terulan"). Die Werte und ihre mittleren quadratischen Abweichungen wurden aus den Werten errechnet, die an 10 Elementen gemessen worden waren. Die Breite der Versorgungsdüse beträgt 0,33 mm, ihr Tiefen-Breiten-Verhältnis 4. Das Element ist verschraubt. Für die 10 bistabilen Kippstufen und die 10 „Or-nor"-Verknüpfungen wurden die gleichen Elementeplatten benutzt. Die „Or-nor"-Verknüpfungen haben Durchbrüche in einer Deckfläche über einer der Haftwände. Alle Elemente haben Durchbrüche über den Zusammenführungen der Eingänge (Abschnitt 9.8). Wie aus den Werten in Tabelle 17.1 ersichtlich, haben die bistabilen Kippstufen und die „Or-nor"-Verknüpfungen bei gleichen Versorgungsdrücken angenähert gleiche Ansprechempfindlichkeiten. Beide Typen können ohne weiteres in Schaltungen nebeneinander verwendet werden, denn alle anderen Kennwerte, wie z. B. Druck- und Flußrückgewinn sind gleich, ferner stimmen natürlich alle Abmessungen und Anschlußpunkte überein.

17.3. Integrierte Schaltungen mit Strömungselementen

Schaltungen mit Strömungselementen können — analog zur Elektronik — auch in integrierter Bauweise hergestellt werden. Die Vorteile hierbei sind: Kompakter Aufbau, kurze Verbindungen und — im Vergleich zum Schaltungsaufbau mit Einzelelementen — geringe Stör-

Tabelle 17.1. Kennwerte für ein Haftstrahlelement. Breite der Versorgungsdüse 0,33 mm, Tiefen-Breiten-Verhältnis der Versorgungsdüse 4

Versorgungsdruck p_V in kPa		5	10	15
Versorgungsfluß $\dot{V}_V$	in cm³/s	35,7 ± 0,3	50,5 ± 0,5	61,0 ± 0,7
Versorgungsleistung	in mW	178,0 ± 1,5	505,0 ± 5,0	915,0 ± 10,0
		Ausgänge offen		
Ausgangsfluß $\dot{V}_A$	in cm³/s	37,6 ± 0,7	58,4 ± 1,3	74,8 ± 2,0
Flußrückgewinn $\dot{V}_A/\dot{V}_V$	in %	105,0 ± 1,9	115,0 ± 2,6	122,0 ± 3,3
		Ausgänge gesperrt		
Ausgangsdruck p_A	in kPa	1,60 ± 0,02	3,22 ± 0,06	5,06 ± 0,11
Druckrückgewinn p_A/p_V	in %	32,00 ± 0,45	32,30 ± 0,58	33,70 ± 0,74
		Eingänge: bistabile Kippstufe		
Schaltdruck p_S	in kPa	0,71 ± 0,10	1,15 ± 0,20	1,60 ± 0,31
Ansprechwert p_S/p_V	in %	14,2 ± 2,0	11,15 ± 2,0	10,7 ± 2,0
Fan-out	—	4,6 ± 0,5	5,5 ± 0,6	5,5 ± 0,5
		Eingänge: „Or-nor"-Verknüpfung		
Schaltdruck „Anschalten" p_S	in kPa	0,64 ± 0,04	0,93 ± 0,17	1,31 ± 0,28
Ansprechwert p_S/p_V	in %	12,8 ± 0,8	9,3 ± 1,7	8,7 ± 1,8
Schaltdruck „Abschalten"	in kPa	0,18 ± 0,03	0,33 ± 0,06	0,36 ± 0,07
		Multivibrator: bistabile Kippstufe		
Eigenfrequenz	in Hz	599 ± 7	648 ± 7	676 ± 8
		Multivibrator: „Or-nor"-Verknüpfung		
Eigenfrequenz	in Hz	535 ± 10	574 ± 11	607 ± 10

anfälligkeit, da hierbei keine Schlauchverbindungen vorhanden sind. Schläuche können sich lösen.

Es gibt teilintegrierte Schaltungen, bei denen die Elemente nachträglich wieder ausgewechselt werden können, und vollintegrierte Schaltungen, bei denen dies nicht möglich ist. Bei vollintegrierten Schaltungen ist Voraussetzung, daß die Einzelelemente eine sehr geringe Ausschußquote aufweisen, denn ein unbrauchbares Element würde die ganze Schaltung unbrauchbar machen. Bei integrierten Schaltungen sind die Elemente in Ebenen angeordnet. Auch die Verbindungen verlaufen meist in Ebenen; diese fallen entweder mit der Elementenebene zusammen oder sind parallel zu dieser angeordnet.

Im letzten Falle müssen die Anschlüsse der Elemente senkrecht zur Elementenebene angeordnet sein. Es sind dann zwei Arten des Aufbaues möglich. So kann man einmal alle Elemente in einer Ebene und alle Verbindungen in einer zweiten Ebene unterbringen. Die Versorgung wird den Elementen dann über eine weitere Ebene zugeführt. Die Elemente können in diesem Falle einzeln hergestellt, geprüft und direkt auf die Leiterplatte aufgebracht werden. Man kann aber auch eine Stapelbauweise anwenden. Hierbei werden Teile der Schaltung zu Untergruppen gleicher Größe zusammengefaßt und abwechselnd mit den zugehörigen Leiterplatten übereinander angeordnet. Alle Elemente einer Untergruppe haben eine gemeinsame zentrale Versorgung über eine Leitung, die den Stapel in senkrechter Richtung durchsetzt. Diese Bauweise hat den Nachteil, daß beim Auswechseln eines Elementes bzw. einer Untergruppe der ganze Stapel auseinander genommen werden muß.

17.4. Fluidisches Haftstrahl-Einheitselement

Der Aufbau fluidischer Schaltungen mit Strömungselementen wird vereinfacht, wenn die Einzelbausteine möglichst gleichartig sind. Diese Gleichartigkeit betrifft einmal die äußeren Abmessungen und Leitungsanschlüsse, zum anderen die Eigenschaften der Elemente wie Versorgungsleistung, Ansprechempfindlichkeit und Ausgangsleistung. Der ersten Forderung — äußere Gleichheit — wird heute weitgehend Rechnung getragen; die verschiedenen Elemente eines Herstellers stimmen in ihren Abmessungen und Leitungsanschlüssen meist unter-

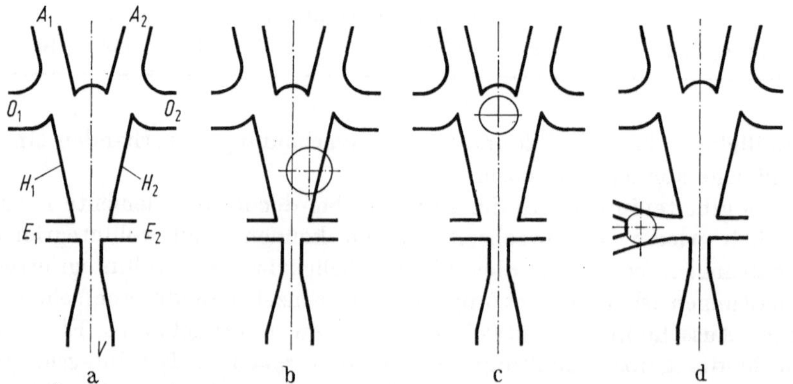

Bild 17.1. Grundbaustein für Haftstrahlelemente. a) Aufbau allgemein; b) Durchbruch über einer der Haftflächen; c) Durchbruch über dem Raum vor dem Keil; d) Durchbruch über der Zusammenführung zweier Eingänge.

einander überein. Die zweite Forderung läßt sich bei den Haftstrahlelementen mit einem Einheitstyp erfüllen, der für verschiedene logische Verknüpfungen verwendet werden kann.

Diese verschiedenen Verknüpfungen werden aus einem Grundbaustein mit Hilfe verschiedener Durchbrüche in einer der Deckflächen gewonnen. Es ergeben sich drei Möglichkeiten (Bild 17.1a bis c): keine Durchbrüche — bistabile Kippstufe, Durchbruch über einer der Haftflächen — „Or-nor"-Verknüpfung, Durchbruch vor dem Keil symmetrisch zur Mittenebene des Strahles — bistabile Kippstufe mit erhöhter Ansprechempfindlichkeit.

Ein Durchbruch über der Zusammenführung zweier Eingänge (Bild 17.1d) dient zur Entkopplung der Eingänge voneinander und kann zusammen mit anderen Durchbrüchen vorhanden sein. Bei dem Grundbaustein für ein Einheitselement nach Bild 9.18 sind alle Anschlüsse und Befestigungslöcher auf einem Raster angeordnet. In Anlehnung an die Elektronik erscheint ein Rastermaß von 1,25 mm zweckmäßig. In diesem Falle können bei einer Anordnung mit getrennten Leiterebenen alle Platten, d. h. Leiter-, Trenn- und Elementeplatte mit Mehrspindelbohrvorrichtungen und Rasterabtastung gebohrt werden. Die Außenabmessungen der Elemente sollten einen gedrängten Aufbau auf einer Rasterplatte ermöglichen. Dieses in Abschnitt 9.10 näher beschriebene Haftstrahlelement ist für diese Mehrfachverwendung geeignet.

Bild 17.2 gibt die Anordnung für ein digitales Speicherglied (Abschnitt 15.1.1) an, das aus zwei Elementen dieser Art auf dem 1,25 mm Raster aufgebaut ist. Eines der Elemente (*1*) ist eine normale bistabile Kippstufe, das andere (*2*) eine bistabile Kippstufe mit erhöhter Ansprechempfindlichkeit. In ähnlicher Weise können mit diesem Grund-

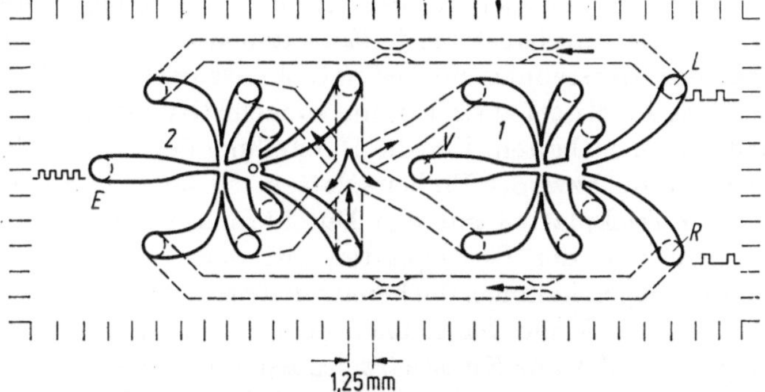

Bild 17.2. Digitales Speicherglied, aufgebaut aus zwei Grundbausteinen nach Bild 9.18. *1* normale bistabile Kippstufe, *2* bistabile Kippstufe erhöhter Empfindlichkeit, E Eingang und L und R Ausgänge für Pulse.

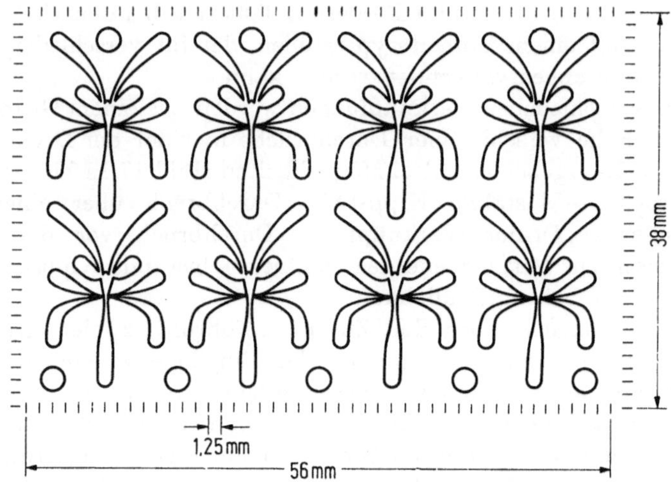

Bild 17.3. Einheitsplatte mit 8 Grundbausteinen nach Bild 9.18.

baustein auch andere häufig wiederkehrende Grundschaltungen wie „Exclusiv-oder"-Verknüpfungen, Vergleicherstufen, Dekodierstufen usw. als Untergruppen erstellt, auf Rasterplatten montiert und geprüft werden. Die Rasterplatte enthält jeweils die Verbindungen für die Schaltung sowie die Versorgungsanschlüsse. Schließlich lassen sich auch Einheitsplatten mit mehreren auf einem Raster angeordneten Grundbausteinen herstellen. Diese haben dann eine gemeinsame Deckplatte mit Durchbrüchen an den erforderlichen Stellen für die verschiedenen in der Schaltung benötigten Verknüpfungen. Über eine Leiterplatte sind die Elemente miteinander verbunden.

Bild 17.3 zeigt eine Anordnung mit einer Einheitsplatte für 8 Grundbausteine, bei der ebenfalls das 1,25 mm Raster zugrundegelegt ist. Die Zahl der Grundbausteine je Einheitsplatte ist durch die Ausfallrate bei der Herstellung mitbedingt. Je weniger Einzelelemente bei der Prüfung im Mittel ausfallen, um so mehr Grundbausteine kann die Einheitsplatte enthalten. Für die Herstellung der Einzelteile, d. h. der Grundbausteine bzw. der Einheitsplatten mit einer Anzahl Grundbausteine, der Deckplatten mit den Durchbrüchen für die einzelnen Verknüpfungen und der Rasterplatten mit den Verbindungen und Versorgungsleitungen kommen die bereits in diesem Abschnitt beschriebenen Verfahren in Frage. Sie können demnach aus Stapeln geätzter Bleche aufgebaut oder aus Kunstharz gegossen oder gespritzt werden.

Auf den Einheitsbauplatten können die Elemente näher beieinander angeordnet werden, als dies bei Schaltungen mit einzelnen Elementen möglich ist, denn bei den Einheitsplatten ist es nicht mehr notwendig,

Bohrlöcher für die Befestigung der Einzelelemente vorzusehen. Für eine Miniaturisierung ist daher die Anordnung mehrerer Elemente auf Einheitsplatten zwingend, denn hier nehmen die Anschlüsse und Befestigungslöcher einen mit der Verkleinerung wachsenden prozentualen Anteil an der für ein Element benötigten Fläche ein. So beträgt bei einem Element mit 0,1 mm Düsenbreite die Flächenverringerung je Element 25%, wenn die Elemente auf einer Einheitsplatte mit 12 Elementen angeordnet sind.

18. Bildzeichen der Fluidik

18.1. Allgemeines

In den Abschnitten 15 und 16 kommen in den Schaltungen mit Fluidikelementen Bildzeichen vor, die noch der Erläuterung bedürfen. Wie schon in Abschnitt 1 erwähnt, wurde in den ersten Veröffentlichungen über Strömungselemente eine Reihe neuartiger Bildzeichen für die Darstellung der Elemente benutzt. Maßgebend war hierbei das Bestreben, die Eigenschaften dieser Elemente auch in den Bildzeichen zum Ausdruck zu bringen. Mit wachsender Zahl der Veröffentlichungen führte dies jedoch zu einer Vielfalt der Darstellungsweisen, die das Studium der Veröffentlichungen erschwerte. Es setzten deshalb in den USA bereits Anfang der sechziger Jahre Bestrebungen ein, hier zu einer Vereinheitlichung der Bildzeichen („Graphical symbols") zu kommen.

Für diese Vereinheitlichung gelten folgende Gesichtspunkte:

— Bei der Fluidik handelt es sich um eine Technik, die zwar mit anderen physikalischen Hilfsmitteln, aber sonst in gleicher Weise Aufgaben löst, die bislang mit Hilfsmitteln der Elektronik gelöst wurden.

— Für Aufgaben, die eine größere Anzahl Elemente erfordern, eignen sich in der Praxis nur eine beschränkte Zahl fluidischer Elementetypen. Da diese in größeren Schaltungen immer wiederkehren, ist es zweckmäßig, sie in einer möglichst einfachen Form bildlich darzustellen.

— Entsprechend den allgemeinen Richtlinien der Normung sollte man bei den Bildzeichen der Fluidik von den praktischen Ausführungen der Elemente abgehen und eine vom jeweiligen Entwicklungsstand unabhängige Darstellungsweise benutzen.

— Die Zahl der verschiedenen Bildzeichen sollte nicht zu groß sein. Bereits genormte Bildzeichen aus anderen Bereichen der Technik sollten so weit wie möglich übernommen und gegebenenfalls mit Erweiterungen versehen werden.

— Die Bildzeichen sollten eindeutig in der Aussage, übersichtlich und einfach darstellbar sein.

— Die Bestrebungen zur Vereinfachung der Bildzeichen sollten im Einklang mit den allgemeinen internationalen Normungsarbeiten sein.

Die Normungsinstitute von fünfzig Ländern sind vereinigt in der ISO[1]. Ihr in freier Form angegliedert ist die IEC[2], die sich mit der Normung auf dem Gebiete der Elektrotechnik befaßt. Die Normung in der Signaltechnik gehört vornehmlich zum Aufgabengebiet der IEC. Es ist daher zwangsläufig, daß sich die Fluidik bei ihren Normen nach den beim IEC bereits niedergelegten Normen ausrichtet. Dies gilt um so mehr, als die von der IEC im Jahre 1969 erarbeiteten Bildzeichen auch in den bundesdeutschen Normen DIN 40700, Schaltzeichen für Digitale Informationsverarbeitung, berücksichtigt werden. Die IEC-Bildzeichen sollen, wie im Vorwort zu den IEC-Normen vermerkt ist, auch auf nichtelektrische Systeme übertragen werden können.

Die Normungsarbeiten in der Fluidik sind in der Bundesrepublik von Tafel angeregt und eingeleitet worden. Sie werden jetzt von der VDI/VDE-Gesellschaft Meß- und Regelungstechnik — Ausschuß Fluidik — durchgeführt und fanden ihren ersten Niederschlag in den VDI/VDE-Richtlinien 3681, Blatt 1 bis 4. Diese enthalten:

— Blatt 1 Fluidik. Begriffe (Abschnitt 2),

— Blatt 2 Fluidik. Physikalische Größen, Formelzeichen und Einheiten,

— Blatt 3 Fluidische Bildzeichen für Schaltpläne,

— Blatt 4 Fluidik. Benennung fluidischer Aufnehmer (Fühler), Meßprinzipien.

Im vorliegenden Abschnitt 18 wird auf die in Blatt 3 behandelten Bildzeichen näher eingegangen.

18.2. Bildzeichen für den Signalflußplan

Wie bereits in Abschnitt 16.3 erwähnt, beginnt der Aufbau einer Schaltung für eine bestimmte Aufgabe mit dem Entwerfen des Signalflußplanes. Nach DIN 19226 ist der Signalflußplan „eine sinnbildliche Darstellung der wirkungsmäßigen Zusammenhänge zwischen den Signalen eines Systems". Der Signalflußplan findet sowohl in der Digitaltechnik als auch in der Analogtechnik Verwendung.

Digitale Verknüpfungs- und Speicherglieder.
In Signalflußplänen mit digitalen Verknüpfungs- und Speichergliedern können die Bildzeichen der Informationsverarbeitung verwendet werden. Die z. Z. hierfür gültige Norm DIN 40700, Blatt 14 wird in der nächsten Zeit an die vom IEC verabschiedete Norm für Bildzeichen — „Graphical Symbols for Binary Logic Elements" — angeglichen. In

[1] International Organization for Standardizing.

[2] International Electrotechnical Commission.

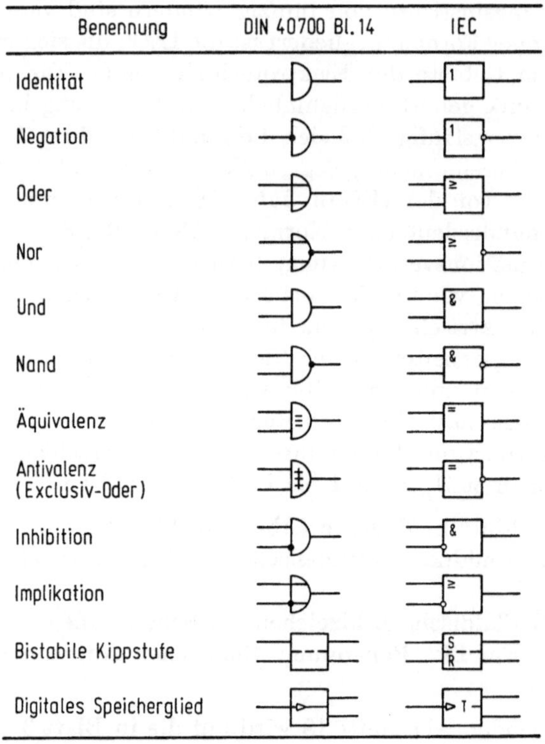

Benennung	DIN 40700 Bl. 14	IEC
Identität		1
Negation		1
Oder		≥
Nor		≥
Und		&
Nand		&
Äquivalenz	≡	=
Antivalenz (Exclusiv-Oder)	≢	=
Inhibition		&
Implikation		≥
Bistabile Kippstufe		S R
Digitales Speicherglied		T

Bild 18.1. Einige Bildzeichen für den Signalflußplan.

Bild 18.1 sind Bildzeichen für den Signalflußplan gemäß DIN 40700, Blatt 14 und gemäß IEC dargestellt. Die zeichnerische Darstellung einer Verknüpfung besagt nichts über deren technische Verwirklichung.

Kontaktglieder. Kontaktglieder in der Elektrotechnik verbinden oder unterbrechen Leitungszüge. Sie führen damit die beiden ersten in Bild 18.1 aufgeführten Verknüpfungen aus (Identität und Negation). Durch Parallel- oder Reihenschaltungen von Kontaktgliedern lassen sich sämtliche Verknüpfungen realisieren. Für die Darstellung der über Identität und Negation hinausgehenden Verknüpfungen ist die Darstellung nach Bild 18.1 vorteilhaft. Sollen jedoch Verbindungen oder komplexe Kontaktglieder (z. B. Umschalter, Mehrfunktionsschalter, Mehrstellenschalter) speziell verdeutlicht werden, so ist eine Kontaktdarstellung angebracht. Dies gilt z. B. auch für die Darstellung der mechanischen Fluidikelemente. Es ist zweckmäßig, hier auf die Kontaktbildzeichen nach DIN 40713 und CETOP-Dokument[1] PC 02-11 zu-

[1] Comité Européen des Transmissions Oléohydraulics et Pneumatics.

Benennung	Neue Form	DIN 24300
Ein-Schalter		
Aus-Schalter		
3/2 Wegeglied (unistabil)		
5/2 Wegeglied (unistabil)		
3/2 Wegeglied (bistabil)		
5/2 Wegeglied (bistabil)		
Mehrstellenschalter		

Bild 18.2. Bildzeichen für Kontaktglieder.

rückzugreifen. In den Bildzeichen für elektrische Kontakte nach DIN 40713 sind die Kontakte nicht mit einer Umrandung versehen. Um in gemischten elektrisch-fluidischen Schaltungen elektrische und fluidische Kontakte deutlich voneinander zu unterscheiden, empfiehlt es sich, die fluidischen Kontakte zu umranden.

Bild 18.2 gibt eine Darstellung fluidischer Kontakte, zusammen mit den in der Ölhydraulik und Pneumatik hierfür üblichen und in DIN 24300 angegebenen Darstellungen. (Zur Erklärung: Bei Wegegliedern oder Wegeventilen wird die Anzahl der gesteuerten Anschlüsse und der Schaltstellungen vorangestellt, z. B. Wegeventil mit drei gesteuerten Anschlüssen und zwei Schaltstellungen wird bezeichnet als 3/2-Wegeventil). Bei unistabilen Elementen stellen die durchgezogenen Linien die Verbindungen im geschalteten Zustand dar. In bistabilen Elementen werden die Schaltstellungen durch unterbrochene Linien dargestellt.

Analoge Glieder. Die Bildzeichen für analoge fluidische Glieder werden von denen für analoge elektrische Glieder übernommen, die in den Normblättern DIN 40700, Blatt 18; DIN 44300, Blatt 10 und DIN

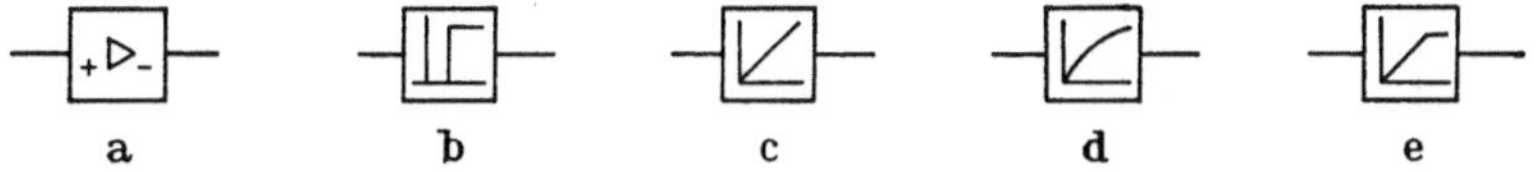

Bild 18.3. Bildzeichen für analoge fluidische Glieder. a) Analogverstärker allgemein, b) bis e) zeitlicher Verlauf des Einschaltvorganges besonders gekennzeichnet; b) Totzeitglied; c) Integrierglied; d) Verzögerungsglied; e) Begrenzer.

19226 niedergelegt sind. Danach wird ein analoges Glied durch ein Rechteck (Block) mit beliebigem Seitenverhältnis dargestellt. Die für das betreffende Glied gültige Abhängigkeit des Ausgangssignals vom Eingangssignal wird durch verschiedenartige Eintragungen in das Rechteck beschrieben.

In Bild 18.3 sind einige Beispiele zusammengestellt. Bild 18.3a zeigt den Verstärker allgemein; seine Wirkungsrichtung (z. B. beim Wirbelkammerverstärker) kann durch Vorzeichen gekennzeichnet werden. Der zeitliche Verlauf des Einschaltvorganges kann mit Hilfe einer symbolischen graphischen Darstellung innerhalb des Rechteckes angedeutet werden. In den Bildern 18.3 b bis e sind verschiedene Beispiele angegeben.

18.3. Bildzeichen für den Schaltplan

Nachdem der Signalflußplan vorliegt, muß aus ihm der Schaltplan abgeleitet werden. In diesem werden auch die Mittel und Wege angedeutet, die für eine praktische Verwirklichung des Vorhabens notwendig und zweckmäßig sind. Durch einige kleine Erweiterungen der im Signalflußplan benutzten Bildzeichen ergibt sich eine Darstellung, die berücksichtigt, welche Einrichtungen (Geräte) jeweils zur Anwendung gelangen. Wenn es dabei nicht möglich ist, jedem im Signalplan vorkommenden Bildzeichen einen Baustein des gewählten Systems zuzuordnen, so muß für den Schaltplan eine Aufschlüsselung in praktisch realisierbare Formen erfolgen. Soll z. B. eine „Und"-Verknüpfung mit Hilfe von Turbulenzelementen (Abschnitt 8.2) erstellt werden, so ist eine Darstellung mit drei „Nor"-Verknüpfungen zu wählen, da ein Turbulenzelement eine „Nor"-Verknüpfung darstellt.

Versorgungsanschlüsse. Aktive Elemente haben einen Anschluß für den Versorgungsfluß. Als Darstellung für diesen Anschluß wird ein mit der Spitze gegen das Bildzeichen gerichtetes Dreieck benutzt; das Dreieck kann durch eine kurze senkrecht zu dessen Grundlinie verlaufenden Linie ergänzt werden. Bei flüssigen Versorgungsfluiden ist das Dreieck ausgefüllt. Die Signalflußrichtung verläuft im Schaltplan und Signalfluß im allgemeinen von links nach rechts. Das Versorgungszeichen soll stets senkrecht zur Signalflußrichtung angebracht werden,

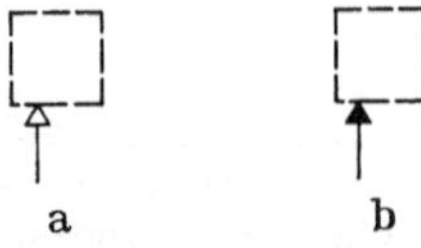

Bild 18.4. Bildzeichen für Versorgungsanschlüsse an die Glieder. a) für Gase; b) für Flüssigkeiten.

um Verwechslungen zu vermeiden. Versorgungsleitungen zwischen der Versorgung und den Anschlüssen sind fortzulassen, da sie die Übersichtlichkeit vermindern. Es kann jedoch im Plan in der Nähe des Versorgungszeichens das Druckniveau angegeben werden (Bild 18.4).

Wird ein Versorgungseingang als Signaleingang verwendet (Beispiel: digitales Speicherglied, Abschnitt 15.1.1), so wird die entsprechende Zuleitung an Stelle des Versorgungsanschlusses, d. h. senkrecht an das Bildzeichen herangeführt, und in einem bestimmten Abstand vom Bildzeichen waagerecht in die Signalflußrichtung abgewinkelt (Bild 18.5). Die dem Bildzeichen zugrunde liegende Funktion kann in diesem Falle nur verwirklicht werden, wenn der als Signalzufuhr benutzte Versorgungseingang beaufschlagt ist.

Hilfsdruckversorgung. Für den Entlastungsausgang bzw. die Ausgleichsöffnung kann in Geräten, die einen konstanten Hilfsdruck, z. B. für eine definierte Schaltstellung benötigen, im Bildzeichen der erforderliche Anschluß durch einen senkrecht zur Signalrichtung angebrachten Pfeil gekennzeichnet werden. Dieser Pfeil befindet sich auf der dem Versorgungsanschluß gegenüberliegenden Seite des Bildzeichens. In manchen Geräten ist ein Anschluß erforderlich, der nur der Entlastung dient. Dieser kann durch eine senkrecht zur Signalflußrichtung vom Bildzeichen ausgehende Linie dargestellt werden; diese Linie liegt dem Versorgungsanschluß gegenüber und endet in einem Dreieck, dessen Spitze vom Bildzeichen weggerichtet ist. Die Ausgleichsöffnungen in Strömungselementen haben keine Anschlüsse und werden deshalb im Bildzeichen nicht dargestellt.

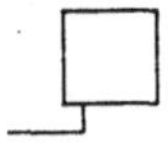

Bild 18.5. 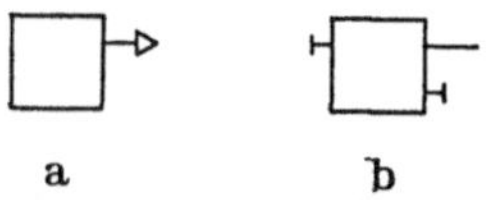 Bild 18.6.

Bild 18.5. Bildzeichen für Versorgungsanschlüsse, die als Signalanschlüsse benutzt werden.

Bild 18.6. Bildzeichen für nicht mit Signalleitungen versehenen Anschlüssen an die Glieder. a) Nicht mit einer Signalleitung versehener Anschluß; b) verschlossener Eingang und verschlossener Ausgang.

Offene und verschlossene Ein- und Ausgänge. Ein nicht mit einer Signalleitung versehener Anschluß eines Elementes läßt sich im Bildzeichen durch ein Dreieck darstellen (Bild 18.6). Verschlossene Ein- und Ausgänge werden durch einen senkrecht zum Ein- oder Ausgang verlaufenden Strich gekennzeichnet.

18.4. Bildzeichen für passive Netzwerkglieder

Die Bildzeichen für passive Netzwerkglieder lassen sich ohne wesentliche Änderungen in Anlehnung an bereits bestehende Normen der Ölhydraulik und Pneumatik darstellen (Bild 18.7).

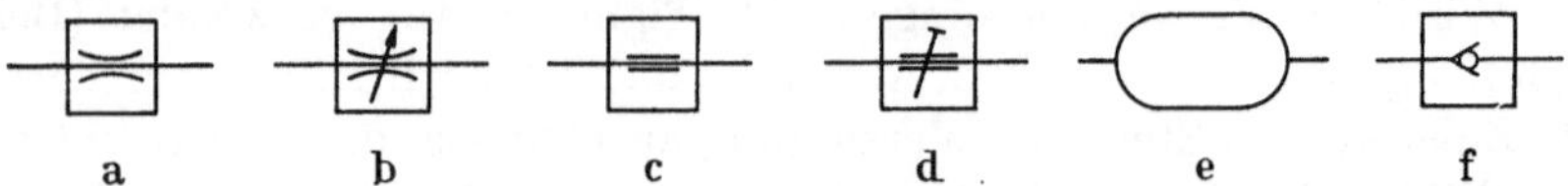

Bild 18.7. Bildzeichen für passive Netzwerkglieder. a) Drossel (Widerstand); b) Drossel stetig verstellbar; c) Laminardrossel; d) Laminardrossel einstellbar; e) Kapazität (Volumen); f) Diode (Rückschlagventil).

18.5. Bildzeichen für Umformer (Wandler, Umsetzer)

Umformer werden in der Fluidik benötigt, wenn fluidische Signale in eine andere Energieform gebracht werden, oder wenn analoge in digitale Signale und umgekehrt überführt werden. Auch hier können bereits in DIN 40700, Blatt 10; DIN 40716, Blatt 6 oder DIN 40717 niedergelegte Bildzeichen für Umsetzer übernommen werden. Für den Fall, daß der Umsetzer eine Energieversorgung benötigt, kann das die Versorgung kennzeichnende Dreieck beigefügt werden. Beispiele für Bildzeichen verschiedener Umformer sind in Bild 18.8 wiedergegeben.

Die Signale an den Ausgängen von fluidischen Steuerschaltungen werden meist mit Hilfe von Leistungsverstärkern auf ein höheres Energieniveau gebracht. Beispiele für die Bildzeichen von verschiedenen Leistungsverstärkern zeigt Bild 18.9.

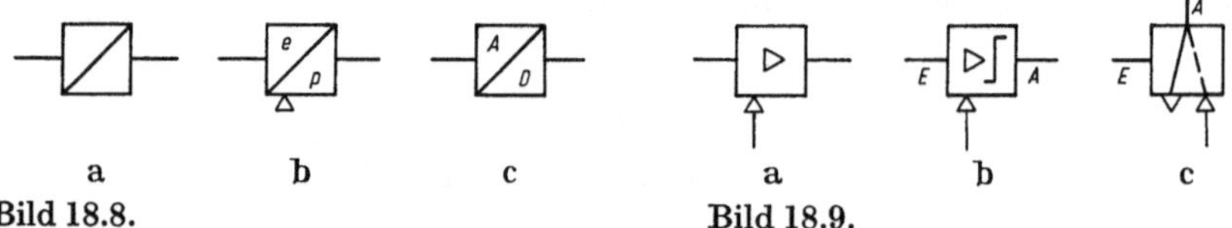

Bild 18.8. Bild 18.9.

Bild 18.8. Bildzeichen für Umformer. a) Umformer (Wandler, Umsetzer allgemein); b) Umformer bei dem eine elektrische Größe in Druck umgeformt wird; c) Analog-Digitalumsetzer.

Bild 18.9. Bildzeichen für Leistungsverstärker. a) Analoger Leistungsverstärker; b) digitaler Leistungsverstärker; c) Leistungsverstärker (Kontaktdarstellung).

18.6. Andere gebräuchliche Bildzeichen

Die in den Abschnitten 18.2 bis 18.5 niedergelegten VDI/VDE-Richtlinien für die Bildzeichen von Fluidikelementen wurden im März 1975 veröffentlicht, sind also jüngeren Datums. In der seit 1960 veröffentlichten Fachliteratur findet sich, wie bereits erwähnt, eine Reihe verschiedenartiger Bildzeichen für die einzelnen Elementetypen. Diese verschiedenen Darstellungen waren insofern berechtigt, als sich gleichartige Verknüpfungen mit fluidischen Elementen auf unterschiedliche Weisen physikalisch realisieren lassen. Ist es erforderlich, bei der Beschreibung einer bestimmten Schaltung auch die Arbeitsweise der einzelnen verwendeten Elemente anzugeben, so sollte auf diese Bildzeichen zurückgegriffen werden. Bild 18.10 gibt eine Zusammenstellung von in der Fachliteratur verwendeten Bildzeichen für Strömungselemente, bei denen versucht wird, die Arbeitsweise zum Ausdruck zu bringen.

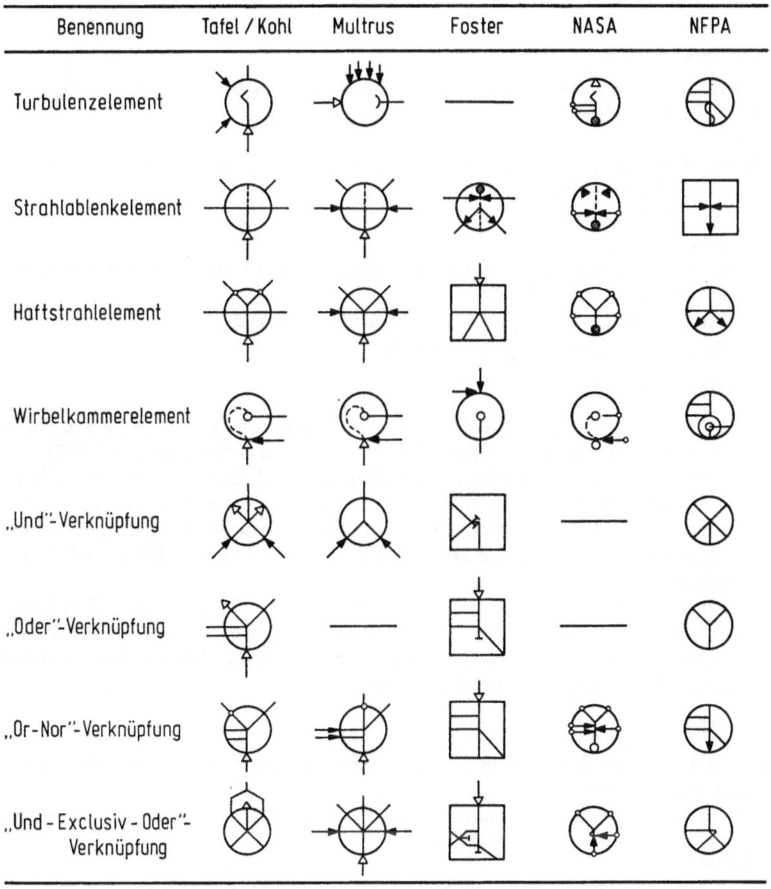

Benennung	Tafel / Kohl	Multrus	Foster	NASA	NFPA
Turbulenzelement			—		
Strahlablenkelement					
Haftstrahlelement					
Wirbelkammerelement					
„Und"-Verknüpfung				—	
„Oder"-Verknüpfung		—		—	
„Or-Nor"-Verknüpfung					
„Und - Exclusiv - Oder"-Verknüpfung					

Bild 18.10. Zusammenstellung von in der Fachliteratur verwendeten Bildzeichen für fluidische Bauglieder und logische Verknüpfungen (nach Tafel, Multrus und Forster, NASA und NFPA). Tafel: Veröffentlichungen des Instituts für Nachrichtengeräte und Datenverarbeitung der T H Aachen. Multrus und Foster: siehe Literaturübersicht: NASA: Fluid Amplifier Symbols, Nomenclature and Specification, Washington, Jan. 1965. NFPA: Graphic Symbols for Fluidic Devices and Circuits, Thionsville/Wisconsin, Dec. 1967.

Literaturverzeichnis

Bücher allgemein

Schlichting, H.: Grenzschicht-Theorie, 5. Aufl. Karlsruhe: G. Braun 1968.

Truckenbrodt, E.: Strömungsmechanik. Berlin, Heidelberg, New York: Springer 1968.

Kirshner, J. M.: Fluid Amplifiers. New York, San Francisco, Toronto, London, Sydney: McGraw Hill 1966.

Humphrey, E. F.; Tarumoto, D. H.: Fluidics, Rev. Ed. Boston: Fluid Amplifier Associates 1968.

Multrus, V.: Fluidik. Pneumatische Logikelemente und Steuerungssysteme. Mainz: Krausskopf 1970.

Foster, K.; Parker, G. A.: Fluidics. Components and Circuits. London, New York, Sydney, Toronto: Wiley 1970.

Zeitschriften allgemein

Fluidics Quarterly. The published forum for research and development in fluidics. Fluid Amplifier Associates. Ann Arbor, Michigan (erscheint seit 1967).

Eine größere Anzahl der im folgenden aufgeführten Arbeiten ist veröffentlich in:

Proceedings of the Fluid Amplification Symposium. Veranstalter: Diamond Ordnance Fuze Laboratories, später umbenannt in Harry Diamond Laboratories, Kurzbezeichnung „HDL“. Drei Tagungen (1962, 1964 und 1965) in Washington.

Proceedings of the First, Second etc. Cranfield Fluidics Conferences. Von 1965 bis 1975 insgesamt sieben Tagungen in verschiedenen Orten Europas. Veranstalter: The British Hydromechanics Research Association, Cranfield, England. Kurzbezeichnung „Cranfield“.

Abschnitt 1

Diamond Ordnance Fuze Laboratories: News Release. On pure fluid systems, Washington (1960).

VDI/VDE-Richtlinien 3681. (März 1975) Blatt 1, Entwurf. Fluidik, Begriffe.

Abschnitt 2

National Aeronautics and Space Administration (NASA): Fluid amplifier symbols, nomenclature. Washington (Januar 1965).

The National Fluid Power Association (NFPA), Glossary of terms for fluidic devices and circuits. Thionsville, Wisconsin (Dezember 1967).

Abschnitt 4

Hagen-Poiseuillesches Gesetz. Schlichting, H. Grenzschicht-Theorie S. 11 u. S. 267.

Gesetz von Darcy-Weisbach: Truckenbrodt, E.: Strömungsmechanik, S. 193.
Blasius, H.: Das Ähnlichkeitsgesetz bei Reibungsvorgängen in Flüssigkeiten. Forsch.-Arb. Ing.-Wes., 131 (1913).
Langhaar, H.: Steady flow in the transition length of a straight tube. J. Appl. Mech. 9, (1942) A55—A58.
Dean, W. R.: The streamline motion of a fluid in a curved pipe. Phil. Mag. (7) 4 (1927) 208 u. 5 (1928) 673.
Prandtl, L.: Führer durch die Strömungslehre, 3. Aufl. Braunschweig: Vieweg 1949, S. 159.
White, C. M.: Streamline flow through curved pipes. Proc. Roy. Soc. London (1929) A123, 645.
Sparrow, E. M.; Hixon, C. W.; Shavit, G.: Experiments on laminar flow development in rectangular ducts. Trans. A.S.M.E., Ser. D 89 (1967) 116—124.
Schiller, L.: Über den Strömungswiderstand von Rohren verschiedenen Querschnitts und Rauhigkeitsgrades. Z. ang. Math. Mech. 3 (1922) 2—13.
Schädel, H.: Transmission lines and nonlinear components in fluidic AC network, Cranfield IV 1970. Bd. I. Paper E3.
— : A theoretical investigation of fluidic transmission lines with rectangular cross section, Cranfield III 1968. Bd. II. Paper K3.
—: Theoretische und experimentelle Untersuchungen an Leitungen und konzentrierten Bauelementen der Fluidik. Diss. Aachen 1968.
Kohl, A.: Fluidische Leitungsdiskontinuitäten, Verzweigungen und ihre Anwendung in Filterschaltungen. Diss. Aachen 1973.

Abschnitt 5

Schlichting, H.: Laminare Strahlausbreitung. Z. ang. Math. Mech. 13 (1933) 260—263.
Bickley, W.: The plane jet. Phil. Mag. Ser. 7 (1939) 727—731.
Görtler, H.: Berechnung von Aufgaben der freien Turbulenz auf Grund eines neuen Näherungsansatzes. Z. ang. Math. Mech. 22 (1942) 244—254.
Reichardt, H.: Gesetzmäßigkeiten der freien Turbulenz. VDI/Forsch. 414 (1942).

Abschnitt 6

Schlichting, H.: Grenzschicht-Theorie. Grenzschicht an Platten (nach Blasius) S. 116—125.
Coanda, H.: Procédé et dispositif pour faire dévier une veine fluide pénétrant autre fluids. Franz. Pat. Nr. 788, 140. (1934).
Young, T.: Outlines of experiments and inquiries respecting sound and light (16. Jan. 1800). Angegeben von Pritchard, J. L.: The dawn of aerodynamics. J. of the Roy. Aeronaut. Soc. (March 1957).
Bourque, C.: Reattachment of a two-dimensional jet to an adjacent flat plate. In: Advances in Fluidics. New York: Am. Soc. of Mech. 1967. S. 14—30.
Bowles, R. E.; Warren, R. W.: Auslegeschrift 1448304 (2. 3. 72) (Priorität USA — 25. 11. 59): Strömungsmittelsteuervorrichtung, insbesondere Strömungsmittelverstärker.
McGlaughlin, D. W.; Greber, I.: Experiments on the separation of a fluid jet from a curved surface. In: Advances in Fluidics. New York: Am. Soc. of Mech. Eng. 1967, S. 14—30.
Savino, J. M.; Keshock, E. G.: Experimental profiles of velocity components and radial pressure distribution in a vortex contained in a short cylindrical chamber. HDL III 1965. Bd. II, S. 269—299.

Abschnitt 7

Goto, J. M.; Katz, S.; Peperone, S. J.: Gain analysis of the proportional fluid amplifier. HDL I 1962, S. 319–356.

Reilly, R. J.; Moynihan, F. A.: Notes on a proportional fluid amplifier. Symp. on fluid jet control devices. New York: Am. Soc. of Mech. Eng. 1962, S. 51 bis 57.

Douglas, J. F.; Neve, R. S.: Investigation into the behaviour of a jet interaction proportional amplifier. Cranfield II 1967. Paper C3.

Abschnitt 8

Auger, R. W.: Turbulence amplifier design and application. HDL I 1962, S. 357 bis 366.

Verhelst, H. A. M.: On the design, characteristics and production of turbulence amplifiers. Cranfield II 1967. Paper F2.

Siwoff, F.: Improvement of the static and dynamic behaviour of the turbulence amplifier by inbuilding of an edge over the distance between the emitter and the collector. Cranfield III 1968. Bd. II. Paper H2.

Belstering, C. A.: Fluidic components. Descriptions and systems. Fluidics Quarterly 3 (1968) 9–32.

Sarpkaya, T.; Weeks, S. B.; Hiriait, G. L.: A theoretical and experimental investigation of jets in beam-deflection type fluidic elements. Cranfield IV 1970. Bd. I. Paper B3.

—: On mean motion, jet turbulence and noise in proportional fluid amplifiers. 2. IFAC Symp. on Fluidics, Prag, 1971, Paper A1.

Doherty, M. C.: A second generation of analog fluidics. Fluidics Quarterly 5 (1970) 7–12.

Kirshner, J. M.; Manion, F. M.: The jet-deflection proportional amplifier. Fluidics Quarterly 8 (1970) 15–39.

Abschnitt 9

Warren, R. W.: Fluid amplification. 3. Fluid flip-flops and a counter. Diamond Ordnance Fuze Laboratories, Washington (1962).

—: Some parameters affecting the design of bistable fluid amplifiers. Symp. on Fluid Jet Control Devices. New York: Am. Soc. of Mech. Eng. 1962, S. 75–82.

—: Bistabile fluid amplifiers. In: Fluid Amplifiers, S. 187–203.

Rechten, A. W.: Flow stability in bistable fluid elements. Cranfield II 1967. Paper B6.

Chadwick, V. J.: A method of using wall-attachment devices in an ultrasensitive mode. Cranfield II 1967. Paper B1.

Rechten, A. W.; Zückler, Th.: New aspects of miniaturization of fluid logic elements. Cranfield III 1968. Bd. I. Paper F5.

Hayes, W. F.; Kwok, C.: Impedance matching in bistable and proportional fluid amplifiers through the use of a vortex vent. HDL III 1965. Bd. I, S. 331–359.

Bauer, P.: Dispositif à fluide à plusieurs états d'équilibre. Franz. Pat. 1332392 (4. 6. 1963).

Facon, P.: Fluid logic devices. Elementary circuits and applications. Cranfield III 1968. Bd. II. Paper K7.

Rechten, A. W.: Miniaturisierung uni- und bistabiler Fluidikelemente. Siemens Forsch.- u. Entw.-Ber. 2 (9) (1973) 113–120.

Liedl, J.; Rechten, A. W.: Einheitselement für integrierte fluidische Schaltungen. Frequenz 27 (9) (1973) 238–243.

Abschnitt 10

Taplin, L. B.: Phenomenology of vortex flow and its application to signal amplification. Fluidics Quarterly 2 (1968) 1–26.

Sarpkaya, T.: The vortex valve and the angular rate sensor. Fluidics Quarterly 3 (1968) 1–8.

Abschnitt 11

Bjornsen, B. G.: The impact modulator. HDL II 1964. Bd. II, S. 5–32.

Lechner, T. J.; Sorenson, P. H.: Some properties and applications of direct and transverse impact modulators. HDL II 1964. Bd. II, S. 33–60.

Schmitz, N. T.: Equivalent circuit model for a fluidic impact modulator. Fluidics Quarterly 10 (1971), 24–37.

Reilly, R. J.: Strömungsverstärker (Induction fluid amplifier). Auslegeschrift 1252447 (19. 10. 69) (Priorität USA – 16.11. 60).

Swarz, E. L.: A flueric induction and gate. HDL III 1965. Bd. IV, S. 165–169.

Curtiss, H. A.; Feil, O. G.; Liquornik, D. J.: Separated flows in curved channels. HDL II 1964. Bd. I, S. 109.

Zisfein, M. B.; Curtiss, H. A.: A high gain proportional fluid state flow amplifier. HDL II 1964. Bd. I, S. 375–393.

Fox, H. L.; Goldschmied, F. R.: Basic requirements for an analytical approach to pure fluid control systems. HDL II 1964. Bd. I, S. 293–320.

—: Fluid flow dividing means for fluid control devices. US-Patent 3405725 (15. 10. 68, angemeldet 24. 3. 64).

— Nondestructive memory uses novel storage element. Cont. Eng. 13 (11) (1966).

Abschnitt 12

Multrus, V.: Fluidik. Einlaufstrecke in Leitungen, S. 42. Fluidische Kapazitäten und Induktivitäten, S. 65–68. Helmholtz-Resonatoren, S. 77–84.

Tesla, E. H.: Valvular conduit. US-Patent 1329559 (3. 2. 20).

Paul, F. W.: Fluid mechanics of the momentum flueric diode. IFAC-Symp. on Fluidics, London, Nov. 1968. Paper A1.

Hellbaum, R. F.: Wall attachment crossover „And" gate. Advances in Fluidics. New York. Am. Soc. of Mech. Eng. 1967, S. 187–191.

Parker, G. A.; Jones B.: Experiments with And and Exclusive-or passive elements. Cranfield II 1967. Paper C4.

Abschnitt 13

Multrus, V.: Fluidik. Düsen-Prallplattensystem, S. 204.

Auger, R. N.: A fluidic proximity detector. Cranfield III 1968. Bd. I. Paper E7.

Sarpkaya, T.: On a vortex angular rate sensor. 2 IFAC Symposium on Fluidics, Prag 1971. Paper B6.

Foster, K.; Cleife, P. J.: The selection of a fluidic transducer for sensing rotational speed over a wide range. Cranfield III 1968. Bd. I. Paper E4.

Nyström, K. S.; Brodin, G.: Control of a boundary layer fluidistor by means of a disruptive charge. Cranfield I 1965. Paper B4.

Kupec, P.: Elektropneumatischer Wandler ohne bewegte Teile. IFAC/IFIP-Symp. on Microminiaturization, München 1965. Paper 1.7.

Abschnitt 14

Mitchell, A. E.; Glaettli, H. H.; Mueller, H. R.: Fluid logic devices and circuits. Trans. of the Soc. Instr. Technol. 15 (2) (1963) 122—139.

Riordan, H. E.: High speed pneumatic digital operations with moving elements. HDL (DOFL) I 1962, S. 415—436.

Jensen, D. F.; Mueller, H. R.; Schaffer, R. R.: Pneumatic diaphragm logic. Advances in Fluidics. New York: Am. Soc. of Mech. Eng. 1967, S. 313—338.

—: Static operating characteristics of diaphragm pneumatic logic devices. Advances in Fluidics. New York: Am. Soc. of Mech. Eng. 1967; S. 339—359.

Bahr, J.: Das Folienelement, ein neues flüssigkeitslogisches Schaltelement. Elektron. Rechenanl. 7 (2) (1965) 69—78.

Töpfer, H.: Pneumatische Logikelemente und zugehörige periphere Geräte. IFAC/IFIP-Symp. on Microminiaturization, München 1965. Paper 1.3.

de Bruyne, N. A.: Pneumatic Nor blocks. Cranfield I 1965. Paper C3.

Brewin, G. M.: The application of spring controlled Nor units to machine switching operations. Cranfield II 1967. Paper J2.

Abschnitt 15

Kirshner, J. M.; Campagnuolo, C. J.: A temperature-insensitive oscillator and a pressure-controlled oscillator. HDL III 1965. Bd. II, S. 5—19.

Warren, R. W.: Fluid amplification. 3. Fluid flip-flops and a counter. DOFL report. US Department of Commerce. (1962) AD 285572.

Glaettli, H. H.: Anordnung mit einer Mehrzahl durch ein Fluidum betätigbarer Zellen mit digitaler Charakteristik. Schweiz. Pat. 387992 (Feb. 1965, angem. Feb. 1961).

Bantle, K.: Counters with bi-stable fluid elements. Cranfield II 1967. Paper H5.

Foster, K.; Parker, G. A.: Fluidics. Decodierer, S. 453—457.

Bryan, B. G.: A pure fluid binary to decimal converter. Cranfield II 1967. Paper C3.

Ramanathan, S.; Aviv, I.; Bidgood, R. E.: The disign of a pure fluid shaft encoder, Cranfield II 1967. Paper E4.

Parker, G. A.; Jones B.: A fluidic substractor for digital closed loop control systems. Cranfield II (1967), Paper H1.

Urbanosky, T. F.; Doherty, M. C.: Fluidic operational amplifiers. A new control tool. Contr. Eng. (1967) 57.

—: Fluidic operational amplifier survey. Aerospace Syst. Conf. 1967. SAE Paper 670707.

Wagner, R. E.: Study of basic analog amplifier networks using high gain fluid amplifiers. Cranfield III 1968. Bd. II. Paper K6.

Boothe, W. A.: Fluidic signal processing techniques for aerospace propulsion control systems. AGARD XXXV. Lecture Series, Fluidic control systems for aerospace propulsion, Brüssel und Viareggio (1969).

Abschnitt 16

Retallick, D. A.; Mitchell, D. G.: Are hybrid fluid logic systems the final solution? Cranfield V 1972. Paper F1.

Woodward, K. E.; Barila, T. G.; Joyce, J.; Mon, G.; Straub, H. H.: Four fluid amplifier controlled medical devices, HDL II 1964. Bd. IV, S. 167—178.

Campagnuolo, C. J.; Holmes, A. B.: Experimental analysis of digital flueric amplifiers for proportional thrust control. Cranfield II 1967. Paper K3.

Abschnitt 17

Bantle, K.; Liedl, J.; Rechten, A.; Schönherr, H.: Herstellung von Fluidikelementen. Feinwerktechn. 75 (1971) 195—200.

Abschnitt 18

VDI/VDE-Richtlinien 3681 (März 1975) Blatt 3 Entwurf. Fluidik, Bildzeichen für Schaltpläne.

Sachverzeichnis

721/3/76 V/12/6